高等院校“十一五”规划教材

Visual FoxPro 数据库程序设计
习题解答与实验指导
（第二版）

主　编　王凤领

副主编　王知强　唐　友　王万学

主　审　陈荣耀

中国水利水电出版社
www.waterpub.com.cn

内 容 提 要

本书是根据教育部提出的非计算机专业基础教学三层次的要求，结合高等学校数据库课程教学特点，由高等学校长期从事数据库课程教学与科研开发的一线教师编写而成的。书中实验与习题内容涵盖了《全国计算机等级考试大纲》中对 Visual FoxPro 程序设计的要求和知识点。

本书是与《Visual FoxPro 数据库程序设计教程》（第二版）（王凤领主编，中国水利水电出版社出版）配套的辅助教材。全书共分三部分：第一部分为习题，包含根据配套教材各章节内容编写的习题，并配有习题参考答案，供教师和学生使用；第二部分为上机操作题，根据教材分为 12 章，共计 100 多个实验题目，详细讲述了每个实验的操作步骤和操作方法；第三部分为计算机等级考试题，包含全国计算机等级考试大纲、历年笔试题和上机操作题。

本书实验内容丰富、系统，适合作为教学指导；习题内容广泛，有利于学生知识的掌握和实践能力的提高。本书也可作为其他 Visual FoxPro 教材的参考用书。

图书在版编目（CIP）数据

Visual FoxPro数据库程序设计习题解答与实验指导 / 王凤领主编. -- 2版. -- 北京 : 中国水利水电出版社, 2010.2
高等院校“十一五”规划教材
ISBN 978-7-5084-6549-4

Ⅰ. ①V… Ⅱ. ①王… Ⅲ. ①关系数据库－数据库管理系统，Visual FoxPro－程序设计－高等学校－教学参考资料 Ⅳ. ①TP311.138

中国版本图书馆CIP数据核字(2010)第014250号

策划编辑：石永峰　　责任编辑：杨元泓　　加工编辑：陈　洁　　封面设计：李　佳

书　　名	高等院校“十一五”规划教材 **Visual FoxPro 数据库程序设计习题解答与实验指导（第二版）**
作　　者	主　编　王凤领 副主编　王知强　唐　友　王万学 主　审　陈荣耀
出版发行	中国水利水电出版社 （北京市海淀区玉渊潭南路 1 号 D 座　100038） 网址：www.waterpub.com.cn E-mail：mchannel@263.net（万水） sales@waterpub.com.cn 电话：（010）68367658（营销中心）、82562819（万水）
经　　售	全国各地新华书店和相关出版物销售网点
排　　版	北京万水电子信息有限公司
印　　刷	北京市天竺颖华印刷厂
规　　格	184mm×260mm　16 开本　15.25 印张　378 千字
版　　次	2008 年 7 月第 1 版 2010 年 2 月第 2 版　2010 年 2 月第 2 次印刷
印　　数	4001—8000 册
定　　价	26.00 元

第二版前言

Visual FoxPro 6.0 程序设计实验是数据库应用基础课程必不可少的基本技能训练环节，同时又是计算机等专业课程的基础，因此，其重要性不言而喻。

本书为《Visual FoxPro 数据库程序设计教程》（第二版）（王凤领主编，中国水利水电出版社出版）配套的习题解答与实验指导教材，是根据教育部提出的非计算机专业基础教学三层次的要求，结合高等学校数据库课程教学特点，以及在以往实验课教学中积累的经验基础上，由高等学校长期从事数据库课程教学与科研开发的一线教师编写，且书中实验与习题内容涵盖了《全国计算机等级考试大纲》中对 Visual FoxPro 程序设计的要求和知识点。实验内容顺序的安排，密切与理论教学相配合，以达到相益得彰、互相补充，从而取得较好的教学效果。

全书共分三个部分。第一部分是习题，内容丰富，解答翔实。通过对大量习题的解答，帮助读者理解和掌握 Visual FoxPro 的基本知识，提高实践能力。第二部分是 Visual FoxPro 程序设计上机指导，共安排了 12 章的实验，指导读者由浅入深、循序渐进地学习和掌握上机操作的方法。在各个实验指导中，都有实验的具体要求和详细的操作步骤，引导读者一步步地完成实验。第三部分计算机等级考试题，包含全国计算机等级考试大纲、历年笔试题和上机操作题，可帮助学生顺利通过全国计算机等级考试。

本书按照学生的认知规律，内容安排由浅入深，循序渐进，每章上机指导都采用任务教学方式，围绕着一个典型事例，给出上机操作步骤，有利于初学者比较系统地学习 Visual FoxPro 6.0 的知识和技能，为数据库应用技术的开发打下基础。通过每个实验之后的上机练习，有利于学生掌握本章的知识和基本技能。

本书由王凤领任主编，王知强、唐友、王万学任副主编，陈荣耀任主审，参编人员有单晓光、刘胜达、于海霞、王国锋等。最后由王凤领统稿并定稿完成。

在本书的编写过程中，得到了哈尔滨德强商务学院院领导、教务处副处长庹莉、计算机与信息工程系主任陈本士副教授以及黑龙江大学、黑龙江科技学院等院校和老师的大力支持与帮助，在此一并表示感谢。

由于作者水平有限，经验不足，书中错误和不妥之处在所难免，敬请专家、广大教师和同学们在实际教学过程中提出宝贵意见。编者的电子信箱为：wf1232983@163.com。

编　者

2010 年 1 月

第一版前言

Visual FoxPro 6.0 程序设计实验是数据库应用基础课程必不可少的基本技能训练环节，同时又是计算机等专业课程的基础，因此，它的重要性不言而喻。

本书为王凤领主编的《Visual FoxPro 数据库程序设计教程》一书配套的习题解答与实验指导教材，是根据教育部提出的非计算机专业基础教学三层次的要求，结合高等学校数据库课程教学的特点，在以往实验课教学中积累的经验基础上，由高等学校长期从事数据库课程教学与科研开发的一线教师编写的。书中实验与习题内容涵盖了《全国计算机等级考试大纲》中对 Visual FoxPro 程序设计的要求和知识点。实验内容的安排顺序，与理论教学密切配合，相得益彰、互相补充，从而取得较好的教学效果。

全书共分三个部分，第一部分是习题，内容丰富，解答翔实。通过对大量习题的解答，帮助读者理解和掌握 Visual FoxPro 的基本知识，提高实践能力。第二部分是 Visual FoxPro 程序设计上机指导，共安排了 12 章的实验，指导读者由浅入深、循序渐进地学习和掌握上机操作的方法；在各个实验指导中，都有实验的具体要求和详细的操作步骤，引导读者一步步地完成实验。第三部分是全国计算机等级考试题，包含全国计算机等级考试大纲、历年笔试题和上机操作题，可帮助学生顺利通过全国计算机等级考试。

本书按照学生的认知规律，内容安排由浅入深，循序渐进，每章上机指导都采用任务教学方式，围绕着一个典型事例，给出上机操作步骤，有利于初学者比较系统地学习 Visual FoxPro 6.0 的知识和技能，为数据库应用技术的开发打下基础。通过每个实验之后的上机练习，有利于学生掌握本章的知识和基本技能。

本书由王凤领任主编，王万学、邢婷、于海霞、王国锋任副主编，由陈荣耀教授主审，参编人员有孙志强、丁康健、单晓光、唐友、刘胜达、文雪巍、李钰等。最后由王凤领统稿。

本书在编写过程中得到了哈尔滨商业大学德强商务学院院领导、教务处副处长庹莉及计算机科学系办公室主任刘玉等的大力支持与帮助，在此一并表示感谢。

由于作者水平有限，经验不足，书中错误和不妥之处在所难免，敬请专家、广大教师和读者在实际教学过程中提出宝贵意见。编者的电子信箱为：wf1232983@163.com。

编者
2008 年 4 月

目　　录

第 1 章　数据库系统及 Visual FoxPro 6.0 概述

1.1　选择题

1．数据库系统（DBS）、数据库（DB）和数据库管理系统（DBMS）三者之间的关系是（　　）。

A．数据库管理系统包含数据库系统和数据库

B．数据库系统包含数据库管理系统和数据库

C．数据库包含数据库系统和数据库管理系统

D．数据库系统就是数据库，也就是数据库管理系统

【答案】B

2．关系数据库管理系统所管理的关系是（　　）。

A．一个 DBF 文件　　B．若干个二维表

C．一个 DBC 文件　　D．若干个 DBC 文件

【答案】B

3．数据库系统中对数据库进行管理的核心软件是（　　）。

A．DBMS　　B．DB

C．OS　　D．DBS

【答案】A

4．Visual FoxPro 关系数据库管理系统能够实现的 3 种基本关系运算是（　　）。

A．索引、排序、查找　　B．建库、录入、排序

C．选择、投影、连接　　D．显示、统计、复制

【答案】C

5．“商品”与“顾客”两个实体集之间的联系一般是（　　）。

A．一对一　　B．一对多

C．多对一　　D．多对多

【答案】D

6．Visual FoxPro 是一种（　　）。

A．数据库系统　　B．数据库管理系统

C．数据库　　D．数据库应用系统

【答案】B

7．数据库管理系统 Visual FoxPro 6.0 的数据模型是（　　）。

A．层次型　　B．关系型

C．网状型　　D．结构型

【答案】B

8．关系型数据库管理系统存储与管理数据的基本形式是（　　）。

A．二维表格　　B．文本文件
C．关系树　　D．结点路径
【答案】A

9．用二维表来表示实体与实体之间联系的数据模型称为（　　）。
A．面向对象模型　　B．关系模型
C．层次模型　　D．网状模型
【答案】B

10．专门的关系运算不包括下列中的（　　）。
A．联接运算　　B．选择运算
C．投影运算　　D．交运算
【答案】D

11．Visual FoxPro 6.0 允许字符型数据的最大宽度是（　　）。
A．64　　B．100
C．254　　D．128
【答案】C

12．Visual FoxPro 6.0 数据表的字段是一种（　　）。
A．常量　　B．变量
C．函数　　D．表达式
【答案】B

13．在 Visual FoxPro 6.0 的数据表中可以存储多种类型的数据，这些数据类型包括字符型（C）、数值型（N）、日期型（D）、逻辑型（L）、（　　）（M）等。
A．浮点型　　B．备注型
C．屏幕型　　D．时间型
【答案】B

14．以下命令中，可以显示“德强”的是（　　）。
A．?SUBSTR("德强商务学院",4,4)
B．?SUBSTR("德强商务学院",1,2)
C．?SUBSTR("德强商务学院",3,4)
D．?SUBSTR("德强商务学院",1,4)
【答案】D

15．在下列式子中，合法的 Visual FoxPro 6.0 表达式是（　　）。
A．"233"+SPACE(4)+VAL("456")　　B．CTOD("08/12/77")+DATE()
C．ASC("ABCD")+"20"　　D．CHR(65)+STR(2256.789,6)
【答案】D

16．下列式子中，（　　）肯定不是合法的 Visual FoxPro 6.0 表达式。
A．[8888]-AB　　B．NAME+"NAME"
C．10/18/98　　D．"教授".OR."副教授"
【答案】D

17．下列表达式结果为.F.的是（　　）。

A．"33">"300"　　B．"男">"女"

C．"CHINA">"CANADA"　　D．DATE()+5>DATE()

【答案】B

18．若内存变量名与当前打开的数据表的一个字段名均为 NAME，则执行?NAME 命令后显示的是（　）。

A．内存变量的值　　B．错误信息

C．字段变量的值　　D．随机

【答案】C

19．下列（　）是合法的字符型常量。

A．{'计算机等级考试'}　　B．[[计算机等级考试]]

C．['计算机等级考试']　　D．""计算机等级考试""

【答案】C

20．若已知 X=56.789，则命令?STR(X,2)-SUBSTR("56.789",5,1)的显示结果是（　）。

A．568　　B．578

C．48　　D．49

【答案】B

21．若 DATE="11/25/05"，则表达式&DATE 的结果的数据类型是（　）。

A．字符型　　B．数值型

C．日期型　　D．不确定

【答案】B

22．顺序执行以下命令后，下列表达式中错误的是（　）。

```
A="123"
B=3*5
C="XYZ"
```

A．&A+B　　B．&B+C

C．VAL(A)+B　　D．STR(B)+C

【答案】B

23．执行以下命令后显示的结果是（　）。

```
STORE 2+3<7 TO A
B=".T. ">".F. "
?A.AND.B
```

A．.T.　　B．.F.

C．A　　D．B

【答案】A

24．执行以下命令后显示的结果是（　）。

```
N="123.45"
?"67"+&N
```

A．190.45　　B．67+&N

C．67123.45　　D．错误信息

【答案】D

25．以下各表达式中，运算结果为数值型的是（　）。

A．RECNO()>10　　B．YEAR=2000

C．DATE()-50　　D．AT("IBM","Computer")

【答案】D

26．以下各表达式中，运算结果为字符型的是（　）。

A．SUBSTR("123.45",5)　　B．"IBM"$"Computer"

C．AT("IBM","Computer")　　D．YEAR="2000"

【答案】A

27．以下各表达式中，运算结果为日期型的是（　）。

A．04/05/09　　B．CTOD("04/05/97")-DATE()

C．CTOD("04/05/97")-3　　D．SUBSTR("345.67",5)

【答案】C

28．下列符号中，（　）是 Visual FoxPro 合法的变量名。

A．AB21　　B．21AB

C．IF　　D．A[B]7

【答案】A

29．在下面的 Visual FoxPro 表达式中，不正确的是（　）。

A．{^2002-05-01 10:10:10 AM} -10　　B．{^2002-05-01} -DATE()

C．{^2002-05-01} +DATE()　　D．{^2002-05-01} +[1000]

【答案】C

30．在下列函数中，函数值为数值的是（　）。

A．AT("人民","中华人民共和国")　　B．CTOD("01/01/96")

C．BOF()　　D．SUBSTR(DTOC(DATE()),7)

【答案】A

31．假定字符型内存变量 X="123"，Y="234"，则下列表达式中运算结果为逻辑值假的是（　）。

A．.NOT.(X=Y).OR.Y$"13579"　　B．.NOT.X$"XYZ".AND.X<>Y

C．.NOT.(X<>Y)　　D．.NOT.(X>=Y)

【答案】C

32．执行下列命令序列后，显示的结果是（　）。

```
YA=100
YB=200
YAB=300
N="A"
M="Y&N"
?&M
```

A．100　　B．200

C．300　　D．Y&M

【答案】A

33．假定 X=2，执行命令？X=X+1 后，结果是（　）。

A．2　　　　B．3

C．.T.　　　　D．.F.

【答案】D

34．要判断数值型变量 Y 是否能被 7 整除，下面错误的表达式为（　）。

A．MOD(Y,7)=0　　　　B．INT(Y/7)=Y/7

C．0=MOD(Y,7)　　　　D．INT(Y/7)=MOD(Y,7)

【答案】D

35．可以参加“与”、“或”、“非”逻辑运算的对象是（　　）。

A．只能是逻辑型数据

B．可以是数值型、字符型、日期型数据

C．可以是数值型、字符型数据

D．可以是 N 型、C 型、D 型、L 型数据

【答案】A

36．以下各表达式中，不合法的逻辑表达式是（　　）。

A．FOUND()　　　　B．.NOT..T.

C．"AB"$"ABD"　　　　D．20<=年龄<=40

【答案】D

37．函数 LEN(TRIM(SPACE(8))-SPACE(8))的返回值是（　　）。

A．0　　　　B．8

C．16　　　　D．出错

【答案】B

38．假设 CJ=81，则函数 IIF(CJ>=60,IIF(CJ>=90,"优秀","良好"),"不及格")返回的结果是（　　）。

A．优秀　　　　B．良好

C．不及格　　　　D．81

【答案】B

39．执行下列命令后，显示的结果是（　　）。

X="ABCD"
Y="EFG"
?SUBSTR(X,IIF(X<>Y,LEN(Y),LEN(X)),LEN(X)- LEN(Y))

A．A　　　　B．B

C．C　　　　D．D

【答案】C

40．如果成功地执行了?NAME，M.NAME，说明（　　）。

A．前一个 NAME 是内存变量，后一个 NAME 是字段变量

B．前一个 NAME 是字段变量，后一个 NAME 是内存变量

C．两个 NAME 都是内存变量

D．两个 NAME 都是字段变量

【答案】B

41．在下面 4 个函数中，不返回逻辑值的函数是（　　）。

A．DELETE()　　B．VAL()

C．FILE()　　D．FOUND()

【答案】B

42．函数 MIN(ROUND(8.89,1),9)的返回值是（　　）。

A．8　　B．9

C．8.9　　D．9.8

【答案】C

43．执行下列命令后，屏幕显示的结果是（　　）。

```
AA="Visual FoxPro"
?UPPER(SUBSTR(AA,1,1))+LOWER(SUBSTR(AA,2))
```

A．VISUAL FOXPRO　　B．Visual foxpro

C．Visual FOXPRO　　D．visual FOXPRO

【答案】B

44．若当前数据表是一个空的表，用 RECNO()测试，结果应该是（　　）。

A．错误信息　　B．0

C．1　　D．空格

【答案】C

45．下列表达式中，返回结果为假的是（　　）。

A．"that"$"that is an apple"

B．"that is an apple"$"that is an apple"

C．"that ia an apple"$"THAT IS AN APPLE"

D．"THAT IS AN APPLE"$"THAT IS AN APPLE"

【答案】C

46．顺序执行下列赋值命令后，合法的表达式是（　　）。

```
A="234"
B=5*6
C="ABC"
```

A．A+B　　B．B+C

C．STR(B)+C　　D．A+B+C

【答案】C

47．下列表达式中，运算结果为.F.的是（　　）。

A．LEFT("计算机",4)= "计算"

B．INT(3/2)=1

C．SUBSTR("computer",6,3)="TER"

D．"Ab"-"2005"="Ab2005"

【答案】C

48．执行下列命令（设当前系统日期为 2008 年 03 月 30 日），最后的输出的结果是（　　）。

```
MDATE=DATE()
MDATE=MDATE-365
```

?YEAR(MDATE)

A．其中有语法错误　　B．03/30/07

C．2008　　D．2007

【答案】D

49．顺序执行下列命令后，屏幕显示的结果是（　　）。

S="Happy Chinese New Year! "

T="CHINESE"

?AT(T,S)

A．0　　B．7

C．14　　D．错误信息

【答案】A

50．以下程序的输出结果是（　　）。

S1="计算机等级考试"

S2="等级考试"

?S1$S2

A．4　　B．.T.

C．7　　D．.F.

【答案】D

51．在 Visual FoxPro 中，有关命令书写规则，下列说法错误的是（　　）。

A．命令动词、关键字、任选项之间必须至少有一个空格

B．命令动词或短语中的英文单词可以只写前 4 个字母

C．任何命令的总字符数必须小于或等于屏幕的宽度（80 个字符）

D．任何命令和短语中的英文单词不区分大小写

【答案】C

52．要想让系统将日期显示成“2008 年 4 月 15 日”的格式，可使用（　　）命令。

A．SET DATE TO ANSI　　B．SET DATE TO YMD

C．SET DATE TO LONG　　D．SET DATE TO CHINESE

【答案】C

53．执行下列命令序列后，最后显示的变量 MYFILE 的值为（　　）。

ANS="STUDENT.DBF"

MYFILE=SUBSTR(ANS,1,AT(".",ANS)-1)

?MYFILE

A．STUDENT.DBF　　B．STUDENT

C．STUDENT.ANS　　D．11

【答案】B

54．在下列表达式中，运算结果为数值型的是（　　）。

A．[8888]-[6666]　　B．LEN(SPACE(5))-1

C．CTOD("04/05/08")-30　　D．800+200=1000

【答案】B

55．设某一数据表文件中有 10 条记录，当前记录号为 6，先执行命令 SKIP 10，再执行?

EOF()后显示的结果是（　　）。

A．出错信息　　　　B．11

C．.T.　　　　D．.F.

【答案】C

56．执行下列两条命令后，屏幕显示的结果是（　　）。

```
ST="VFP"
?UPPER(SUBSTR(ST,1,1))+LOWER(SUBSTR(ST,2))
```

A．VFP　　　　B．vFP

C．Vfp　　　　D．Vvf

【答案】C

57．在下列表达式中，结果为字符型的是（　　）。

A．"123"-"100"

B．"ABC"+"XYZ"="ABCXYZ"

C．CTOD("07/05/48")

D．DTOC(DATE())>"07/05/49"

【答案】A

58．已经打开的数据表中有“出生日期”字段，为日期型，则此时下列表达式中结果不是日期型的为（　　）。

A．CTOD("07/05/48")　　　　B．出生日期+5

C．DTOC(出生日期)　　　　D．DATE()-10

【答案】C

59．已知X="AB CD "，Y=" EF GH"。则表达式X-Y的结果应该是（　　）。

A．"AB CD   EF GH "　　　　B．"AB CD EF GH "

C．"ABCD EF GH "　　　　D．"ABCDEF GH "

【答案】B

60．假定A="123"，B="234"，下列表达式的运算结果为逻辑假值的是（　　）。

A．.NOT.(A=B).OR.B$("13579")

B．.NOT.A$("ABC").AND.(A<>B)

C．.NOT.(A<>B)

D．.NOT.(A>=B)

【答案】C

61．执行命令?AT("等级","全国计算机等级考试")的显示结果是（　　）。

A．0　　　　B．7

C．11　　　　D．13

【答案】C

62．执行下列命令序列后，变量NDATE的值是（　　）。

```
STORE CTOD("08/12/77") TO MDATE
NDATE=MDATE+3
?NDATE
```

A．08/15/77　　B．08/20/77

C．11/12/77　　D．12/12/77

【答案】A

63．假定系统日期是 1977 年 8 月 12 日，执行命令 NJ=MOD(YEAR(DATE())-1900,100)后，NJ 的值是（　）。

A．1997　　B．77

C．770812　　D．0812

【答案】B

64．执行下列命令后屏幕显示的结果是（　）。

```
A="全国计算机等级考试"
B="2008"
C="一"
?A
??B+"年第"+C+"次考试"
```

A．全国计算机等级考试 2008 年第一次考试

B．全国计算机等级考试　2008 年第一次考试

C．全国计算机等级考试 B 年第 C 次考试

D．全国计算机等级考试 B+年第+C 次考试

【答案】A

65．执行以下两条命令后，能够正确求值的表达式是（　）。

```
A="1.保护环境"
B=2
```

A．RIGHT(A,4)+SUBSTR(B,2)　　B．VAL(LEFT(A,1))+B

C．A+B　　D．SUBSTR(A,1,1)+B

【答案】B

66．设 X=0.618，执行命令?ROUND(X,2)后显示的结果是（　）。

A．0.61　　B．0.62

C．0.60　　D．0.618

【答案】B

67．函数 ROUND(123456.789,-2)的结果是（　）。

A．123456　　B．123456.780

C．123500　　D．-123456.79

【答案】C

68．若先执行命令 X=[180+20]，再执行命令?X，则屏幕显示的结果将是（　）。

A．200　　B．300

C．[180+20]　　D．180+20

【答案】D

69．下面这个表达式的计算结果应该是（　）。

```
VAL(SUBSTR("P586",2,1)+RIGHT(STR(YEAR({^2002/01/10})),2))+3
```

A．505.00　　B．5+2002

C．5023　　D．出错信息

【答案】A

70．下列表达式中，结果为数值的是（　　）。

A．CTOD("04/05/97")-28　　B．"1234"$"5678"

C．120+30=150　　D．LEN("ABCD")+1

【答案】D

71．执行下列命令序列后，最后一条命令显示的结果应该是（　　）。

```
X=1
Y=2
Z=3
?Z=X+Y
```

A．F.　　B．3

C．X+Y　　D．.T.

【答案】D

72．执行下列两条命令后，屏幕显示的结果是（　　）。

```
STRING="热爱大自然"
?SUBSTR(STRING,(LEN(STRING)/2-4),4)
```

A．热爱　　B．爱大

C．大自　　D．自然

【答案】A

73．在执行了 SET EXACT ON 命令之后，下列 4 组字符串比较运算中，两个结果均为真的一组是（　　）。

A．"高军"="高军是一位女学生"和"高军"$"高军是一位女学生"

B．"高军是一位女学生"="高军"和"高军是一位女学生" $"高军"

C．"高军是一位女学生"="高军"和"高军是一位女学生" =="高军"

D．"高军"=="高军"和"高军是一位女学生">"高军"

【答案】D

74．下列命令中，能够正确地赋给内存变量 MLOGIC 逻辑真值的命令是（　　）。

A．MLOGIC=".T."　　B．STORE "T" TO MLOGIC

C．MLOGIC=TRUE　　D．STORE .T. TO MLOGIC

【答案】D

75．函数 DAY("01/09/99")的返回值是（　　）。

A．9　　B．09

C．1　　D．错误信息

【答案】D

76．执行 STORE "423.279" TO N 和?18+&N 两个命令后，屏幕显示（　　）。

A．18423.279　　B．441.279

C．441　　D．*****

【答案】B

77. “计算机等级考试”这 7 个汉字，在 Visual FoxPro 中作为字符型常量，可表示为(　　)。

A. {计算机等级考试}　　B. (计算机等级考试)

C. <计算机等级考试>　　D. [计算机等级考试]

【答案】D

78. 当在 Visual FoxPro 中执行了 SET EXACT OFF 命令后，关系表达式"Ab"="A"的结果是（　　）。

A. 0　　B. .F.

C. .T.　　D. 错误

【答案】C

79. 如果变量 X=10，KK="X=123"，则函数 TYPE("KK")的结果是（　　）。

A. L　　B. N

C. C　　D. 错误

【答案】C

80. 设工资=580，职称="讲师"，性别="男"，结果为逻辑假的表达式是（　　）。

A. 工资>550.AND.职称="助教".OR.职称="讲师"

B. 性别="女".OR..NOT.职称="助教"

C. 工资>500.AND.职称="讲师".AND.性别="男"

D. 工资=550.AND.(职称="教授".OR.性别="男")

【答案】D

81. 设 X=2002，Y=150，Z="X+Y"，表达式&Z+1 的结果是（　　）。

A. 类型不匹配　　B. X+Y+1

C. 2153　　D. 20021501

【答案】C

82. 在下面的表达式中，运算结果为逻辑真的是（　　）。

A. EMPTY(.NULL.)　　B. LIKE("edit","edi? ")

C. AT("a", "123abc")　　D. EMPTY(SPACE(10))

【答案】D

83. Visual FoxPro 内存变量的数据类型不包括（　　）。

A. 数值型　　B. 货币型

C. 备注型　　D. 逻辑型

【答案】C

84. 默认情况下，正确的日期常量是（　　）。

A. {^2008/4/23}　　B. {2008/4/23}

C. {"2008/4/23"}　　D. {[2008/4/23]}

【答案】A

85. 命令?VARTYPE(TIME())的执行结果是（　　）。

A. C　　B. D

C. T　　D. 出错

【答案】A

86. 想要将日期型或日期时间型数据中的年份用4位数字显示，应当使用设置命令（　）。

A．SET CENTURY ON　　B．SET CENTURY OFF

C．SET CENTURY TO 4　　D．SET CENTURY OF 4

【答案】A

87．下面关于 Visual FoxPro 数组的叙述中，错误的是（　）。

A．用 DIMENSION 和 DECLARE 都可以定义数组

B．Visual FoxPro 只支持一维数组和二维数组

C．一个数组中各个数组元素必须是同一种数据类型

D．新定义数组的各个数组元素初值为.F.

【答案】C

88．使用命令 DECLARE mm(2,3)定义的数组，包含的数组元素（下标变量）的个数为（　）。

A．2个　　B．3个

C．5个　　D．6个

【答案】D

89．假设职员表已在当前工作区打开，其当前记录的“姓名”字段值为“张三”（字符型，宽度为6）。在命令窗口输入并执行以下命令：

```
姓名=姓名-"您好"
?姓名
```

那么主窗口中将显示（　）。

A．张三　　B．张三　您好

C．张三您好　　D．出错

【答案】A

90．在 Visual FoxPro 中说明数组的命令是（　）。

A．DIMENSION 和 ARRAY

B．DECLARE 和 ARRAY

C．DIMENSION 和 DECLARE

D．只有 DIMENSION

【答案】C

1.2　填空题

1．在关系数据模型中，二维表的列称为属性，二维表的行称为_______。

【答案】元组

2．用二维表数据来表示实体及实体之间联系的数据模型称为_______。

【答案】关系模型

3．在 Visual FoxPro 6.0 的数据表中，要放置照片，应选择_______字段类型。这个字段类型可以用大写字母_______来表示。

【答案】通用型　G

4．在 Visual FoxPro 6.0 中，有两种变量，一种是_______，另一种是_______。

【答案】字段变量　内存变量

5．若已打开的数据表中有“姓名”字段，也有一个“姓名”内存变量。为将当前记录的姓名存入内存变量的姓名中，应该使用的命令是_______。

【答案】M.姓名=姓名（也可写成：M->姓名=姓名）

6．请写出下列表达式的数据类型（用代表类型的字母表示）：EOF()的数据类型是_______，YEAR()的数据类型是_______，DATE()-10 的数据类型是_______。

【答案】L　N　D

7．设 X="170"，则函数 MOD(VAL(X),8)的值是_______。

【答案】2.00

8．设一个打开的数据表文件中共有 100 条记录，若 RECNO()函数的值为 100，则 EOF()的值是_______。

【答案】.F.

9．为使日期型数据能够显示世纪（即年份为 4 位），应该使用命令 SET _______ ON。

【答案】CENTURY

10．对应数学表达式 $A*B^2+e^Y$ 的 Visual FoxPro 表达式是_______。

【答案】A*B^2+EXP(Y)

11．执行以下命令序列后，最后一条命令的显示结果是_______。

```
DIMENSION M(2,2)
M(1,1)=10
M(1,2)=20
M(2,1)=30
M(2,2)=40
? M(2)
```

【答案】20

12．函数 BETWEEN(40,34,50)的运算结果是_______。

【答案】.T.

13．命令?AT("EN",RIGHT("STUDENT",4))的执行结果是_______。

【答案】2

14．表达式 STUFF("GOODBOY",5,3,"GIRL")的运算结果是_______。

【答案】GOODGIRL

15．函数 LEFT("123456789",LEN("数据库"))的计算结果是_______。

【答案】123456

16．函数 Round(4.795,2)返回的是_______。

【答案】4.80

17．在 Visual FoxPro 中说明数组后，数组的每个元素在未赋值之前的默认值是_______。

【答案】.F.

1.3　上机操作题

启动 Visual FoxPro 系统后，在命令窗口中完成所有函数的应用，如图 1-1 所示。

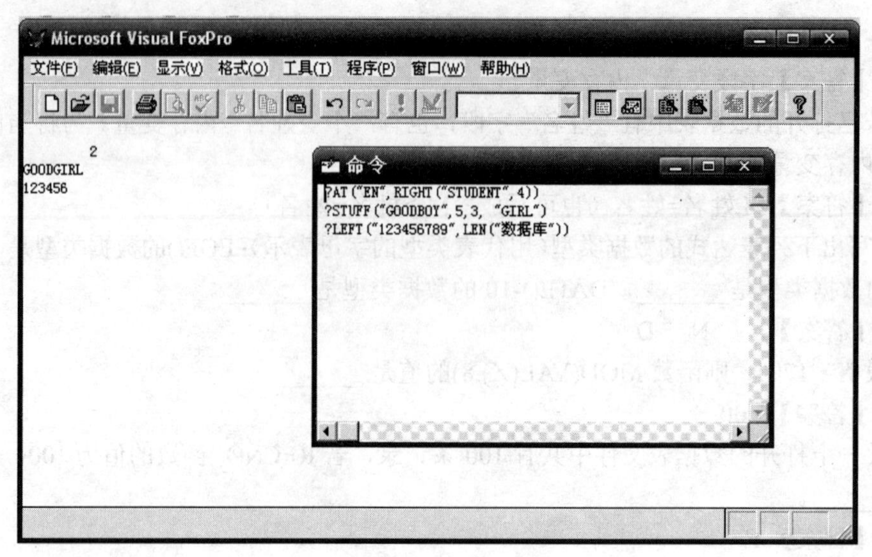
Microsoft Visual FoxPro
文件(F) 编辑(E) 显示(V) 格式(O) 工具(T) 程序(P) 窗口(W) 帮助(H)
2
GOODGIRL
123456
命令
?AT("EN",RIGHT("STUDENT",4))
?STUFF("GOODBOY",5,3, "GIRL")
?LEFT("123456789",LEN("数据库"))

图 1-1　命令窗口界面

第 2 章　项目管理器及其操作

2.1　选择题

1．打开 Visual FoxPro“项目管理器”的“文档（DOCS）”选项卡，其中包含（　　）。

A．表单（Form）文件　　B．报表（Report）文件

C．标签（Label）文件　　D．以上 3 种文件

【答案】D

2．在“项目管理器”下为项目建立一个新报表，应该使用的选项卡是（　　）。

A．数据　　B．文档

C．类　　D．代码

【答案】B

3．扩展名为 PJX 的文件是（　　）。

A．数据库表文件　　B．表单文件

C．数据库文件　　D．项目文件

【答案】D

4．“项目管理器”对话框的“运行”按钮用于执行选定的文件，这些文件可以是（　　）。

A．查询、视图或表单　　B．表单、报表和标签

C．查询、表单或程序　　D．以上文件都可以

【答案】C

5．在 Visual FoxPro 的项目管理器中，不包括的选项卡是（　　）。

A．数据　　B．文档

C．类　　D．表单

【答案】D

2.2　填空题

1．可以在项目管理器的________选项卡下建立命令文件（程序）。

【答案】代码

2．在 Visual FoxPro 中，项目文件的扩展名是________。

【答案】PJX

2.3　上机操作题

1．在 D 盘中建立一个项目，并命名为“one”。

操作步骤如下：

命令方式：启动 Visual FoxPro 系统后，选择“工具”→“选项”命令，打开如图 2-1 所示的对话框选择“文件位置”选项卡，然后在列表框中选择“默认目录”选项，再单击“修改”

按钮，出现如图 2-2 所示对话框，在出现的“更改文件位置”对话框中，选择“使用默认目录”复选框，单击“…”按钮，指定位置，最后在命令窗口中输入：CREATE PROJECT one。

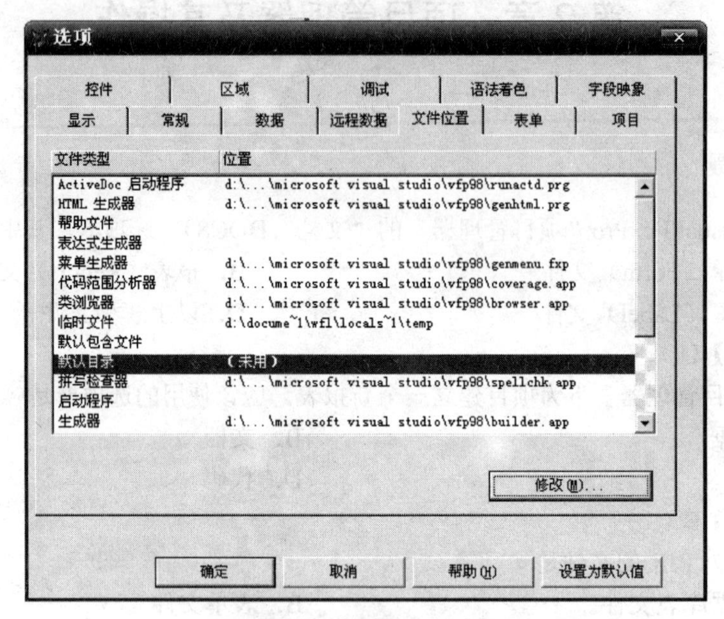

图 2-1　“选项”对话框

图 2-2　“更改文件位置”对话框

注意：如果不进行默认目录设置，在命令窗口中输入时要加（D:\）盘符，否则默认保存到系统安装目录 vfp98 下。

使用菜单方式进行建立：

（1）单击工具栏中的“新建”按钮，在弹出的对话框中选择“项目”单选按钮，如图 2-3 所示。

（2）单击“新建文件”按钮，出现“创建”对话框，选择保存的位置（如 D 盘），并将该项目文件命名为“one”，如图 2-4 所示。

（3）单击“保存”按钮，即建立“one”项目，如图 2-5 所示。

2．在项目“one”中建立一个数据库，命名为“成绩管理”。

操作步骤如下：

单击“项目管理器-one”对话框的“数据”选项卡，此时选择“数据库”并单击“新建”按钮，如图 2-6 所示，在弹出的如图 2-7 所示的“新建数据库”对话框中，单击“新建数据库”按钮，在弹出的“创建”对话框的“数据库名”框中输入“成绩管理”，再单击“保存”按钮。

3．在项目 one 中建立程序代码文件 one.prg，其中包含以下一条命令：

```
?"良好的开端"
```

操作步骤如下：

单击“项目管理器-one”对话框的“代码”选项卡，选择“程序”并单击“新建”按钮，在“程序 1”中输入“?"良好的开端"”，接着关闭编辑器，同时显示“另存为”对话框并在“保存文档为”处输入“one”，再单击“保存”按钮。

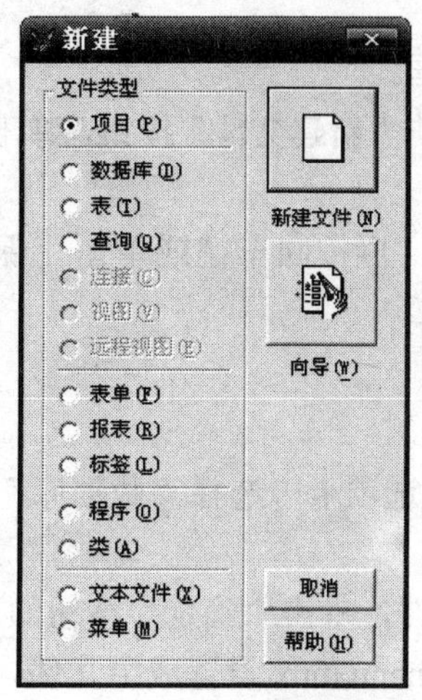

图 2-3　“新建”对话框

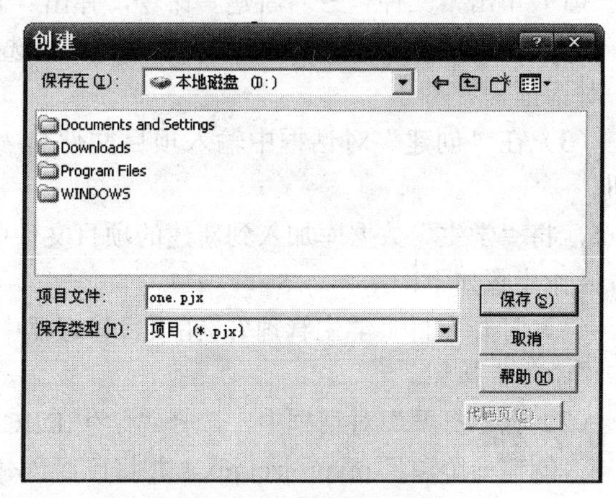

图 2-4　“创建”对话框

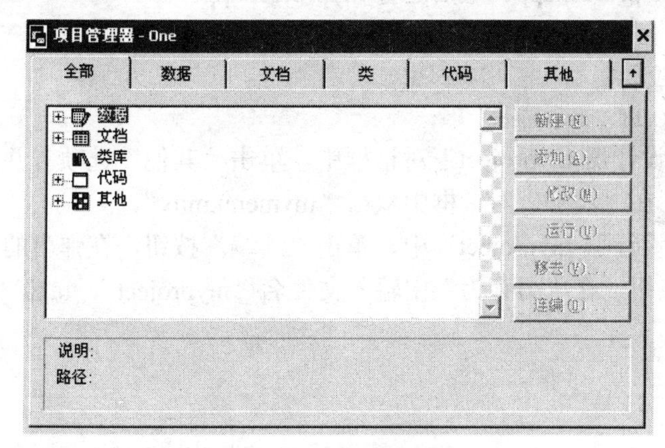

图 2-5　“one”项目

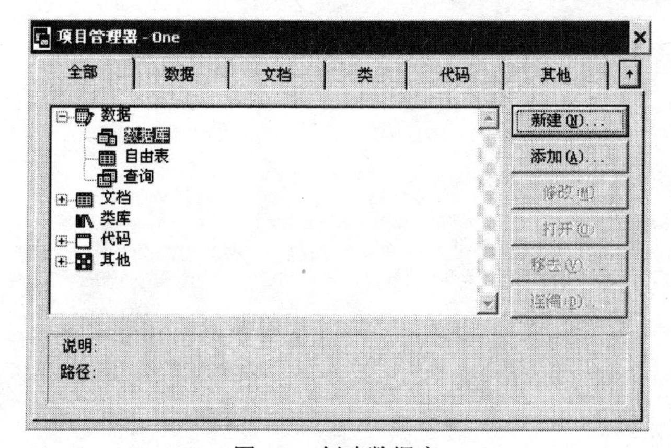

图 2-6　创建数据库

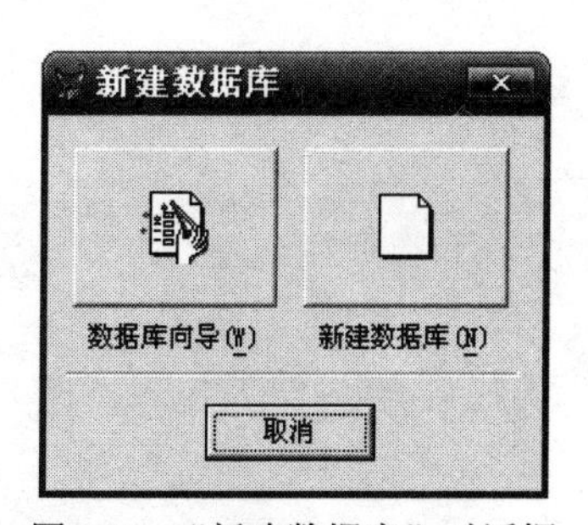

图 2-7　“新建数据库”对话框

4．新建一个名为“学生管理”的项目文件。

操作步骤如下：

命令方式：启动 Visual FoxPro 系统后，在命令窗口中输入：

```
CREATE PROJECT 学生管理    &&保留字可以取前 4 个字母
```

使用菜单方式进行建立：

（1）单击“文件”→“新建”命令，弹出“新建”对话框。

（2）在“新建”对话框中，选择“项目”单选按钮，再单击“新建文件”按钮，弹出“创建”对话框。

（3）在“创建”对话框中输入项目文件名“学生管理”，再按回车键或单击“保存”按钮。

5．将“学生”数据库加入到新建的项目文件中。

操作步骤如下：

（1）打开项目“学生管理”，在项目管理器中的“数据”选项卡中选择“数据库”项，单击“添加”按钮。

（2）在“打开”对话框中，选择“学生.DBC”数据库文件，单击“确定”按钮即可。

6．创建一个项目 myproject.pjx，并将已经创建的菜单 mymenu.mnx 设置成主文件。然后连编产生应用程序 myproject.app。最后运行 myproject.app。

操作步骤如下：

（1）新建项目文件。

```
CREATE PROJECT myproject
```

（2）在“项目设计器-myproject”对话框中，单击“其他”选项卡并选中“菜单”项，单击“添加”按钮，在“添加”对话框中双击“mymenu.mnx”。

（3）在“项目设计器-myproject”中，单击“连编”按钮，在弹出的“连编选项”对话框中单击“确定”按钮，在“另存为”中输入文件名“myproject”，单击“保存”按钮。

第 3 章　数据表的基本操作

3.1　选择题

1．在 Visual FoxPro 数据表中，记录是由字段值构成的数据序列，但数据长度要比各字段宽度之和多一个字节，这个字节是用来存放（　　）。

A．记录分隔标记的　　B．记录序号的

C．记录指针定位标记的　　D．删除标记的

【答案】D

2．某表文件有姓名（C,6）、入学总分（N,6,2）和特长爱好（备注型）共 3 个字段，则该表文件的记录长度为（　　）。

A．16　　B．17　　C．18　　D．19

【答案】B

3．设表文件中共有 51 条记录，执行命令 GO BOTTOM 后，记录指针指向的记录号是（　　）。

A．51　　B．1　　C．52　　D．EOF()

【答案】A

4．在 Visual FoxPro 中，关于自由表叙述正确的是（　　）。

A．自由表和数据库表是完全相同的

B．自由表不能建立字段级规则和约束

C．自由表不能建立候选索引

D．自由表不可以加入到数据库中

【答案】B

5．在 Visual FoxPro 中，下列关于表的叙述，正确的是（　　）。

A．在数据库表和自由表中，都能给字段定义有效性规则和默认值

B．在自由表中，能给表中的字段定义有效性规则和默认值

C．在数据库表中，能给表中的字段定义有效性规则和默认值

D．在数据库表和自由表中，都不能给字段定义有效性规则和默认值

【答案】C

6．以下字段中，不须用户在设计表结构时指定宽度的是（　　）。

A．字符型　　B．浮点型　　C．数值型　　D．日期时间型

【答案】D

7．下列字段中，在.DBF 文件中仅保存标记，其具体内容存放在.FPT 文件中的是（　　）。

A．字符型　　B．通用型　　C．逻辑型　　D．日期型

【答案】B

8．在下面的数据类型中，默认值为.F.的是（　　）。

A．数值型　　B．字符型　　C．逻辑型　　D．日期型

【答案】C

9．在 Visual FoxPro 中，字段的数据类型不可以指定为（　）。

A．日期型　　B．时间型　　C．通用型　　D．备注型

【答案】B

10．不允许记录中出现重复索引值的索引是（　）。

A．主索引　　B．主索引、候选索引和普通索引

C．主索引和候选索引　　D．主索引、候选索引和唯一索引

【答案】C

11．在 Visual FoxPro 中，通用型字段 G 和备注型字段 M 在表中的宽度都是（　）。

A．2 个字节　　B．4 个字节　　C．8 个字节　　D．10 个字节

【答案】B

12．在 Visual FoxPro 中，索引文件的扩展名有.IDX 和.CDX 两种，下列描述正确的是（　）。

A．两者无区别

B．.IDX 是 FoxBASE 建立的索引文件，.CDX 是 Visual FoxPro 建立的索引文件

C．.IDX 是单索引文件，.CDX 是复合索引文件

D．.IDX 索引文件可以进行升序或降序排序

【答案】C

13．若对自由表的某字段值要求唯一，则应对该字段创建（　）。

A．主索引　　B．唯一索引

C．候选索引　　D．普通索引

【答案】C

14．表文件 ST.DBF 中字段：姓名（C,6）、出生日期（D）、总分（N,5,1）等，要建立姓名、总分、出生日期的复合索引，其索引关键字表达式应是（　）。

A．姓名+总分+出生日期

B．姓名,总分,出生日期

C．姓名+STR(总分)+STR(出生日期)

D．姓名+STR(总分)+DTOC(出生日期)

【答案】D

15．工资表文件中有 10 条记录，当前记录号为 5，若用 SUM 命令计算工资而不给出范围，那么该命令将（　）。

A．只计算当前记录的工资值

B．计算全部记录的工资值之和

C．计算后 5 条记录的工资值之和

D．计算后 6 条记录的工资值之和

【答案】B

16．当前表中有基本工资、奖金、津贴、所得税和工资总额字段，都是 N 型。要将每个职工的全部收入汇总后写入其工资总额字段中，应使用的命令是（　）。

A．REPLACE ALL 工资总额 WITH 基本工资+奖金+津贴-所得税

B．TOTAL ON 工资总额 FIELDS 基本工资,奖金,津贴,所得税

C．REPLACE 工资总额 WITH 基本工资+奖金+津贴-所得税

D．SUM 基本工资+奖金+津贴-所得税 TO 工资总额

【答案】A

17．学生表中“实验成绩”是逻辑型字段，该字段的值为.T.表示实验成绩为通过，否则为没有通过。若想统计“实验成绩”没有通过的学生人数，应使用命令（　）。

A．COUNT TO X FOR 实验成绩=.F.

B．COUNT TO X FOR "实验成绩"=.F.

C．COUNT TO X FOR 实验成绩="F"

D．COUNT TO X FOR 实验成绩=".F. "

【答案】A

18．假设职称是某表文件中的一个字段，如果要计算所有正、副教授的平均工资，并将结果赋予变量 PJ 中，应使用的命令是（　）。

A．AVERAGE 工资 TO PJ FOR "教授"$职称

B．AVERAGE FIELDS 工资 TO PJ FOR "教授"$职称

C．AVERAGE 工资 TO PJ FOR 职称="副教授".AND.职称="教授"

D．AVERAGE 工资 TO PJ FOR 职称="副教授".OR."教授"

【答案】A

19．不论索引是否生效，定位到相同记录上的命令是（　）。

A．GO TOP　　B．GO BOTTOM

C．GO 6　　D．SKIP

【答案】C

20．刚打开一个空数据表时，用 EOF()和 BOF()测试，其结果一定是（　）。

A．.T.和.T.　　B．.F.和.F.

C．.T.和.F.　　D．.F..和 T.

【答案】A

21．设当前数据表中包含 10 条记录，当 EOF()为真时，命令?RECNO()的显示结果是（　）。

A．10　　B．11

C．0　　D．空

【答案】B

22．已知表中有字符型字段：职称和性别，要建立一个索引，要求首先按职称排序、职称相同时再按性别排序，正确的命令是（　）。

A．INDEX ON 职称+性别 TO ttt

B．INDEX ON 性别+职称 TO ttt

C．INDEX ON 职称,性别 TO ttt

D．INDEX ON 性别,职称 TO ttt

【答案】A

23．有关 ZAP 命令的描述，正确的是（　）。

A．ZAP 命令只能删除当前表的当前记录

B．ZAP 命令只能删除当前表的带有删除标记的记录

C．ZAP 命令能删除当前表的全部记录

D．ZAP 命令能删除表的结构和全部记录

【答案】C

24．有一学生表文件，且通过表设计器已经为该表建立了若干普通索引。其中一个索引的索引表达式为姓名字段，索引名为 XM。现假设学生表已经打开，且处于当前工作区中，那么可以将上述索引设置为当前索引的命令是（　　）。

A．SET INDEX TO 姓名　　B．SET INDEX TO XM

C．SET ORDER TO 姓名　　D．SET ORDER TO XM

【答案】D

25．当前打开的图书表中有字符型字段“图书号”，要求将图书号以字母 A 开头的图书记录全部打上删除标记，通常可以使用命令（　　）。

A．DELETE FOR 图书号="A"

B．DELETE WHILE 图书号="A"

C．DELETE FOR SUBS(图书号,1,1)="A"

D．DELETE FOR 图书号 LIKE "A%"

【答案】C

26．执行下面的命令后，函数 EOF()的值一定为.T.的是（　　）。

A．REPLACE 基本工资 WITH 基本工资+200

B．LIST NEXT 10

C．SUM 基本工资 TO SS WHILE 性别="女"

D．DISPLAY FOR 基本工资＞800

【答案】D

27．以下关于空值（NULL）的说法，叙述正确的是（　　）。

A．空值等同于空字符串　　B．空值表示字段或变量还没有确定值

C．VFP 不支持空值　　D．空值等同于数值 0

【答案】B

28．命令 SELECT 0 的功能是（　　）。

A．选择编号最小的未使用工作区

B．选择 0 号工作区

C．关闭当前工作区的表

D．选择当前工作区

【答案】A

29．可以随着数据表文件的打开而自动打开的索引文件是（　　）。

A．单索引文件（.IDX）　　B．复合索引文件（.CDX）

C．结构复合索引文件（.CDX）　　D．非结构复合索引文件（.CDX）

【答案】C

30．在 Visual FoxPro 系统中，“.dbf”文件被称为（　　）。

A．数据库文件　　　　B．表文件
C．程序文件　　　　D．项目文件

【答案】B

31．Visual FoxPro 有两种类型的表：数据库中的表和（　　）。

A．自由表　　B．独立表　　C．表　　D．关联表

【答案】A

32．自由表是独立于任何数据库的（　　）。

A．一维表　　B．二维表　　C．三维表　　D．四维表

【答案】B

33．对于 TM_BMB 表，下面（　　）命令显示所有女同学记录。

A．LIST FOR !XB　　　　B．LIST FOR XB
C．LIST FOR XB="女"　　　　D．LIST FOR XB=.F.

【答案】C

34．若 TM_BMB 表包含 50 条记录，在执行 GO TOP 命令后，（　　）命令不能显示所有记录。

A．LIST ALL　　　　B．LIST REST
C．LIST NEXT 50　　　　D．LIST RECORD 50

【答案】D

35．执行 USE TM_BMB（回车）SKIP -1 后，下列显示值一定是.F.的命令是（　　）。

A．?BOF()　　B．?EOF()　　C．?.T.　　D．?RECNO()=1

【答案】B

3.2　填空题

1．建立“学生情况”表结构时，如果最高奖学金不超过 120.58 元，奖学金字段的宽度和小数位至少应为________和________。

【答案】宽度为 6　　小数位为 2

2．在 Visual FoxPro 数据表管理系统中，备注型文件的扩展名是________。

【答案】.FPT

3．假设考生表已经打开，表中有“年龄”（N 型）字段，要统计年龄小于 20 岁的考生人数，并将结果存储于变量 M1 中，应该使用的完整命令是________。

【答案】COUNT TO M1 FOR 年龄<20

4．在 Visual FoxPro 命令窗口中，要修改表的结构，应该输入命令________。

【答案】MODI STRU

5．表 XS.DBF 中有日期型字段“出生日期”，列出其中所有 12 月份出生的男同学记录：

DISPLAY FOR ________.AND.性别="男"

【答案】MONTH(出生日期)=12

6．某表有 50 条记录，其当前记录为 9 号记录，当执行了 SKIP 2*3 后系统显示的记录号为________。

【答案】15

7．一个有多条记录的表打开后，要在最后一条记录后增加一条空记录，应使用命令________。

【答案】APPEND BLANK

8．已打开表文件，其中“出生日期”字段为日期型，年龄字段为数值型。要计算每人今年的年龄并把其值填入“年龄”字段中，应使用命令________。

【答案】REPLACE ALL 年龄 WITH YEAR(DATE())-YEAR(出生日期)

9．要想在一个打开的表中物理删除某些记录，应先后使用的两个命令分别是________。

【答案】DELETE 与 PACK

10．若能够正常执行命令 REPLACE ALL MYD WITH DATE()说明字段 MYD 的类型是________。

【答案】日期型

11．当前数据库文件有 10 条记录，要在第 5 条记录后面插入 1 条新记录，应使用命令________。

【答案】INSERT

12．把当前表当前记录的学号、姓名字段值复制到数组 A 的命令是：

SCATTER FIELD 学号，姓名________

【答案】TO A

3.3　上机操作题

1．练习建立表文件

在 E 盘根文件夹上建立 VFLX 文件夹，然后按下列步骤操作：

（1）建立表结构如表 3-1 所示。

表 3-1　表结构

字段名	字段类型	宽度	小数位数
学号	C	8	
姓名	C	6	
性别	C	2	
入学日期	D	8	
奖学金	N	4	1
团员否	L	1	
爱好	M	4	

（2）为该表建立以“学号”字段升序排序的候选索引。

（3）输入 3~4 条记录，内容自定。

（4）完成存盘，将此表命名为 XSH.DBF，存于 E 盘 VFLX 文件夹中。

操作步骤如下：

① 单击工具栏中的“新建”按钮，在弹出的“新建”对话框中选择“表”单选按钮，如图 3-1 所示，单击“新建文件”按钮，在出现的“创建”对话框中将该表命名为 XSH，如图 3-2 所示。

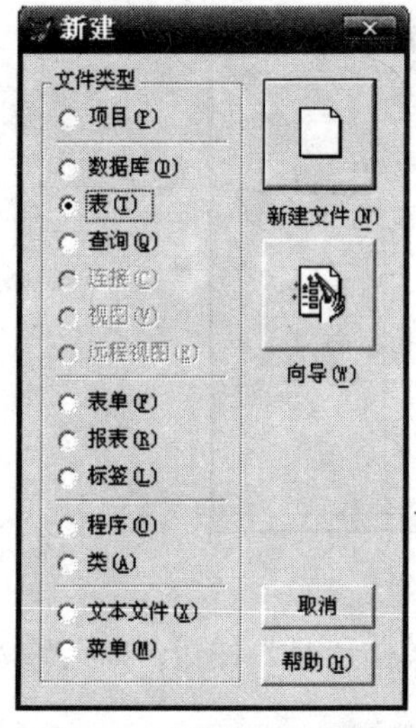

图 3-1　“新建”对话框

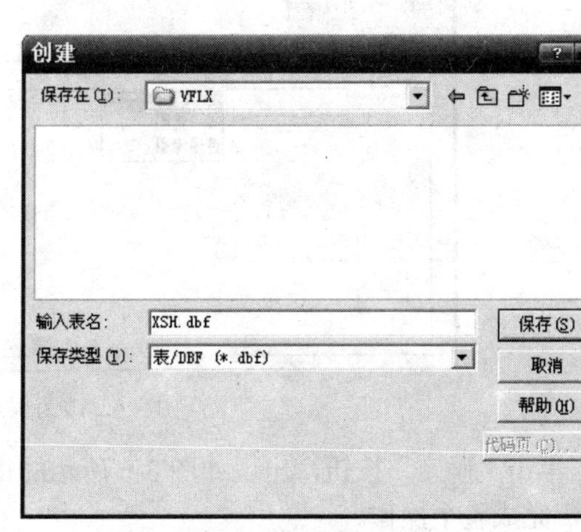

图 3-2　“创建”对话框

② 单击“保存”按钮，弹出“表设计器”对话框，建立各字段，如图 3-3 所示。

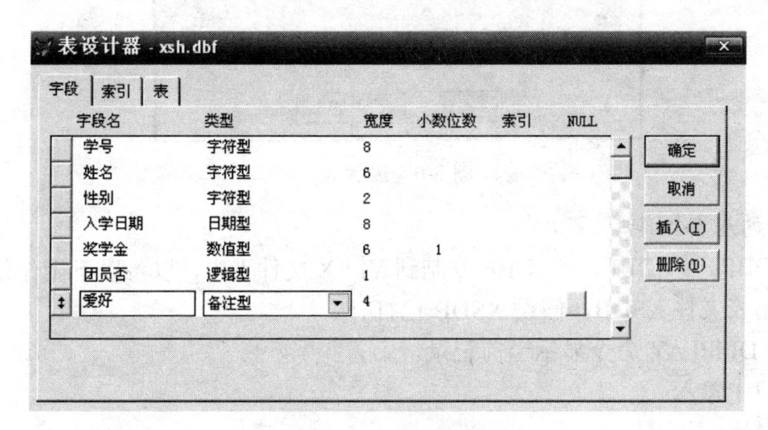

图 3-3　建立各字段

③ 定位于字段名“学号”，在其“索引”列中选择升序建立普通索引，如图 3-4 所示。再打开“索引”选项卡，在“类型”列中将“普通索引”改为“候选索引”，如图 3-5 所示。

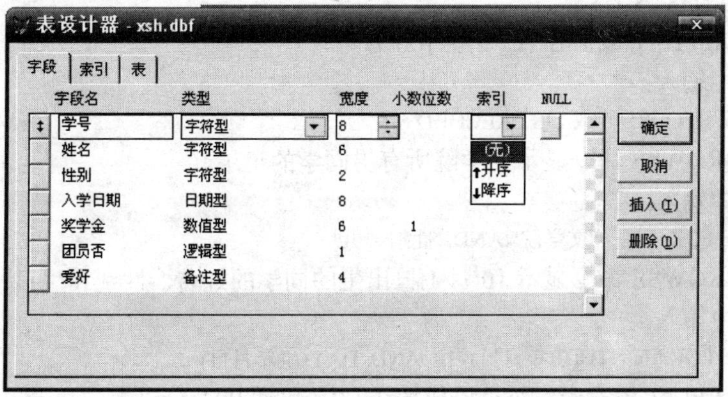

图 3-4　建立普通索引

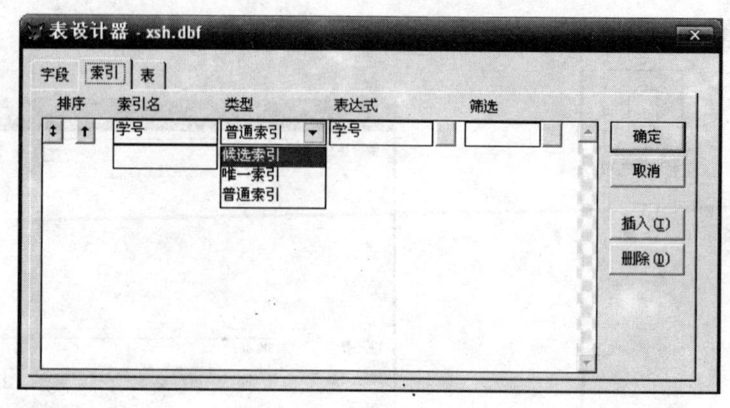

图 3-5　改为候选索引

④ 单击“确定”按钮，出现如图 3-6 所示的提示对话框，单击“是”按钮，随后输入几条记录，完成整个操作。

图 3-6　提示框

2. 表文件的基本操作

将 XSDB.DBF、YY.DBF、JSJ.DBF 复制到 VFLX 文件夹内，以备以下操作使用。以下除最后一题均使用表文件 XSDB，假设 XSDB 已打开。

（1）使用 DISPLAY 命令显示当前记录。

在命令窗口中输入：

```
DISPLAY
```

（2）使用 DISPLAY 或 LIST 命令显示前 3 条记录。

在命令窗口中输入：

```
GO TOP
DISPLAY NEXT 3
```

（3）使用 DISPLAY 或 LIST 命令显示 6 号记录。

在命令窗口中输入：

```
DISPLAY RECORD 6 或 LIST RECORD 6
```

（4）使用 BROWSE 命令显示文学院所有男同学的记录。

在命令窗口中输入：

```
BROWSE FOR  院系="文学院".AND.  性别="男"
```

（5）使用 BROWSE 命令显示 10 月 1 日出生的同学的姓名、性别和生日。

在命令窗口中输入：

```
BROWSE FOR MONTH(生年月日)=10 .AND. DAY(生年月日)=1
```

（6）使用 REPLACE 命令，对英语成绩在 90（包括 90）分以上的记录，将其奖学金增加 50 元。

在命令窗口中输入：

REPLACE 奖学金 WITH 奖学金+50 FOR 英语>=90

（7）使用 COPY 命令复制一个与 XSDB 表文件的结构完全相同的空表 KB.DBF。

在命令窗口中输入：

COPY STRUCTURE TO KB

（8）使用 COPY 命令，将表文件 XSDB 中所有党员的记录组成表文件 DY.DBF。

在命令窗口中输入：

COPY TO DY FOR 党员否=.T.

（9）使用 COUNT 命令统计女同学人数，并将结果存入变量 R 中。

在命令窗口中输入：

COUNT TO R FOR 性别="女"

（10）使用 AVERAGE 命令求文学院学生的英语平均成绩，并将结果存入变量 X 中。

在命令窗口中输入：

AVERAGE 英语 TO X FOR 院系="文学院"

（11）使用 SUM 命令求男生的奖学金总额，并将结果存入变量 Y 中。

在命令窗口中输入：

SUM 奖学金 TO Y FOR 性别="男"

（12）在“数据工作期”窗口中分别打开 XSDB.DBF、YY.DBF、JSJ.DBF 共 3 个表文件。

操作步骤如下：

① 选择“窗口”→“数据工作期”命令，打开“数据工作期”窗口，如图 3-7 所示。

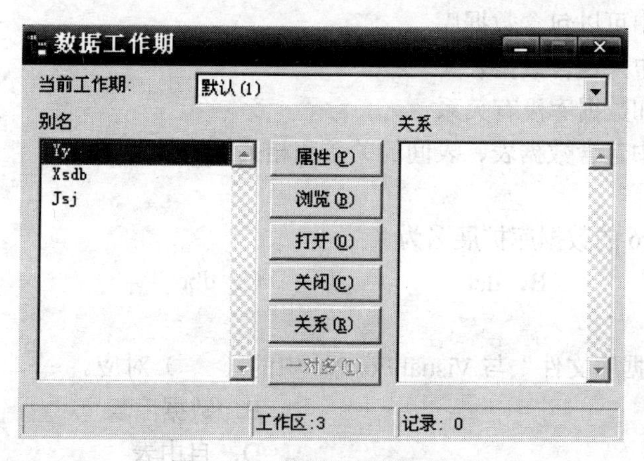

图 3-7　“数据工作期”窗口

② 在“数据工作期”窗口中，单击“打开”按钮，找到要打开的表文件，再单击“确定”按钮即可。重复此步骤可打开多个表文件。

第 4 章　数据库的设计与操作

4.1　选择题

1．Visual FoxPro 数据库文件是（　　）。

A．存放用户数据的文件

B．管理数据库对象的系统文件

C．存放用户数据和系统数据的文件

D．前 3 种说法都对

【答案】B

2．对于数据库，（　　）说法是错误的。

A．数据库是一个容器

B．自由表和数据库表的扩展名都为.dbf

C．自由表的表设计器和数据库表的表设计器是不一样的

D．数据库表的记录数据保存在数据库中

【答案】A

3．关于数据库和数据表之间的关系，正确的描述是（　　）。

A．数据表中可以包含数据库

B．数据库中只包含数据表

C．数据表和数据库没有关系

D．数据库中包含数据表、表间的关系和相关的操作

【答案】D

4．Visual FoxPro 的数据库扩展名为（　　）。

A．dbf　　B．dct　　C．dbc　　D．dcx

【答案】C

5．早期的“数据库文件”与 Visual FoxPro 中的（　　）对应。

A．数据库　　B．数据库表

C．项目　　D．自由表

【答案】B

6．TM_BMB 数据库表的全部备注字段的内容存储在（　　）文件中。

A．TM_BMB.dbf　　B．TM_BMB.txt

C．TM_BMB.fpt　　D．TM_BMB.dbc

【答案】C

7．在 Visual FoxPro 中数据库表字段名最长可以是（　　）。

A．10 个字符　　B．32 个字符

C．64 个字符　　D．128 个字符

【答案】D

8．以下关于自由表的叙述，正确的是（　　）。

A．全部是用以前版本的 FoxPro（FoxBASE）建立的表

B．可以用 Visual FoxPro 建立，但是不能把它添加到数据库中

C．自由表可以添加到数据库中，数据库表也可以从数据库中移出成为自由表

D．自由表可以添加到数据库中，但数据库表不可以从数据库中移出成为自由表

【答案】C

9．在表设计器的字段验证中有（　　）、信息和默认值 3 项内容需要设定。

A．格式　　B．标题　　C．规则　　D．输入掩码

【答案】C

10．对于只有两种取值的字段，最好使用（　　）类型。

A．数值　　B．字符　　C．日期　　D．逻辑

【答案】D

11．利用（　　）命令，可以浏览数据库中的文件。

A．LIST　　B．BROWSE　　C．MODIFY　　D．USE

【答案】B

12．使用（　　）来标识每一个不同实体的信息，以便于区分不同的实体。

A．主关键字　　B．关键字　　C．属性　　D．字段

【答案】A

13．对于说明性的信息，长度在（　　）个字符以内时可以使用字符型。

A．255　　B．254　　C．256　　D．250

【答案】B

14．在创建数据库表结构时，给该表指定了主索引，这属于数据完整性中的（　　）。

A．参照完整性　　B．实体完整性

C．域完整性　　D．用户定义完整性

【答案】B

15．索引的种类包括主索引、候选索引、唯一索引和（　　）。

A．副索引　　B．普通索引　　C．子索引　　D．多重索引

【答案】B

16．在 Visual FoxPro 中，表索引文件有两种结构：独立索引文件.idx 和复合索引文件（　　）。

A．.cdx　　B．.dbf　　C．.frx　　D．.mnx

【答案】A

17．对于数据库表的索引，（　　）说法是不正确的。

A．当数据库表被打开时，其对应的结构复合索引文件不能被自动打开

B．主索引和候选索引能控制表中字段重复值的输入

C．一个表可建立多个候选索引

D．主索引只适用于数据库表

【答案】A

18．对于表索引操作，（　）说法是正确的。

A．一个独立索引文件中可以存储一个表的多个索引

B．主索引不适用于自由表

C．表文件打开时，所有复合索引文件都自动打开

D．在 INDEX 命令中选用 CANDIDATE 子句后，建立的是候选索引

【答案】B

19．建立索引时，（　）字段不能作为索引字段。

A．字符型　B．数值型　C．备注型　D．日期型

【答案】C

20．对于表索引操作，（　）说法是错误的。

A．组成主索引的关键字或表达式在表中不能有重复的值

B．候选索引可用于自由表和数据库表

C．唯一索引表示参加索引的关键字或表达式的值在表中只能出现 1 次

D．在表设计器中只能创建结构复合索引文件

【答案】D

21．在数据库表设计器的“显示”栏中，不包括以下（　）项。

A．规则　B．格式　C．输入掩码　D．标题

【答案】A

22．对于表的索引描述中，（　）说法是错误的。

A．复合索引文件的扩展名为 cdx

B．结构复合索引文件在表打开的同时自动打开

C．当前显示的顺序为主索引的大小顺序

D．每张表只能创建一个主索引和一个候选索引

【答案】D

23．Visual FoxPro 数据库的表之间有（　）种关系。

A．1　B．2　C．3　D．4

【答案】C

24．在 Visual FoxPro 中建立表间临时关联操作，应使用的命令关键字是（　）。

A．SET RELATION　B．CALL

C．JOIN　D．SELECT

【答案】A

25．参照完整性生成器的“更新规则”选项卡的（　）选项是为了防止父表的主关键字段或候选关键字段的值被修改。

A．级联　B．限制　C．忽略　D．删除

【答案】B

26．Visual FoxPro 参照完整性规则不包括（　）。

A．更新规则　B．删除规则

C．索引规则　D．插入规则

【答案】C

27．在 Visual FoxPro 中，以下叙述正确的是（　　）。

A．关系也被称作表单

B．数据库文件不存储用户数据

C．表文件的扩展名是.DBC

D．多个表存储在一个物理文件中

【答案】B

28．在 Visual FoxPro 中，多表操作的实质是（　　）。

A．把多个表物理地连接在一起

B．临时建立一个虚拟表

C．反映多个表之间的关系

D．建立一个新的表

【答案】C

29．默认情况下的表间连接类型是（　　）。

A．内部连接　　B．左连接　　C．右连接　　D．完全连接

【答案】A

30．要在两个数据库表之间建立永久关系，则至少要求在父表的结构复合索引文件中创建一个（　　），在子表的结构复合索引文件中也要创建索引。

A．主索引　　B．候选索引

C．主索引或候选索引　　D．唯一索引

【答案】C

31．要在两张相关的表之间建立永久关系，这两张表应该是（　　）。

A．同一数据库内的两张表

B．两张自由表

C．一个自由表和一个数据库表

D．任意两个数据库表或自由表

【答案】A

32．表之间的“一对多”关系是指（　　）。

A．一个表与多个表之间的关系

B．一个表中的一个记录对应另一个表中的多个记录

C．一个表中的一个记录对应另一个表中的两个记录

D．一个表中的一个记录对应多个表中的多个记录

【答案】B

33．不属于表设计器的“字段有效性”规则的是（　　）。

A．规则　　B．信息　　C．格式　　D．默认值

【答案】C

34．在 Visual FoxPro 的数据库表中，只能有一个（　　）。

A．候选索引　　B．普通索引

C．主索引　　D．唯一索引

【答案】C

35．设置参照完整性的目的是（　　）。

A．定义表的临时连接

B．定义表的永久连接

C．定义表的外部连接

D．在插入、更新、删除记录时，确保已定义的表间关系

【答案】D

36．建立索引时，既不允许字段有重复值，在一个数据表中也只能建立一个索引的是（　　）索引。

A．主索引　　B．候选索引

C．唯一索引　　D．普通索引

【答案】A

37．在建立一对多关系时，对“多方”建立的索引应是（　　）。

A．主索引　　B．候选索引

C．唯一索引　　D．普通索引

【答案】D

38．在数据库中的数据表间（　　）建立关联关系。

A．随意　　B．不可以

C．必须　　D．可根据需要

【答案】D

39．在 Visual FoxPro 中，可以对字段设置默认值的表（　　）。

A．必须是数据库表　　B．必须是自由表

C．自由表或数据库表　　D．不能设置字段的默认值

【答案】A

40．在 Visual FoxPro 中，打开数据库的命令是（　　）。

A．OPEN DATABASE <数据库名>　　B．USE <数据库名>

C．USE DATABASE <数据库名>　　D．OPEN <数据库名>

【答案】A

41．在 Visual FoxPro 中进行参照完整性设置时，要想设置成：当更改父表中的主关键字段或候选关键字段时，自动更改所有相关子表记录中的对应值。应选择（　　）。

A．限制（Restrict）　　B．忽略（Ignore）

C．级联（Cascade）　　D．级联（Cascade）或限制（Restrict）

【答案】C

42．在 Visual FoxPro 的“数据工作期”窗口，使用 SET RELATION 命令可以建立两个表之间的关联，这种关联是（　　）。

A．永久性关联　　B．永久性关联或临时性关联

C．临时性关联　　D．永久性关联和临时性关联

【答案】C

43．在 Visual FoxPro 中，数据库表的字段或记录的有效性规则的设置可以在（　　）。

A．项目管理器中进行　　B．数据库设计器中进行

C．表设计器中进行　　D．表单设计器中进行

【答案】C

44．数据库表可以设置字段有效性规则，字段有效性规则属于（　）。

A．实体完整性范畴　　B．参照完整性范畴

C．数据统一致性范畴　　D．域完整性范畴

【答案】D

45．使数据库变为自由表的命令是（　）。

A．DROP TABLE　　B．REMOVE TABLE

C．FREE TABLE　　D．RELEASE TABLE

【答案】B

46．在 Visual FoxPro 中，建立数据库表时，将年龄字段值限制在 12～40 岁之间的这种约束属于（　）。

A．实体完整性约束　　B．域完整性约束

C．参照完整性约束　　D．视图完整性约束

【答案】B

47．在数据库设计器中，建立两个表之间的一对多联系是通过（　）实现的。

A．“一方”表的主索引或候选索引，“多方”表的普通索引

B．“一方”表的主索引，“多方”表的普通索引或候选索引

C．“一方”表的普通索引，“多方”表的主索引或候选索引

D．“一方”表的普通索引，“多方”表的候选索引或普通索引

【答案】A

48．下面有关数据库表和自由表的叙述中，错误的是（　）。

A．数据库表和自由表都可以用表设计器来建立

B．数据库表和自由表都支持表间联系和参照完整性

C．自由表可以添加到数据库中成为数据库表

D．数据库表可以从数据库中移出成为自由表

【答案】B

49．在数据库表上的字段有效性规则是（　）。

A．逻辑表达式　　B．字符表达式

C．数字表达式　　D．以上 3 种都有可能

【答案】A

50．下列叙述中，错误的是（　）。

A．在数据库系统中，数据的物理结构必须与逻辑结构一致

B．数据库技术的根本目标是要解决数据的共享问题

C．数据库设计是指在已有数据库管理系统的基础上建立数据库

D．数据库系统需要操作系统的支持

【答案】A

51．在 Visual FoxPro 中，下面关于索引的正确描述是（　）。

A．当数据库表建立索引以后，表中的记录的物理顺序将被改变

B．索引的数据将与表的数据存储在一个物理文件中

C．建立索引是创建一个索引文件，该文件包含有指向表记录的指针

D．使用索引可以加快对表的更新操作

【答案】C

52．在 Visual FoxPro 中，在数据库中创建表的 CREATE TABLE 命令中定义主索引、实现实体完整性规则的短语是（　　）。

A．FOREIGN KEY　　B．DEFAULT

C．PRIMARY KEY　　D．CHECK

【答案】C

53．Visual FoxPro 的“参照完整性”中“插入规则”包括的选择是（　　）。

A．级联和忽略　　B．级联和删除

C．级联和限制　　D．限制和忽略

【答案】D

4.2　填空题

1．在 Visual FoxPro 中数据库文件的扩展名是________，数据库表文件的扩展名是________。

【答案】.DBC　.DBF

2．打开数据库设计器的命令是________DATABASE。

【答案】MODIFY

3．在 Visual FoxPro 中，通过建立主索引或候选索引来实现________完整性约束。

【答案】实体

4．在 Visual FoxPro 中，可以在表设计器中为字段设置默认值的表是________表。

【答案】数据库表

5．表设计器的字段验证中有________、信息和默认值 3 项内容需要设定。

【答案】规则

6．在字段的“显示”栏中，包括格式、标题和________3 项。

【答案】输入掩码

7．在定义字段有效性规则时，在规则框中输入的表达式类型是________。

【答案】逻辑型

8．在 Visual FoxPro 中，最多同时允许打开________个数据库表和________自由表。

【答案】128　10

9．将数据库表中满足一定条件的记录加删除标记，使用命令________。

【答案】DELETE

10．能一次性成批修改数据库中的记录值的命令是________。

【答案】REPLACE

11．要从磁盘上一次性彻底删除全部记录，可以使用命令________。

【答案】ZAP

12．Visual FoxPro 有两种类型的表：自由表和________。

【答案】数据库表

13．数据库表的索引共有________种。

【答案】4

14．使用________来标识每一个不同实体的信息，以便于区分不同的实体。

【答案】主关键字或主索引

15．索引的种类中，一个表的主索引可以有________个。

【答案】1

16．数据库表之间的一对多联系通过主表的________索引和子表的________索引实现。

【答案】主　普通

17．实现表之间临时联系的命令是________。

【答案】SET RELATION TO

18．参照完整性是根据表间的某些规则，使得在插入、删除和________时，确保已定义的表间关系。

【答案】更新

19．在参照完整性的设置中，如果要求在主表中删除记录的同时删除子表中的相关记录，则应将“删除”规则设置为________。

【答案】级联

20．在 Visual FoxPro 中，数据表间的关系有________、________和________。

【答案】一对一联系　一对多联系　多对多联系

21．在一个数据表中只允许建立一个的索引是________。

【答案】主索引

22．数据表之间的参照完整性有________、________和________规则。

【答案】插入　更新　删除

23．一个关系数据库由若干个________组成；一个数据表由若干个________组成；每一个记录由若干个以字段属性加以分类的________组成。

【答案】数据表　记录　数据项

24．在数据库中数据完整性是指保证数据________特性，数据完整性一般包括实体完整性、________和参照完整性。

【答案】正确　域完整性

4.3　上机操作题

1．建立一个自由表“student”，表结构如下：

student.DBF：学号 C(8)，姓名 C(12)，性别 C(2)，出生日期 D，院系 C(8)

操作步骤如下：

（1）选择“文件”→“新建”命令，在“新建”对话框中选择“表”单选按钮，再单击“新建文件”按钮，在弹出的“创建”对话框中输入表名“student”，接着单击“保存”按钮。

（2）在“表设计器-student.dbf”中，依次按要求输入对应的字段名、类型和宽度（包括小数点位数），输入完成后单击“保存”按钮。

2．新建“学生管理”数据库，并将表“student”添加到该数据库中。

操作步骤如下：

可以有两种方法：一是命令方法；二是菜单方法。

命令方法：

```
CREATE DATABASE 学生管理
OPEN DATABASE 学生管理
ADD TABLE student
```

菜单方法：

（1）选择“文件”→“打开”命令，在弹出的对话框中选择“文件类型”为“数据库”，打开“学生管理”数据库。

（2）在“数据库设计器-学生管理”中右击，弹出快捷菜单，从中选择“添加表”命令，并选择相应的表文件即可（student）。

3．在“学生管理”数据库中建立表course、score，表结构描述如下：

course.DBF：课程编号C(4)，课程名称C(10)，开课院系C(8)

score.DBF：学号C(8)，课程编号C(4)，成绩I

操作步骤如下：

（1）打开数据库文件“学生管理”

```
OPEN DATABASE 学生管理
```

（2）选择“文件”→“新建”命令，在弹出的“新建”对话框中选择“表”单选按钮，再单击“新建文件”按钮，在弹出的“创建”对话框中输入表名“course”，接着单击“保存”按钮。

（3）在“表设计器-course.dbf”中，依次按要求输入对应的字段名、类型和宽度（包括小数点位数），输入完成后单击“保存”按钮。

同样创建表score，方法相同。

4．为新建立的student表、score表分别建立一个主索引，索引名和索引表达式均是“学号”。

操作步骤如下：

（1）选择“文件”→“打开”命令，在弹出的对话框中选择“文件类型”为“数据库”，打开“学生管理”数据库。

（2）在“数据库设计器-学生管理”中，选择表“student”并右击，在弹出的快捷菜单中选择“修改”命令。

（3）在“表设计器-student.dbf”中，选择“索引”选项卡，输入索引名“学号”，选择类型为“主索引”，表达式为“学号”。

注意：如果表设计器已经打开，直接操作第（3）步即可。

为Score表建立主索引的方法相同。

5．建立表student和score间的永久联系（通过“学号”字段）。

操作步骤如下：

在“数据库设计器-学生管理”中选择“student”表中主索引键“学号”并按住不放，然后移动鼠标拖到“score”表中的索引键为“学号”处，松开鼠标即可。

6．为以上建立的联系设置参照完整性约束：更新规则为“限制”，删除规则为“级联”，插入规则为“限制”。

操作步骤如下：

（1）在已建立的永久性联系后，双击关系线，弹出“编辑关系”对话框。

（2）在“编辑关系”中，单击“参照完整性”按钮，弹出“参照完整性生成器”。

（3）在“参照完整性生成器”中单击“更新规则”选项卡，选择“限制”单选按钮，单击“删除规则”选项卡，选择“级联”单选按钮，单击“插入规则”选项卡，选择“限制”单选按钮，接着单击“确定”按钮，并显示“是否保存改变，生成参照完整性代码并退出？”确认框，最后单击“是”按钮，这样就生成了指定参照完整性。

注意：可能会出现要求清理数据库，那么请清理后重新操作。

7．打开“学生管理”数据库，并从中永久删除“course”表。

操作步骤如下：

（1）打开并修改数据库。

```
MODIFY DATABASE 学生管理
```

（2）选定表“course”并右击，在弹出的快捷菜单中选择“删除”命令，接着会弹出“把表从数据库中移去还是从磁盘上删除？”提示框。

（3）根据题义，单击“删除”按钮即可。

8．建立项目“学生管理系统”；并把“学生管理”数据库加入到该项目中。

操作步骤如下：

命令方式：启动 Visual FoxPro 系统后，在命令窗口中输入

```
CREATE PROJECT 学生管理系统
```

使用菜单方式进行建立

（1）选择“文件”→“新建”命令，弹出“新建”对话框。

（2）在“新建”对话框中，选择“项目”单选按钮，再单击“新建文件”按钮，弹出“创建”对话框。

（3）在“创建”对话框中输入项目文件名“学生管理系统”，再按回车键或单击“保存”按钮，就可以建立项目文件了，并出现“项目管理器”对话框。

（4）在项目管理器中的“数据”选项卡中选择“数据库”，单击“添加”按钮。

（5）在“打开”对话框中，选定库文件“学生管理.dbc”，然后单击“确定”按钮即可。

9．为 score 表增加字段：平均分 N(6,2)，该字段允许出现“空”值，默认值为.NULL.。

操作步骤如下：

（1）打开并修改数据库。

```
MODIFY DATABASE 学生管理
```

（2）在“数据库设计器-学生管理”中，选择表“score”并右击，在弹出的快捷菜单中选择“修改”命令。

（3）在“表设计器-score.dbf”中，在结构的最后处输入字段名为“平均分”，然后选择类型为“数值型”，并输入宽度 6，小数位数为 2，在“NULL”处打勾，单击“确定”按钮即可。

10．为“平均分”字段设置有效性规则：平均分>=0；出错提示信息是：“平均分必须大于等于零”。

操作步骤如下：

在“表设计器-score.dbf”中，选择“性别”字段，在“字段有效性”选项卡的“规则”处输入“平均分>=0”，在“信息”处输入“平均分必须大于等于零”，最后单击“确定”按钮即可。

11．打开“学生管理”数据库，然后为表 student 增加一个字段，字段名为 email、类型为字符、宽度为 20。

操作步骤如下：

（1）打开并修改数据库。

MODIFY DATABASE 学生管理

（2）在“数据库设计器-学生管理”中，选择表“student”并右击，在弹出的快捷菜单中选择“修改”命令。

（3）在“表设计器-student.dbf”中，在结构的最后处输入字段名为 email，然后选择类型为“字符型”并输入宽度 20，单击“确定”按钮即可。

12．为 student 表的“性别”字段定义有效性规则，规则表达式为：性别$"男女"，出错提示信息为“性别必须是男或女”，默认值为“女”。

操作步骤如下：

在“表设计器-student.dbf”中，选择“性别”字段，在“字段有效性”选项卡的“规则”处输入“性别$"男女"”，在“信息”处输入“性别必须是男或女”，在“默认值”处输入“"女"”，最后单击“确定”按钮即可。

13．将已建立“course”表从“学生”数据库中移出，使其成为自由表。

操作步骤如下：

（1）打开数据库

OPEN DATABASE 学生

（2）从数据库移出 course 表

REMOVE TABLE course

第5章　面向对象的程序设计

5.1　选择题

1．面向对象程序设计中，程序运行的基本实体是（　　）。

A．对象　　B．类　　C．方法　　D．函数

【答案】A

2．关于OOP方法的描述中，说法错误的是（　　）。

A．以对象及其数据结构为中心

B．用对象表现事物，以类表示对象的抽象

C．用方法表现处理事物的过程

D．设计工作的中心是程序代码的编写

【答案】D

3．关于属性，正确的是（　　）。

A．只是对象的内部特性

B．是对象的固有特性，用各种类型的数据表示

C．是对象的外部特性

D．属性是对象固有的方法

【答案】B

4．关于事件，错误的是（　　）。

A．一种预先定义好的特定动作，由用户或系统激活

B．Visual FoxPro基类的事件是系统预先定义好的，是唯一的

C．Visual FoxPro基类的事件可以由用户自定义

D．可以激活事件的用户动作包括击键、单击鼠标、移动鼠标等

【答案】C

5．了解对象事件后，最重要的就是如何编写事件代码。关于编写事件代码，错误的描述是（　　）。

A．就是编写.PRG程序，文件名为事件名

B．将代码写入该对象的该事件过程中

C．可以从父类中继承

D．从属性窗口的代码卡片中选择该对象的事件双击，在打开的事件代码窗口中输入代码

【答案】A

6．设有表单Frm2.SCX运行程序后，Frm2.name的值是（　　）。

```
Frm2.name='不是我的表单'
ThisForm.name='是我的表单'
```

A．Frm2　　B．是我的表单

C．不是我的表单　　D．form

【答案】B

7．有表单 Frm1.scx，当前选中 Frm1 的控件 Cmd1，要改变 Cmd1 的 Caption 属性，正确的是（　）。

A．Frm1.Cmdl.Caption='是'

B．This.Cmd1.Caption='是'

C．ThisFom1.scx.Cmd1.Caption='是'

D．ThisFormset.Cmd1.Caption='是'

【答案】B

8．表单有自己的（　）、方法和事件。

A．属性　　B．容器　　C．形状　　D．尺寸

【答案】A

9．对象的相对引用中，要引用当前操作的对象，可以使用的关键字是（　）。

A．Parent　　B．ThisForm　　C．ThisFormSet　　D．This

【答案】D

10．下面关于属性、方法和事件的叙述中，错误的是（　）。

A．属性用于描述对象的状态，方法用于表示对象的行为

B．基于同一个类产生的两个对象可以分别设置自己的属性值

C．事件代码也可以像方法一样被显示调用

D．在新建一个表单时，可以添加新的属性、方法和事件

【答案】D

11．以下所列各项属于命令按钮事件的是（　）。

A．Parent　　B．This　　C．ThisForm　　D．Click

【答案】D

12．下面表单及控件常用的事件中，与鼠标操作有关的是（　）。

A．Click 事件　　B．DblClick 事件

C．RightClick 事件　　D．以上 3 个都是

【答案】D

13．Visual FoxPro 的工作方式是（　）。

A．命令方式和菜单方式　　B．交互方式和程序运行方式

C．命令方式和可视化操作　　D．可视化操作和程序运行方式

【答案】B

14．下列不是 Visual FoxPro 6.0 可视化编程工具的是（　）。

A．向导　　B．生成器　　C．设计器　　D．程序编辑器

【答案】D

15．设置对象的属性不用定义（　）。

A．对象名　　B．属性名　　C．属性值　　D．代码

【答案】D

16．以下（　）是容器类。

A．timer　　B．command　　C．form　　D．label

【答案】C

17．对象继承了（　　）的全部属性。

A．表　　B．类　　C．数据库　　D．图形

【答案】B

18．表单的属性要在（　　）窗口定义。

A．事件　　B．类　　C．属性　　D．表

【答案】C

19．文本框控件的主要属性是（　　）。

A．enabled　　B．form　　C．interval　　D．value

【答案】D

20．关于容器，以下叙述中错误的是（　　）。

A．容器可以包含其他控件

B．不同的容器所能包含的对象类型都是相同的

C．容器可以包含其他容器

D．不同的容器所能包含的对象类型是不相同的

【答案】B

5.2　填空题

1．在面向对象程序设计中，我们所说的对象具有4个主要的特性，即抽象性、________、________和________。

【答案】封装　继承　多态

2．类是一组具有相同属性和相同操作的对象的集合，类中的每个对象都是这个类的一个________；类之间共享属性和操作的机制称为________。

【答案】实例　继承

3．Visual FoxPro提供了一系列基类来支持用户派生新类，Visual FoxPro的基类有两种，即________和________。

【答案】容器类　控件类

4．Visual FoxPro中，创建对象时发生的事件是________，从内存中释放对象时发生事件是________。

【答案】Init　destroy

5．在Visual FoxPro中，对象的引用方式有________和________。

【答案】绝对引用　相对引用

6．对象是________的实体。

【答案】类

7．属性是用来描述________参数。

【答案】对象特征性

8．方法是附属于对象的________和________。

【答案】行为　动作

9．控件类不能________其他对象。

【答案】包含

10．表单是________类。

【答案】容器

5.3 上机操作题

1．创建一个自定义命令按钮组类 MyCmdGroup，命令按钮按多行多列排列，用户可以指定按钮的行数和列数。

操作步骤如下：

（1）创建新类。选择“文件”→“新建”命令，弹出“新建”对话框，选中“类”单选按钮，单击“新建文件”按钮。在图 5-1 所示的“新建类”对话框中，设置“类名”为 myclassl，“派生于”为 CommandButton，“存储于”选择 c:\my documents\myclass1.vcx，单击“确定”按钮进入类设计器。

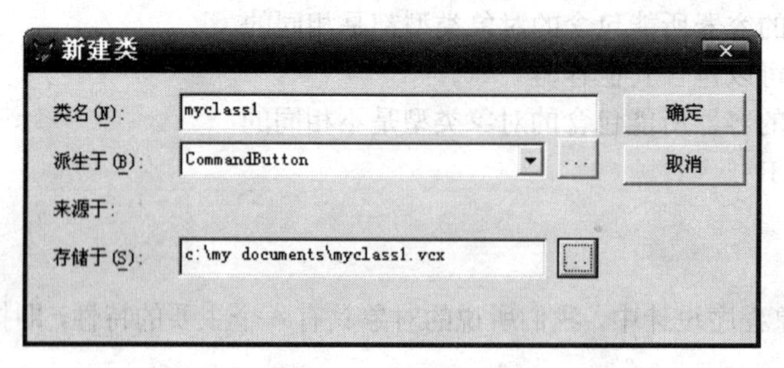

图 5-1 新建类对话框

（2）添加类的新属性。

1）为新类添加两个新属性，RowCount：命令按钮的行数；ColumnCount：命令按钮的列数。步骤：选择“类”→“新建属性”命令，打开如图 5-2 所示的“新建属性”对话框，在“新建属性”对话框的“名称”文本框中输入 RowCount，在“说明”栏中输入“命令按钮组中按钮的行数”，单击“添加”按钮。

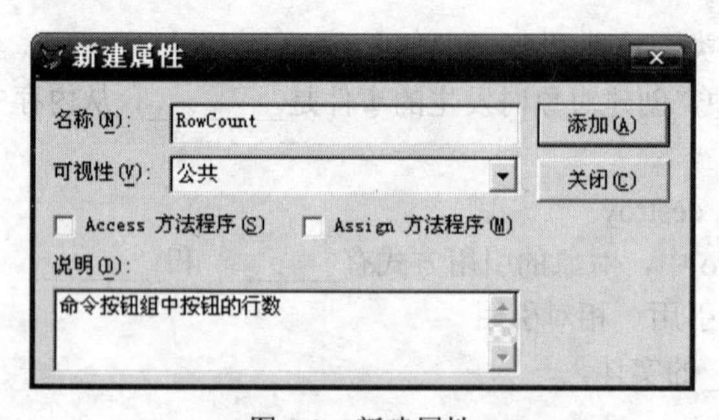

图 5-2 新建属性

2）用同样的方法添加属性“ColumnCount”，然后单击“关闭”按钮，关闭“新建属性”对话框。

（3）为新属性指定初始值。在类的属性窗口（“其他”选项卡中）找到这两个新增属性，将它们的值设为 2。

（4）输入类信息。选择“类”→“类信息”命令，打开如图 5-3 所示的“类信息”对话框，指定“工具栏图标”和“容器图标”，如需要，可以输入类的说明信息。

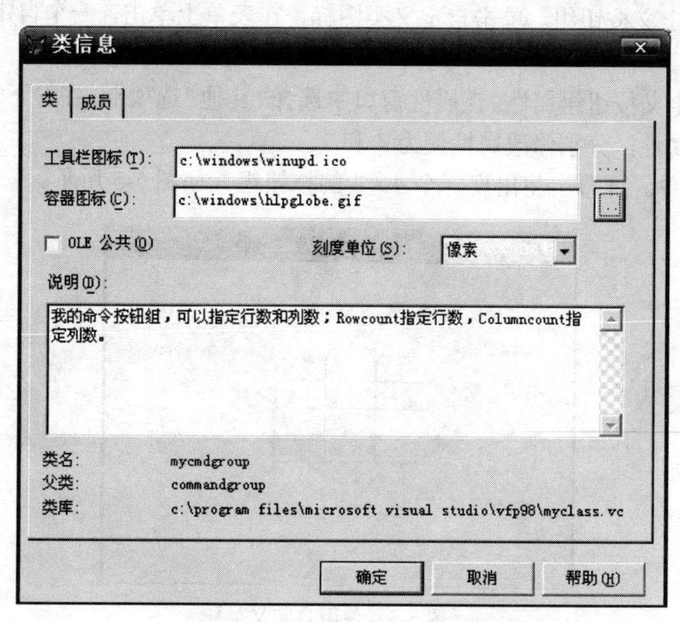

图 5-3　“类信息”对话框

（5）编制类的 Init 代码。当用户使用这个类时，根据 RowCount 和 ColumnCount 属性值，自动计算各个按钮的位置，如图 5-4 所示。

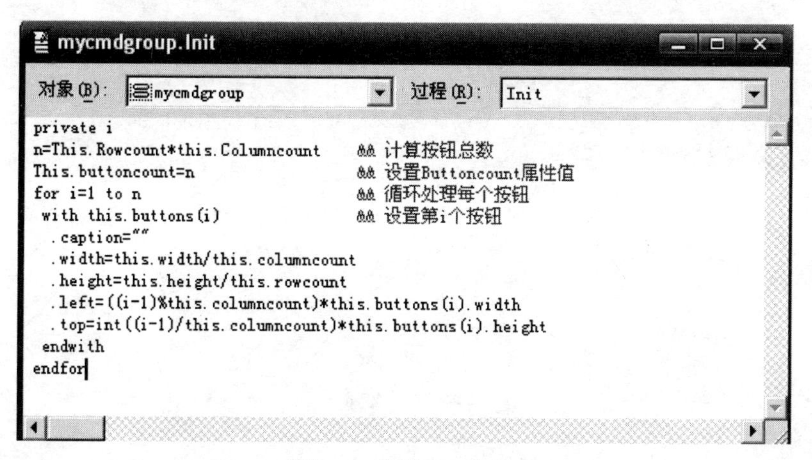

图 5-4　类的 Init 代码

（6）保存并关闭类设计器。当关闭类设计器时，系统提示“要将所作更改保存到类设计器——MyClass.vcx（MyCmdGroup）中吗?”，单击“是”按钮。

2．创建一个新表单，使用上一题中创建的命令按钮类为表单添加一个命令按钮组。

（1）新建表单。选择“文件”→“新建”命令，在弹出的对话框中选择“表单”单选按钮，单击“新建文件”按钮，进入表单设计器。

（2）将用户自定义类加入表单控件工具栏。单击表单控件工具栏的“查看类”按钮，在弹出菜单中选定“添加”命令，在打开的对话框中查找上一题所保存的可视类 MyClass.vcx 文件，单击“确定”按钮，此时控件工具栏上将显示自定义类的图标。

（3）添加自定义按钮组。单击自定义类图标，在表单上单击，一个自定义按钮组将出现在表单上。

（4）修改自定义按钮组属性。在属性窗口中选择“其他”选项卡，在最下方找到 RowCount 和 ColumnCount 属性，分别修改属性值为 4 和 3。

（5）执行表单。屏幕上将出现一个 4×3 的按钮组，如图 5-5 所示。

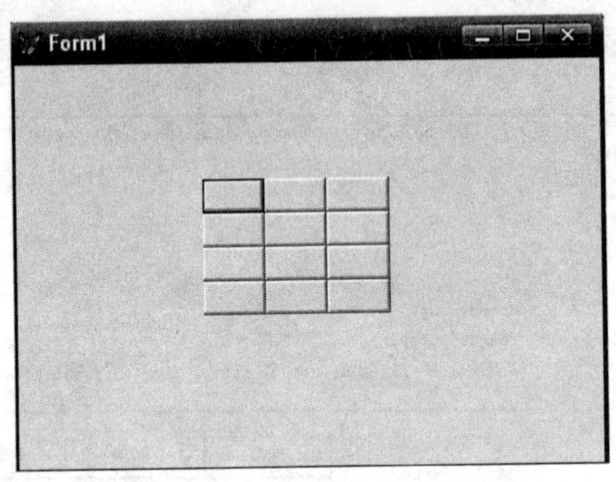

图 5-5　使用自定义类

第6章　表单的创建与使用

6.1　选择题

1．下列文件的类型中，表单文件是（　　）。

A．DBC　　B．DBF

C．PRG　　D．SCX

【答案】D

2．在创建表单时，用（　　）控件创建的对象用于保存不希望用户改动的文本。

A．标签　　B．文本框

C．编辑框　　D．组合框

【答案】A

3．Visual FoxPro 的表单对象可以包括（　　）。

A．任意控件　　B．所有的容器对象

C．页框或任意控件　　D．页框、任意控件、容器或自定义对象

【答案】D

4．在 Visual FoxPro 控件中，标签的默认名字为（　　）。

A．List　　B．Label

C．Edit　　D．Text

【答案】B

5．以下所述的有关表单中“文本框”与“编辑框”的区别，错误的是（　　）。

A．文本框只能用于输入数据，而编辑框只能用于编辑数据

B．文本框内容可以是文本、数值等多种数据，而编辑框内容只能是文本数据

C．文本框只能用于输入一段文本，而编辑框则能输入多段文本

D．文本框不允许输入多段文本，而编辑框能输入一段文本

【答案】A

6．以下有关表单的叙述中，错误的是（　　）。

A．所谓表单就是数据表清单

B．Visual FoxPro 的表单是一个容器类的对象

C．Visual FoxPro 的表单可用来设计类似于窗口或对话框的用户界面

D．在表单上可以设置各种控件对象

【答案】A

7．在列表框控件中，控制将选择的选项存储在何处的属性是（　　）。

A．ControlSource　　B．RowSource

C．RowSourceType　　D．ColumnCount

【答案】B

8．计时器控件的主要属性是（　　）。

A．Enabled　　B．Caption　　C．Interval　　D．Value

【答案】C

9．下列关于列表框和下拉列表框的叙述中，（　　）是正确的。

A．列表框与下拉列表框都可设置成多重选择

B．列表框可设置成多重选择，而下拉列表框不能

C．下拉列表框可以设置成多重选择，而列表框不能

D．列表框与下拉列框都不能设置成多重选择

【答案】A

10．如果“表单设计器”窗口已打开，下面给出的 4 种方法中，不能打开“属性”对话框的方法是（　　）。

A．直接单击“表单设计器”工具栏中的“属性对话框”按钮

B．选择“显示”→“属性”命令

C．右击“表单设计器”窗口，在弹出的快捷菜单中选择“属性”命令

D．右击“命令”窗口，在弹出的快捷菜单中选择“属性”命令

【答案】D

11．线条控件中，控制线条倾斜方向的属性是（　　）。

A．BorderWidth　　B．Lineslant

C．Borderstyle　　D．DrawMode

【答案】B

12．在表单内可以包含的各种控件中，下拉列表框的默认名称为（　　）。

A．Combo　　B．Command

C．Check　　D．Caption

【答案】A

13．Visible 属性的作用是（　　）。

A．设置对象是否可用　　B．设置对象是否可视

C．设置对象是否可改变大小　　D．设置对象是否可移动

【答案】B

14．在当前目录下有 A.PRG 和 A.SCX 两个文件，在执行命令 DO FORM A 后，实际运行的文件是（　　）。

A．A.PRG　　B．A.SCX

C．随机运行　　D．都运行

【答案】B

15．在一个表单容器中的不同控件的属性，必须设置为不同的是（　　）。

A．Forecolor　　B．Name

C．Visible　　D．Enabled

【答案】B

16．以下属于非容器控件的是（　　）。

A．Form　　B．Label　　C．Page　　D．Containe

【答案】B

17．有关控件对象的 Click 事件的正确叙述是（　）。

A．用鼠标双击对象时引发

B．用鼠标单击对象时引发

C．用鼠标右键单击对象时引发

D．用鼠标右键双击对象时引发

【答案】B

18．在下列对象中，不属于控件类的为（　）。

A．文本框　B．组合框　C．表格　D．命令按钮

【答案】C

19．在命令按钮组中，通过修改（　）属性，可把按钮个数设为5个。

A．Caption　B．PageCount　C．ButtonCount　D．Value

【答案】C

20．要使表单中某个控件不可用（变为灰色），则将该控件的（　）属性设为.F.。

A．Caption　B．Name　C．Visible　D．Eanbled

【答案】D

21．在引用对象时，下面格式正确的是（　）。

A．Text1.value="中国"　B．Thisform.Text1.value="中国"

C．Text.value="中国"　D．Thisform.Text.value="中国"

【答案】B

22．在表单运行时，要求单击某一对象时释放表单，应（　）。

A．在该对象的 Click 事件中输入 Thisform.Release 代码

B．在该对象的 Destory 事件中输入 Thisform.Refresh 代码

C．在该对象的 Click 事件中输入 Thisform.Refresh 代码

D．在该对象的 DblClick 事件中输入 Thisform.Release 代码

【答案】A

23．Caption 是对象的（　）属性。

A．标题　B．名称　C．背景是否透明　D．字体尺寸

【答案】A

24．关闭当前表单的程序代码是 ThisForm.Release，其中的 Release 是表单对象的（　）。

A．标题　B．属性　C．事件　D．方法

【答案】D

25．在 Visual FoxPro 中，运行表单 T1.SCX 的命令是（　）。

A．DO T1　B．RUN FORM1 T1

C．DO FORM T1　D．DO FROM T1

【答案】C

26．新创建的表单默认标题为 Form1，为了修改表单的标题，应设置表单的（　）。

A．Name 属性　B．Caption 属性

C．Closable 属性　D．AlwaysOnTop 属性

【答案】B

27．以下叙述与表单数据环境有关，其中正确的是（　）。

A．当表单运行时，数据环境中的表处于只读状态，只能显示不能修改

B．当表单关闭时，不能自动关闭数据环境中的表

C．当表单运行时，自动打开数据环境中的表

D．当表单运行时，与数据环境中的表无关

【答案】C

28．在 Visual FoxPro 中，通常以窗口形式出现，用以创建和修改表、表单、数据库等应用程序组件的可视化工具称为（　）。

A．向导　　B．设计器

C．生成器　　D．项目管理器

【答案】B

29．在 Visual FoxPro 中，Unload 事件的触发时机是（　）。

A．释放表单　　B．打开表单

C．创建表单　　D．运行表单

【答案】A

30．在表单设计中，经常会用到一些特定的关键字、属性和事件。下列各项中属于属性的是（　）。

A．This　　B．ThisForm

C．Caption　　D．Click

【答案】C

31．假设表单上有一选项组：○男●女，如果选择第二个按钮“女”，则该选项组 Value 属性的值为（　）。

A．.F.　　B．女

C．2　　D．女 或 2

【答案】D

32．假设表单 MyForm 隐藏着，让该表单在屏幕上显示的命令是（　）。

A．MyForm.List

B．MyForm.Display

C．MyForm.Show

D．MyForm.ShowForm

【答案】C

33．如果运行一个表单，以下事件首先被触发的是（　）。

A．Load　　B．Error

C．Init　　D．Click

【答案】A

34．表格控件的数据源可以是（　）。

A．视图　　B．表

C．SQL SELECT 语句　　D．以上 3 种都可以

【答案】D

35．在 Visual FoxPro 中释放和关闭表单的方法是（　　）。

A．RELEASE　　B．CLOSE

C．DELETE　　D．DROP

【答案】A

36．在表单中为表格控件指定数据源的属性是（　　）。

A．DataSouce　　B．RecordSource

C．DataForm　　D．RecordForm

【答案】B

6.2　填空题

1．在表单中添加控件后，除了通过属性窗口为其设置各种属性外，也可以通过相应的________对话框为其设置常用属性。

【答案】生成器

2．要编辑容器中的对象，必须首先激活容器。激活容器的方法是：右击容器，在弹出的快捷菜单中选定________命令。

【答案】编辑

3．在命令窗口中执行________命令，即可以打开表单设计器窗口。

【答案】CREATE FORM <表单文件名>

4．利用________工具栏中的按钮可以对选定的控件进行居中、对齐等多种操作。

【答案】布局

5．数据环境是一个对象，泛指定义表单时使用的________，包括表、视图和关系。

【答案】数据源

6．将设计好的表单存盘时，会产生扩展名为________和________的两个文件。

【答案】SCX　　SCT

7．利用________可以接收、查看和编辑数据，方便、直观地完成数据管理工作。

【答案】表单

8. 编辑框控件与文本框控件最大的区别是，在编辑框中可以输入或编辑________段文本，而在文本框中只能输入或编辑________段文本。

【答案】多　　一

9．向表单中添加控件的方法是，选定表单控件工具栏中某一控件，然后再________，便可添加一个选定的控件。

【答案】在表单上单击

10．如果想在表单上添加多个同类型的控件，可在单击控件按钮后，单击________按钮，然后在表单的不同位置单击，就可以添加多个同类型的控件。

【答案】按钮锁定

11．控件的数据绑定是指将控件与某个________联系起来。

【答案】数据源

12．在程序中为了隐藏已显示的 Myforml 表单对象，应当使用的命令是________。

【答案】Myform1.hide

13．在表单中确定控件是否可见的属性是________。

【答案】Visible

14．用当前窗体的 LABEL1 控件显示系统时间的语句是：

THISFORM.LABEL1________=TIME()

【答案】CAPTION

15．在 Visual FoxPro 中，运行当前文件夹下的表单 T1.SCX 的命令是________。

【答案】DO FORM T1

16．为使表单运行时在主窗口中居中显示，应设置表单的 AutoCenter 属性值为________。

【答案】.t.

17．在表单设计器中可以通过________工具栏中的工具快速对齐表单中的控件。

【答案】布局

18．在 Visual FoxPro 中，如果要改变表单上表格对象中当前显示的列数，应设置表格的________属性值。

【答案】ColumnCount

19．在 Visual FoxPro 表单中，用来确定复选框是否被选中的属性是________。

【答案】Value

20．在 Visual FoxPro 中，假设表单上有一选项组：●男○女，该选项组的 Value 属性值赋为 0。当其中的第一个选项按钮“男”被选中，该选项组的 Value 属性值为________。

【答案】0 或男

6.3 简答题

1．什么是数据环境？

【答案】数据环境是一个对象，它包含表单相互作用的表或视图，以及表单所要求的表之间的关系。

2．命令按钮组是容器类控件吗？容器类控件有什么特点？

【答案】命令按钮组是容器类控件，它可以包括若干个命令按钮，容器类控件的特点是具有封装性，编辑容器中的对象，必须首先激活容器。

3．文本框与编辑框有什么异同？

【答案】（1）文本框内容可以是文本、数值等多种数据，而编辑框内容只能是文本数据

（2）文本框只能用于输入一段文本，而编辑框则能输入多段文本

4．列表框和组合框有什么异同？

【答案】（1）使用“列表框”可以把相关的信息以列表的形式显示出来，列表框的右侧有垂直滚动。

（2）使用“组合框”可以把相关的信息以列表框的形式显示出来，组合框的右侧有下拉列表按钮。

5．选项按钮组和复选框有什么异同？

【答案】（1）选项按钮组里可以有若干个按钮，但运行时只能选其中的一个按钮。

（2）复选框是从多个选项中选择任意个选项，可以选一个，也可以选择多个或者全部项。

6.4　上机操作题

1．使用表单向导建立学生成绩管理系统表单实例。

操作步骤如下：

（1）选择“文件”→“新建”命令，在弹出的“新建”对话框中选择“文件类型”为“表单”单选按钮，然后单击“向导”按钮，在弹出的对话框中选择“单表表单向导”项，单击“确定”按钮。

（2）单击自由表右边的按钮，出现打开文件对话框，选择已经保存的前面创建的自由表“xsdb.dbf”，单击“确定”按钮。

（3）选择全部字段，然后单击“下一步”按钮，选择一种样式后单击“下一步”按钮，选择“学号”字段作为索引标识字段进行排序显示，单击“下一步”按钮，单击“预览”按钮查看效果，最后单击“完成”按钮。然后再进行修改、布局面板，运行结果如图 6-1 所示。

2．创建一个如图 6-2 所示的表单，表单上有 3 个标签，分别是：“数据表文件的扩展名是：”、“供选择答案”和“对”或“错”，一个选项组包括 4 个按钮选项，只有一个是正确的，当回答正确时，显示“对”，回答错误时，显示“错”。

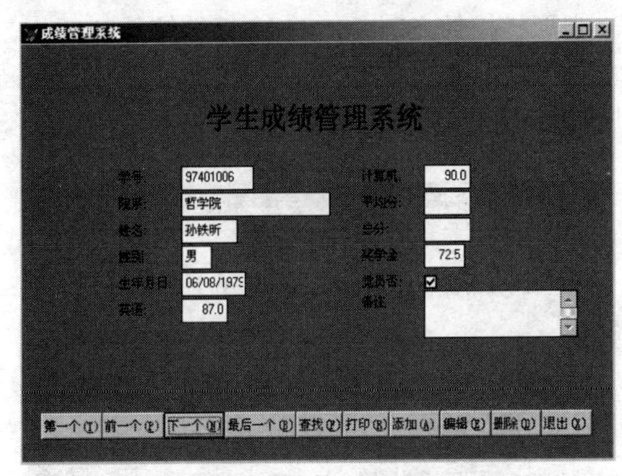

图 6-1　表单运行结果

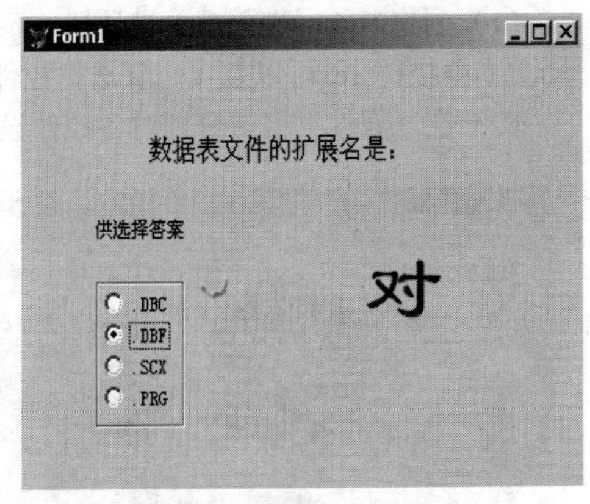

图 6-2　表单运行结果

操作步骤如下：

（1）打开表单设计器，在表单上建立 3 个标签 Label1、Label2 和 Label3，Label3 控件的 Caption 属性设置为空，FontName 设置为“隶书”，FontSize 设置为 40。

（2）创建一个选项按钮组，打开选项组生成器，设置按钮数目为 4，标题文本分别为.DBC、.DBF、.SCX 和.PRG。

（3）设置选项按钮组布局为“垂直”，间隔为“适中”。

（4）编写 Optiongroup1 控件对应的 InteractiveChange 事件代码：

```
IF This.Value=2
    Thisform.Label3.Caption="对"
ELSE
    Thisform.Label3.Caption="错"
ENDIF
```

（5）以文件名“选项按钮.scx”保存该表单，并观察运行结果。

3．创建一个如图 6-3 所示的表单，表单中包含一个形状控件、微调控件和标签控件，通过微调控件对形状曲率进行调整，产生相应的图形。图中是曲率最大值时的情况。

操作步骤如下：

（1）打开表单设计器，创建一个表单，设置表单 Caption 属性值为“形状”。

（2）单击表单控件工具栏“形状”按钮，在表单上画出一个形状 Shape1（默认为矩形），设置 Fillstyle 属性为 0（实心），Fillcolor 的值为 0,128,128，Curvature 默认值为 99。

（3）在表单上添加一个微调控件 Spinner1，设置属性：

```
KeyboardHight value  （或 SpinnerHigh value）：99
KeyboardLow value  （或 SpinnerLow value）：0
Increment=1                &&递增（减）幅度
Value：0
```

（4）在表单上添加一个标签，其 Caption 属性值为“图形曲率”。

（5）编写 Spinner1 的 InteractiveChange 的事件代码：

```
Thisform.shape1.curvature=This.value
```

（6）以文件名“微调框.scx”保存该表单，并观察运行结果。

4．利用复选框来控制文字的格式，如图 6-4 所示。

操作步骤如下：

（1）创建表单。进入表单设计器，添加一个形状控件 Shape1、一个标签控件 Label1、一个文本框控件 Text1 以及 4 个复选框控件 Check1、Check2、Check3 和 Check4。

（2）在“属性”窗口分别对各控件设置属性，如图 6-4 所示。

图 6-3　表单运行结果

图 6-4　界面设计图

选中形状控件 Shape1，把 SpecialEffectt 设置为 0（3 维）。

将标签 Label 置于形状控件 Shape 的边线之上，将标签 Labe1 的 Caption 属性值改为“显示下面文字的不同格式:”，把 FontName 设置为楷体，FontSize 设置为 18，FontBold 设置为.T.。

将文本框的 Value 值改为“文字可以设置不同的格式”，FontSize 设置为 20。

将复选框 Check1 的 Caption 改为“粗体”、Check2 的 Caption 改为“斜体”、Check3 的 Caption 改为“下划线”、Check4 的 Caption 改为“删除线”。

（3）编写事件代码。

复选框 Check1 的 Click 事件代码：

```
thisform.text1.fontbold=this.value          &&this.value 表示文本框里的文字
```

复选框 Check2 的 Click 事件代码：

```
thisform.text1.fontitalic=this.value
```

复选框 Check3 的 Click 事件代码：

```
thisform.text1.fontunderline=this.value
```

复选框 Check4 的 Click 事件代码：

```
thisform.text1.fontstrikethru=this.value
```

（4）运行该表单，其结果如图 6-5 所示。当选了几个选项，那么这几个选项都同时对字体产生效果。

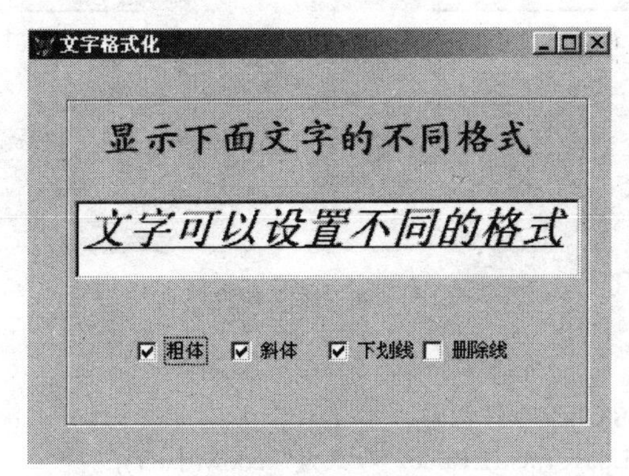

图 6-5　运行界面

5．在表单中创建一个有选项卡的页框，该页框有 3 个页面，页面中各有一个文本框和一个形状控件，另外第三个页面加一个计时器控件。在页面 1 显示今天是星期几；在页面 2 显示今天的日期；在页面 3 显示今天的时间。

操作步骤如下：

（1）首先将页框添加到表单。再设置 Pageframe1 的 PageCount 属性页面数为 3，右击在弹出的快捷菜单中选择“编辑”命令，在添加控件前，如果没有将页框作为容器激活，则控件将添加到表单中而不是页面中，即使看上去好像是在页面中。

（2）其他控件的属性设置：

- 表单 Form1 的 Caption 修改为“星期、日期与时间”。
- 页面 Page1 的 Caption 设置为“星期”。
- 形状 Shape1 的 SpecialEffect 设置为 0-3 维、BackStyle 设置为 0-透明，Curvature 设置为 0。
- 文本框 Text1 的 FontSize 设置为 20、Alignment 设置为 2-中间。
- 页面 Page2 的 Caption 设置为“日期”。
- 形状 Shape2 的 SpecialEffect 设置为 0-3 维、BackStyle 设置为 0-透明，Curvature 设置为 50。
- 文本框 Text2 的 FontSize 设置为 20、Alignment 设置为 2-中间。
- 页面 Page3 的 Caption 设置为“时间”。
- 形状 Shape3 的 SpecialEffect 设置为 0-3 维、BackStyle 设置为 0-透明，Curvature 设置为 80。
- 文本框 Text3 的 FontSize 设置为 20、Alignment 设置为 2-中间。
- 计时器 Time1 的 Interval 值设置为 1000。Interval 属性是时间间隔属性(单位为毫秒)，计时器 Time1 以间隔的时间（近似等间隔）接受一个事件（Timer）、Enabled 属性.T.，表示启动计时器，如图 6-6 所示。

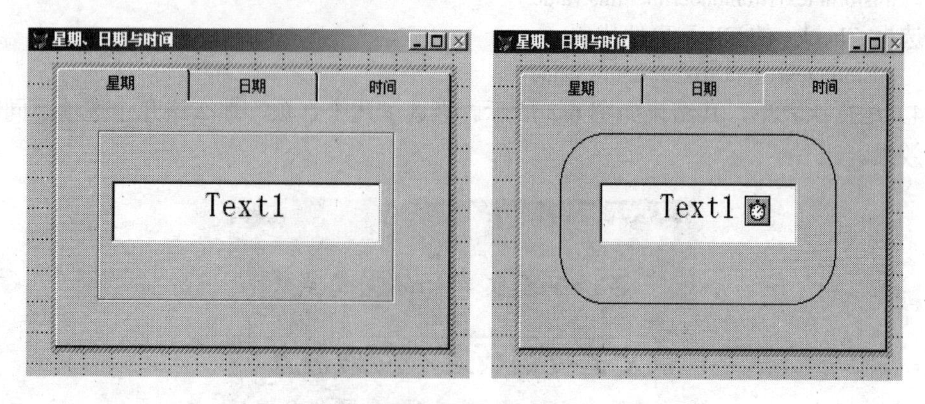

图 6-6　界面设计

（3）编写代码。

```
pageframe1.page1 的 Click 事件代码
thisform.pageframe1.page1.text1.value="今天是"+cdow(date())
pageframe1.page2 的 Click 事件代码
thisform.pageframe1.page2.text1.value="今天是"+dtoc(date())
Time1 的 Time 代码
if thisform.pageframe1.page3.text1.value!=time()
thisform.pageframe1.page3.text1.value=time()
endif
```

（4）运行表单。该表单的运行结果如图 6-7 所示。单击页面 Page1，文本框 Text1 显示今天是星期几；单击页面 Page2，文本框 Text1 显示今天的日期；单击页面 Page3，则显示当前的系统时间。

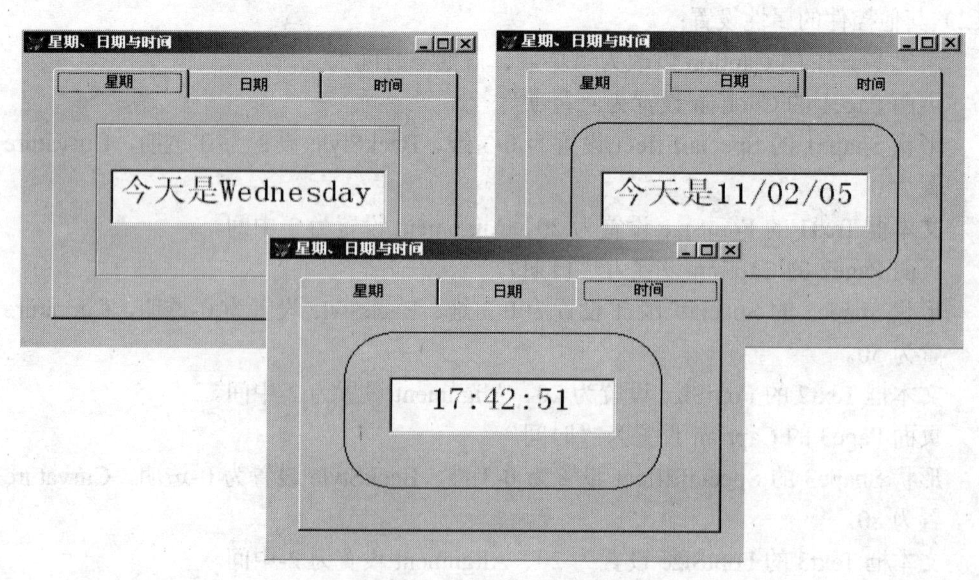

图 6-7　表单运行结果

6．用表格控件来显示“xsdb.dbf”表文件。

操作步骤如下：

（1）将“表格”控件添加到表单。

在“表单控件”工具栏中，选择“表格”按钮并在“表单设计器”窗口拖动直到想要的尺寸，产生一个表格控件 Grid1。另外再添加一个标签 Label1。

（2）设置属性：

- 把表单 Form1 的 Caption 值改为“成绩管理表”。
- 把标签 Label1 的 Caption 值改为“成绩管理表”、FontName 设置为楷体、FontSize 为 18、FontBold 设置为.T.。
- 右击表格控件 Grid1，在弹出的快捷菜单中选择“生成器”命令，在弹出的“表格生成器”对话框的“表格项”选项卡中导入数据源；在“样式”选项卡中选择“标准型”样式；在“布局”选项卡中可设置列的标题，选择各列控件的类型，此处选择“文本框”。设置的表单如图 6-8 至图 6-10 所示。

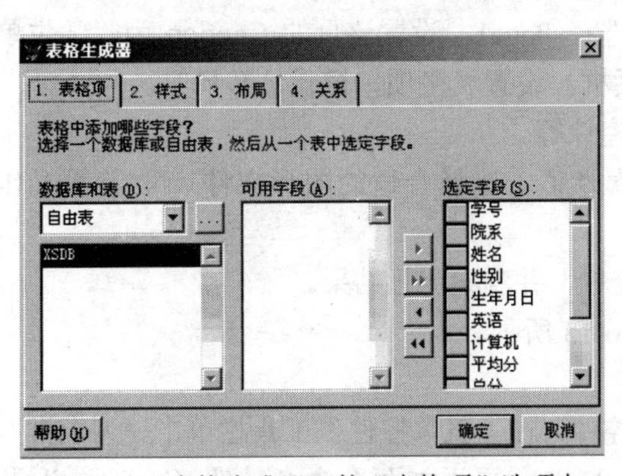

图 6-8　“表格生成器”的“表格项”选项卡

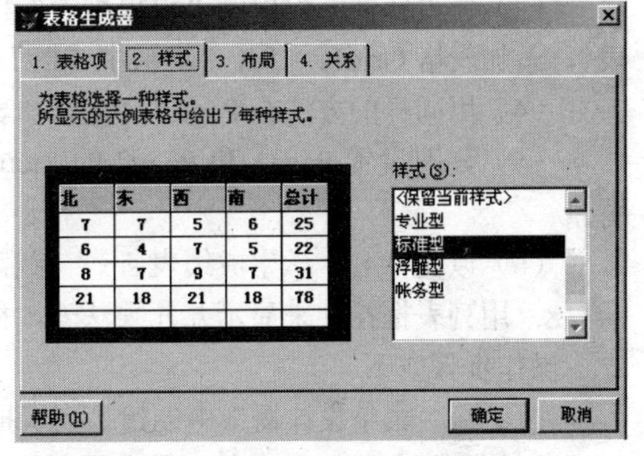

图 6-9　“表格生成器”的“样式”选项卡

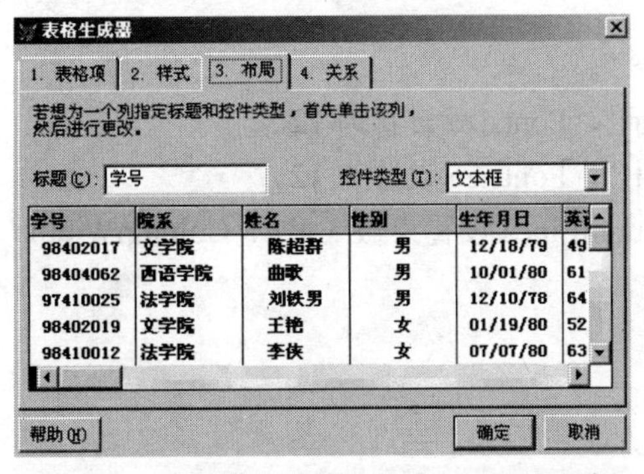

图 6-10　“表格生成器”的“布局”选项卡

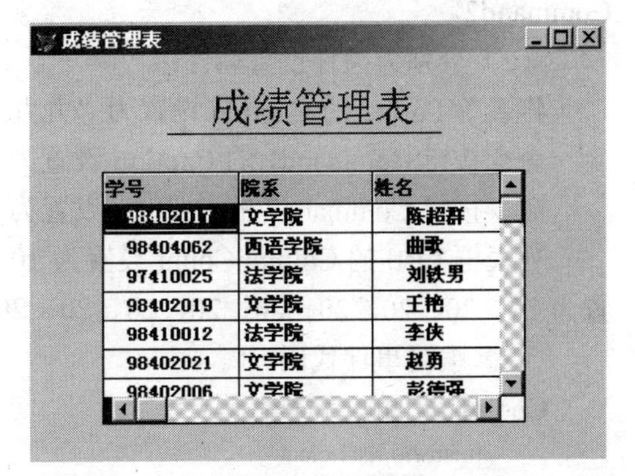

图 6-11　运行结果

（3）运行表单。该表单的运行结果如图 6-11 所示。可用水平或垂直滚动条来显示表中的其他数据。单击相应的单元格，还可以编辑、修改数据。

7．设计一个包含页框的表单。页框共两页，第一页以表格形式显示学生单表记录，第二页以表格形式显示计算机表记录，并分别给这两页添加图形作背景，如图 6-12 所示。

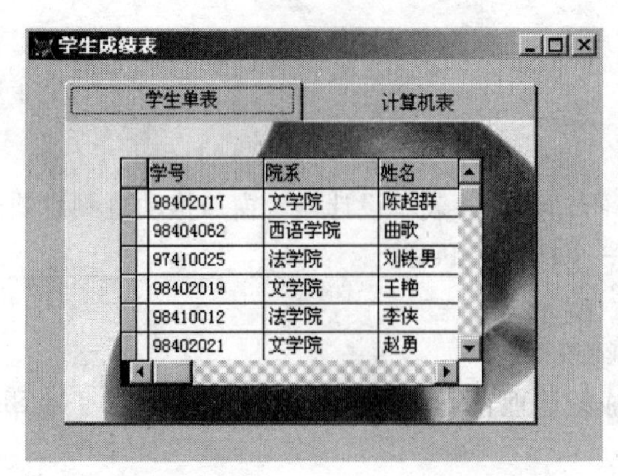

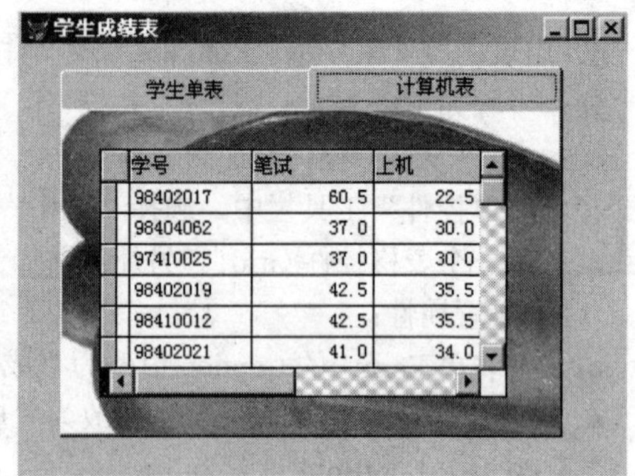

图 6-12　运行结果

操作步骤如下：

（1）打开表单设计器，自动建立一个表单。

（2）将页框添加到表单。调整页框大小，设置 Pageframe1 的 PageCount 属性值为 2。

（3）在“属性”窗口的“对象列表”框中选择 Page1，设置该页的 Caption 为“学生单表”，添加表格 Grid1，打开“表格生成器”对话框，设置表格项、样式、布局等。

（4）用同样的方法在 Page2 页上添加表格控件等。

（5）分别设置 Page1 和 Page2 的 Picture 属性值，选择合适的图形文件（.bmp 等）作背景。

（6）以文件名“学生成绩表.scx”保存该表单，并观察运行结果。

8．用列表框控件来显示九九乘法表，如图 6-13 所示。

操作步骤如下：

（1）在“表单设计器”中创建“列表框”控件，在“表单控件”工具栏单击“列表框”，然后将该控件放置在表单上。图上显示列表框 List1，再添加两个命令按钮 Commandl 和 Command2。

（2）分别为控件设置属性：

将表单 Form1 的 Caption 设置为“九九乘法表”。

命令按钮 Command1 的 Caption 设置为“显示”，Fontsize 设置为 12。

命令按钮 Command2 的 Caption 设置为“退出”，Fontsize 设置为 12。

列表框 Listl 的 ColumnCount 设置为 10、ColumnLines 设置为假（.F.）、ColumnWidths 设置为 20、20、20、20、20、20、20、20、20、20。

（3）编写事件代码：

Command1 的 Click 代码：

```
thisform.list1.clear
thisform.list1.addlistitem("*",1,1)
for k=1 to 9
    thisform.list1.addlistitem(str(k,2),1,k+1)
endfor
for n=1 to 9
    thisform.list1.addlistitem(str(n,2),1,n+1)
    for k=1 to n
```

```
            thisform.list1.addlistitem(str(k*n,2),n+1,k+1)
        endfor
    endfor
```

Command2 的 Click 代码：

```
    thisform.release
```

（4）运行表单。图 6-13 是利用列表框控件制作的“九九乘法表”表单的运行结果。

9．创建表单登录密码，如图 6-14 所示。

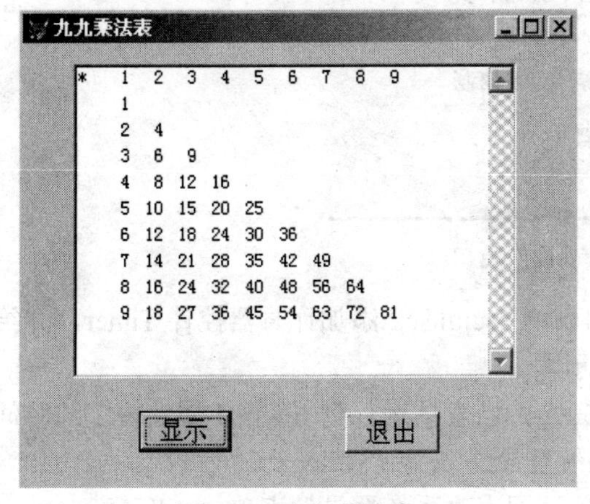

图 6-13　九九乘法表

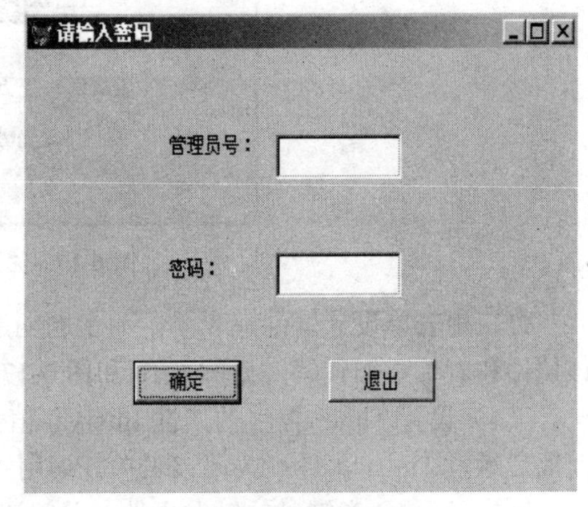

图 6-14　运行界面

操作步骤如下：

（1）建立一个表名为 use.dbf。输入 use 和 key 两个字段，并输入一条记录。

（2）建立两个表单，添加两个标签、两个文本框、两个按钮控件，并设置相应的属性。

（3）双击对象 Command1 按钮，在过程 Click 事件中输入下列代码：

```
    use d:\use.dbf
    do while .not.eof()
        if thisform.text1.value=use .and.thisform.text2.value=key
            do form d:\form2
            thisform.release
            exit
        else
            messagebox("输入错误,请重新输入",6+16+0,"提示信息")
            exit
        endif
    enddo
```

（4）双击对象 Command2 按钮，在过程 click 事件中输入下列代码：

```
    thisform.release
```

10．用“表单设计器”创建如图 6-15 所示的学生成绩管理系统表单（xscjgl.scx），并运行表单。

操作步骤如下：

（1）打开“表单设计器”添加 3 个标签控件、一条直线控件。

（2）选择“显示”→“属性”命令，进入“属性”对话框，定义表单及表单对象的相应属性。

（3）保存并运行表单。

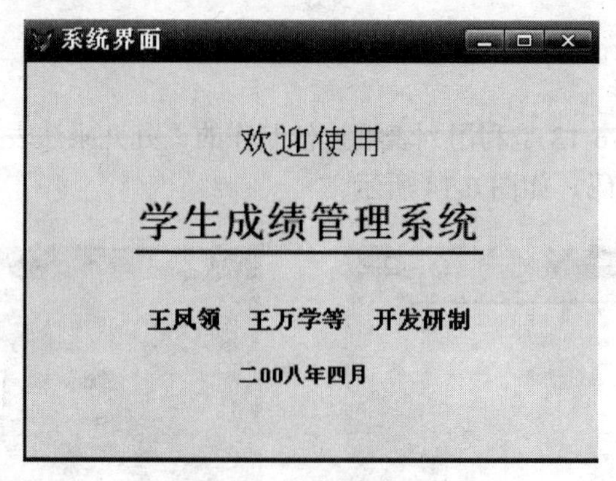

图 6-15 “系统界面”窗口

11．用表单设计器创建表单，为上题创建的表单 xscjgl.scx 添加计时器控件 Timer，并给该控件和表单添加代码，如图 6-16 和图 6-17 所示。

（1）设置 Timer 控件的属性 Interval 值为 5000，当表单运行到 Interval 属性规定的时间间隔后触发 Timer 事件：关闭该表单，调用“系统登录”表单（xtdl.scx）。

（2）当按任意键时，触发事件：关闭该表单，调用“系统登录”表单（xtdl.scx）。

（3）当单击鼠标左键时，触发事件：关闭该表单，调用“系统登录”表单（xtdl.scx）。

操作步骤如下：

（1）打开表单 xscjgl，进入“表单设计器”窗口，添加“时钟”控件。

（2）选择“显示”→“属性”命令，进入“属性”窗口，设置 Timer 控件的属性 Interval 值为 5000。

（3）选择“显示”→“代码”命令，进入“代码编辑”窗口。

定义 Timer1 控件的 Timer 事件代码如下：

```
thisform.release
do form xtdl
```

定义 Form1 控件的 Keypress 事件代码如下：

```
thisform.release
do form xtdl
```

定义 Form1 控件的 Click 事件代码如下：

```
thisform.release
do form xtdl
```

（4）保存表单“xscjgl.scx”。运行结果如图 6-16 和图 6-17 所示。

12．用表单设计器创建表单。创建“学生成绩浏览”表单（cjll.scx），并运行表单，如图 6-18 所示。

操作步骤如下：

（1）打开“表单设计器”，在设计器窗口右击，从弹出的快捷菜单中选择“数据环境”命令，打开“数据环境设计器”窗口，将表 jsj 添加到该窗口中，如图 6-19 所示。

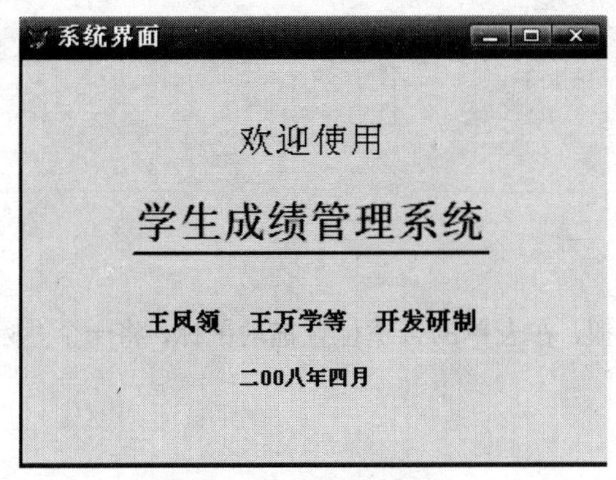

图 6-16　系统界面

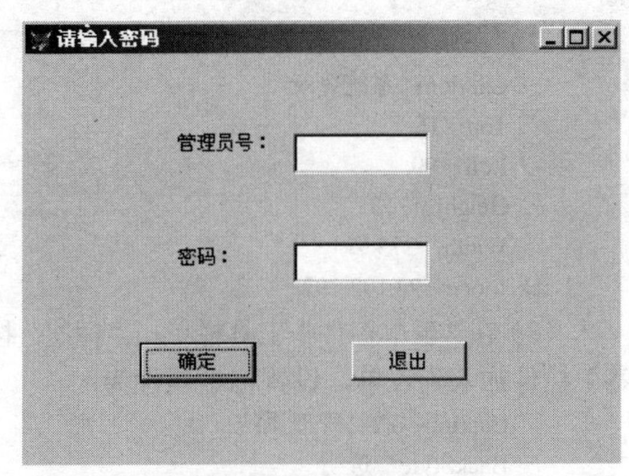

图 6-17　登录界面

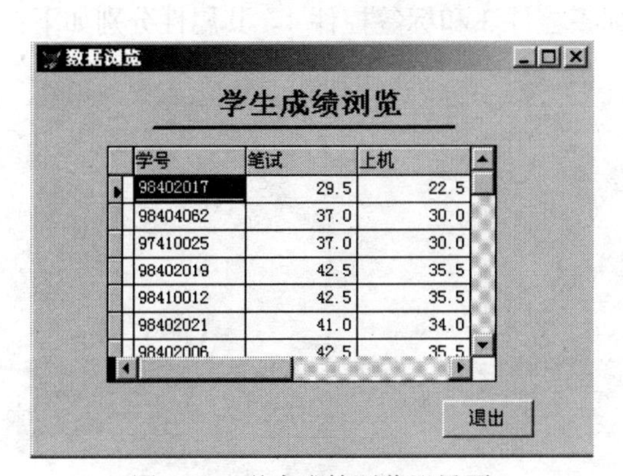

图 6-18　学生成绩浏览器界面

图 6-19　“数据环境设计器”窗口

（2）在“数据环境设计器”窗口中，拖动 jsj 到表单 Form1 窗体中。

（3）在“表单设计器”窗口中，再添加两个标签控件、一个线条控件和一个命令按钮。

（4）选择“显示”→“属性”命令，进入“属性”窗口，分别定义表单及表单对象的属性。

（5）表单及表单对象的属性定义完成后，打开表单的显示方式。

（6）选择“显示”→“代码”命令，进入“代码编辑”窗口。

定义 Command1 控件的 Click 事件代码如下：

```
thisform.release
```

（7）保存表单“cjll.scx”。

13．设计一个教材管理系统封面表单，如图 6-20 所示。

表单上包含有 4 个标签，用于显示系统程序说明，两个命令按钮：显示和隐藏，分别用于显示或隐藏该表单上的 3 个标签，使两个命令互斥：一个计时器控件，用于动态显示该系统说明。

操作步骤如下：

（1）表单上包含有 4 个标签，用于显示系统程序说明，两个命令按钮：显示和隐藏，分别用于显示或隐藏该表单上的 3 个标签，使两个命令互斥。一个计时器控件，用于动态显示该系统说明。

（2）在属性窗口定义表单的属性。

Caption：系统登录
Top：15
Left：99
Height：213
Width：375
Backcolor：192,192,192

（3）在“表单控件”工具栏单击“标签”按钮，在表单的合适位置拖动鼠标，将一个“标签”控件加入到表单，设置标签属性为：

Caption：教材管理系统
BackStyle：透明
FontName：楷体-GB2312
FontSize：22

（4）依照同样的方法，添加标签控件 2、标签控件 3 和标签控件 4。其属性分别如下：

标签控件 2：

Caption：海浪软件公司开发制作
FontName：仿宋-GB2312
FontSize：12

标签控件 3：

Caption：二 00 八年四月
FontName：宋体
FontSize：10

标签控件 4：

Caption：欢迎使用教材管理系统
FontName：宋体
FontSize：9
ForeColor：255,255,0

调整以上 4 个标签的布局。

（5）在表单计时器控件属性中设置：

Enable：T
Interval：180
Name：Timer1

（6）在“代码编辑”窗口定义 Timer1 的 Timer 事件代码：

```
if thisform.label4.left<1
    thisform.label4.left=thisform.width-10
    else
    thisform.label4.left=thisform.label4.left-4
    endif
```

（7）分别设置 Command1 和 Command2 的 Caption 属性为“显示”和“隐藏”。

（8）分别编写 Command1 和 Command2 的 Click 事件代码。

在 Command1 中输入：

```
thisform.label1.visible=.t.
thisform.label2.visible=.t.
thisform.label3.visible=.t.
```

```
thisform.command1.enabled=.f.
thisform.command2.enabled=.t.
```

在 Command2 中输入：

```
thisform.label1.visible=.f.
thisform.label2.visible=.f.
thisform.label3.visible=.f.
thisform.command1.enabled=.t.
thisform.command2.enabled=.f.
```

（9）保存该表单，并观察运行结果。

14．在上题中删除命令按钮，添加一个命令按钮组，它包含 3 个命令按钮，如图 6-21 所示。

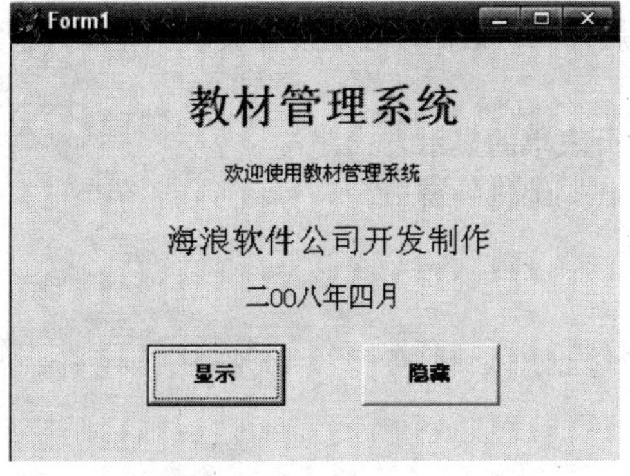

图 6-20　运行界面

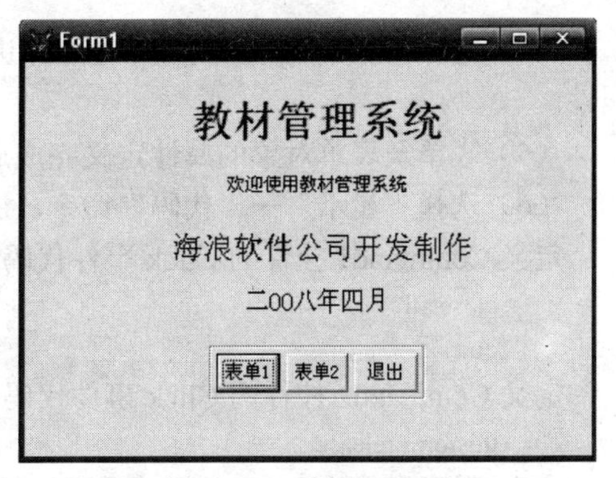

图 6-21　系统登录界面

操作步骤如下：

（1）在表单底部添加一个命令按钮组，打开命令组生成器，设置按钮数为 3，并给 3 个按钮设置标题："表单 1"、"表单 2" 和 "退出"。

（2）设置按钮布局为"水平"，按钮间隔为"适中"。

（3）在"属性"窗口的对象列表框中分别选定 CommandGroup1 中的 Command1、Command2 和 Command3 选项，编写相应的命令代码程序。

Command1 的 Click 事件代码为：

```
Do form 表单 1.scx
```

Command2 的 Click 事件代码为：

```
Do form 表单 2.scx
```

Command3 的 Click 事件代码为：

```
Release thisform
```

（4）保存该表单，并观察运行结果。

15．用"表单设计器"设计表单，创建"退出系统"表单（tcxt.scx），如图 6-22 所示的表单。

操作步骤如下：

（1）选择"文件"→"新建"命令，进入"新建"对话框。

（2）在"新建"对话框中选择"表单"单选按钮，再单击"新建文件"按钮，进入"表单设计器"窗口。

（3）在"表单设计器"窗口中添加控件。

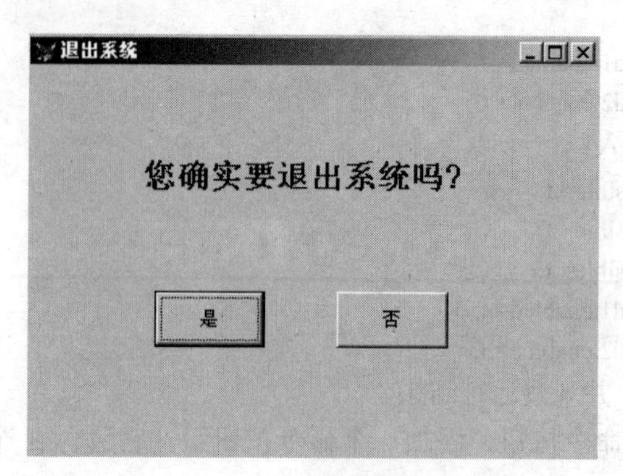

图 6-22　运行结果

（4）选择“显示”→“属性”命令，进入“属性”对话框，分别设置表单及表单对象的属性。

（5）表单及表单对象的属性定义完成后，打开表单的显示方式。

（6）选择“显示”→“代码”命令，进入“代码编辑”窗口。

定义 Command1 控件的 Click 事件代码如下：

```
close all
quit
```

定义 Command2 控件的 Click 事件代码如下：

```
thisform.release
```

（7）保存表单“tcxt.scx”，并观察运行结果。

16．创建修改密码表单，如图 6-23 所示。

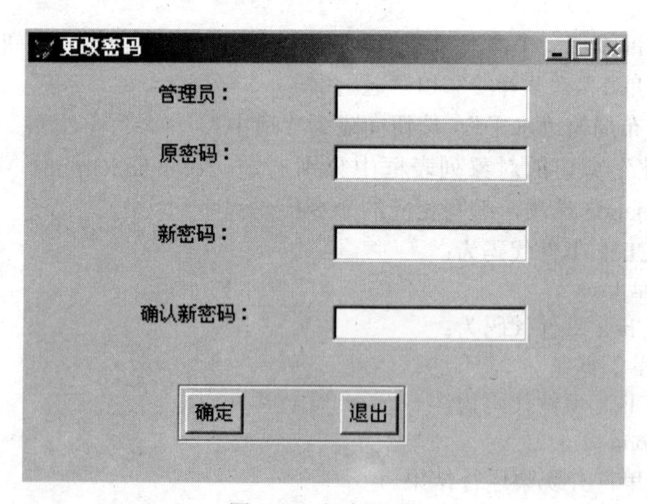

图 6-23　运行界面

操作步骤如下：

（1）建立一个名为管理员.dbf 的数据表。输入姓名和密码两个字段，并输入一条记录。

（2）建立两个表单，添加 4 个标签、4 个文本框、一个按钮组，并设置相应的属性。

（3）双击对象 Command1 按钮，在过程 Click 事件中输入下列代码：

```
v1=alltrim(thisform.text1.value)
```

```
v2=alltrim(thisform.text2.value)
v3=alltrim(thisform.text3.value)
v4=alltrim(thisform.text4.value)
set exact on
use 管理员.dbf
sele 管理员
loca for 姓名=v1 and 密码=v2
do case
case v1=""
    messagebox("对不起!不能输入空值!请重新输入!",0+48+0,"注意!")
    thisform.text1.value=""
    thisform.text2.value=""
    thisform.text3.value=""
    thisform.text4.value=""
    thisform.text1.setfocus
    return
case found()=.f.
    messagebox("对不起!姓名或原密码错误!请重新输入!",0+48+0,"注意!")
    thisform.text1.value=""
    thisform.text2.value=""
    thisform.text3.value=""
    thisform.text4.value=""
    thisform.text1.setfocus
    return
case v3=""
    messagebox("对不起!密码不能输入空值!请重新输入!",0+48+0,"注意!")
    thisform.text3.value=""
    thisform.text4.value=""
    thisform.text3.setfocus
    return
case v4!=v3
    messagebox("对不起!确认密码错误!请重新输入!",0+48+0,"注意!")
    thisform.text3.value=""
    thisform.text4.value=""
    thisform.text3.setfocus
    return
otherwise
    repl 密码 with v3
    messagebox("你的密码已更改!请记住新密码!",0+48+0,"注意!")
    thisform.text1.value=""
    thisform.text2.value=""
    thisform.text3.value=""
    thisform.text4.value=""
    thisform.commandgroup1.command2.setfocus
endcase
```

（4）双击对象 Command2 按钮，在过程 Click 事件中输入下列代码：

thisform.release

17．用表单向导创建一个“通用通讯录管理系统”，如图 6-24 所示。

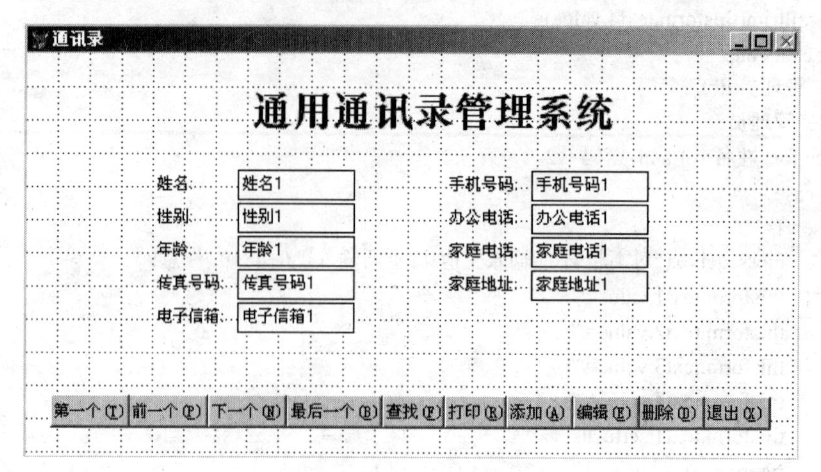

图 6-24　通信录设计界面

操作步骤如下：

（1）建立一个名为“通讯录.dbf”的表。

“通讯录.dbf”表至少有 10 条记录，通信录表结构如表 6-1 所示。

表 6-1　表结构

字段名	字段类型	字段宽度	小数位数	索引	NULL
姓名	字符型	10			
性别	字符型	2			
年龄	数值型	10	0		
传真号码	字符型	12			
电子信箱	字符型	14			
手机号码	字符型	12			
办公电话	数值型	12	0		
家庭电话	数值型	12	0		
家庭地址	字符型	20			

1）选择“文件”→“新建”命令，选“文件类型”为“表单”单选按钮，然后单击“向导”按钮，在弹出的对话框中选择“单表表单向导”项，单击“确定”按钮。

2）单击自由表右边的按钮，出现“打开文件”对话框，选择已经保存的前面创建的自由表“通讯录.dbf”，单击“确定”按钮。

3）选择全部字段，然后单击“下一步”按钮，选择一种样式后单击“下一步”按钮，选择“姓名、办公电话和手机号码”这 3 个相对重要的字段作为索引标识字段进行排序显示，单击“下一步”按钮，单击“预览”按钮查看效果，最后单击“完成”按钮。

（2）打开表单进行修改，进行布局面板。

1）按住 Shift 键并用鼠标指针在选择的对象中划定一个区域，使该区域中的控件全部被选中，用上下键、左右键将控件拖到恰当的位置。

2）用鼠标右键调入属性框，选择全部的标签控件与文本控件，在属性框中选择字体、字号，在“字体”设置框中设置下划线、黑体、大小、颜色等。

（3）制作系统标题。

1）加入一个标签控件 Label1。

2）修改窗体的 Caption 属性为“通用通讯录管理系统”。

3）修改字号及其透明属性。

4）设置标签的字体为华文中宋。

5）设计好在窗体中的布局，其效果如图 6-24 所示。

6）在标题栏上右击，在弹出的快捷菜单中选择“执行表单”命令，查看效果。

7）单击“查找”按钮，如“姓名=张三”和办公电话=“2321131”的组合等。

（4）修改窗体的特色。

1）单击表单，使其处于被选中的状态。

2）在对象监视器中，切换到“布局”选项卡。

3）在“布局”选项卡中双击背景颜色 BackColor，出现 Windows 系统调色板，选择一种颜色作为表单的颜色，单击“确定”按钮。

18．利用表单设计器创建一个“大学学生信息管理系统”表单，如图 6-25 所示。

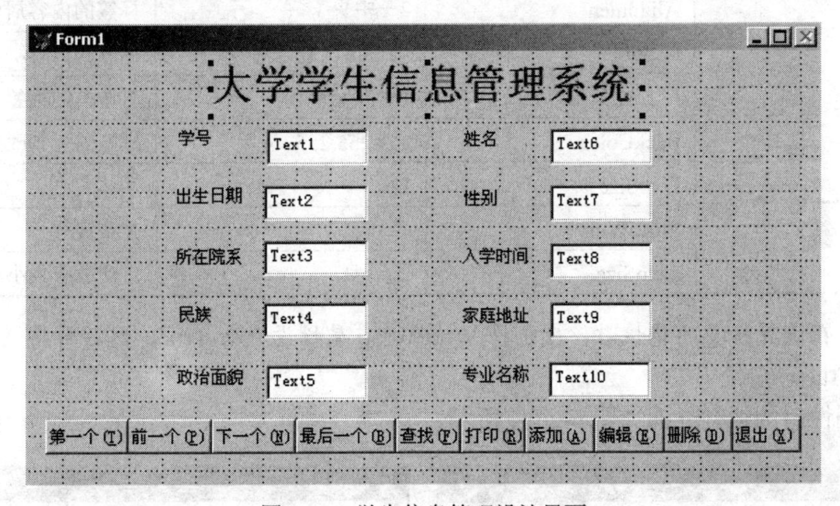

图 6-25 学生信息管理设计界面

操作步骤如下：

（1）选择“新建”表单，进入表单设计器。

（2）在空白的窗体中加入一个标签控件。

（3）设置标签标题为“大学学生信息管理系统”，设置标签控件的字体、字号与字体风格及颜色；设置透明属性。

（4）进行窗体的布局操作。

（5）在表单中放入若干标签控件，放入若干文本框控件，以字段数为准（参照题 17 表格字段），其表单布局如图 6-25 所示。

（6）单击文本框控件 Text1，使其处于焦点控件状态，单击鼠标右键。

（7）单击“生成器”菜单，出现文本框生成器，将文本框生成器页面切换到第三页即“值”页面，这样，就为第一个文本框控件定义了字段名，也就是它的数据源，其他的文本框控件的字段定义方法完全一样。

（8）单击“确定”按钮，即完成文本框控件的生成。

（9）将标签的属性设置为“透明”，以使其保持与表单颜色的一致。

（10）运行表单。

19．使用标签处理多行信息输出，运行时通过代码来改变输出的内容。

操作步骤如下：

（1）建立应用程序用户界面。选择“新建”表单，进入表单设计器，增加一个命令按钮 Command1、两个标签 Label1 和 Label2，如图 6-26 所示。

（2）设置对象属性，如表 6-2 所示。

表 6-2　属性设置

对象	属性	属性值	说明
Command1	Caption	请点这里看变化	按钮的标题
Label1	Caption	山青青，水蓝蓝	标签的内容
	Alignment	2—中央	标签的内容居中显示
Label2	Caption	看日出，看云海	标签的内容
	BorderStyle	1—固定单线	有边框的标签
	BackColor	255,255,255	标签的背景改为白色
	FontSize	12	字体大小
	WordWrap	.T.—真	文本换行
	AutoSize	.T.—真.	自动适应大小

注意：*在设置标签的属性时，应先将 WordWrap 属性设置为 True，然后再将 AutoSize 属性设置为 True。*

设置属性后的运行界面如图 6-26 左所示。

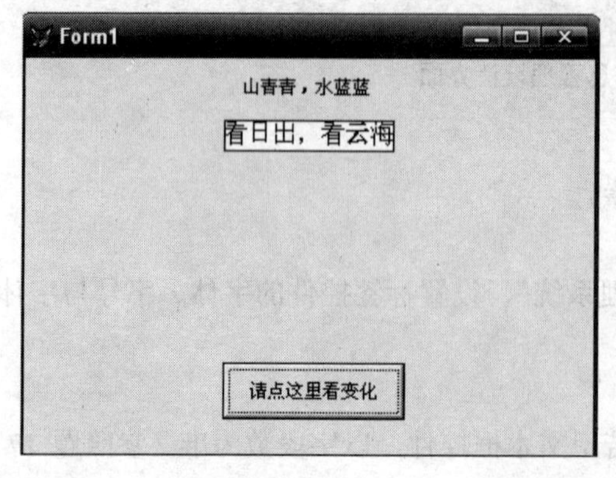

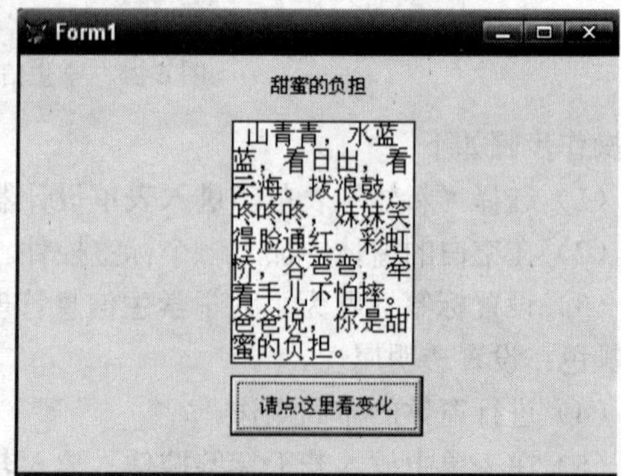

图 6-26　运行界面

（3）编写命令按钮 Command1 的 Click 事件代码：

```
Thisform.label1.caption="甜蜜的负担"
thisform.label2.caption="山青青，水蓝蓝，看日出，看云海。"+;
"拨浪鼓，咚咚咚，妹妹笑得脸通红。" +;
"彩虹桥，谷弯弯，牵着手儿不怕摔。爸爸说，你是甜蜜的负担。"
```

（4）单击“常用”工具栏上的“运行”按钮，程序运行结果如图 6-26 左所示，单击表单上的“请点这里看变化”按钮，结果如图 6-26 右所示。

20．在文本框中输入长、宽、高，求长方体的表面积，并输出。

分析：设长方体的长、宽、高为 a、b、c，表面积为 s。根据数学知识，有：

s=2(ab+bc+ca)

操作步骤如下：

（1）设计程序界面。选择“新建”表单，进入表单设计器，在表单中增加一个命令按钮 Command1、两个标签 Label1 和 Label2 以及 3 个文本框 Text1～Text3。

（2）设置对象属性，如表 6-3 所示。

表 6-3　属性设置

对象	属性	属性值	说明
Label1	Caption	请依次输入长、宽、高	标签的标题
Command1	Caption	长方体的表面积=	按钮的标题
Lalel2	Caption	0	标签的标题
Text1～Text3	Value	0	文本的初值为 0

设置属性后的表单如图 6-27 所示。

（3）编写程序代码。

写出 Command1 的 Click 事件代码如下：

```
a=Thisform.Text1.Value
b=Thisform.Text2.Value
c=Thisform.Text3.Value
s=2*(a*b+b*c+c*a)                        &&计算长方体的表面积
Thisform.Label2.Caption=STR(s,9,3)       &&将表面积的值输出到标签上
                                         &&STR()将数值型数据转换为字符型
```

运行程序结果如图 6-28 所示。

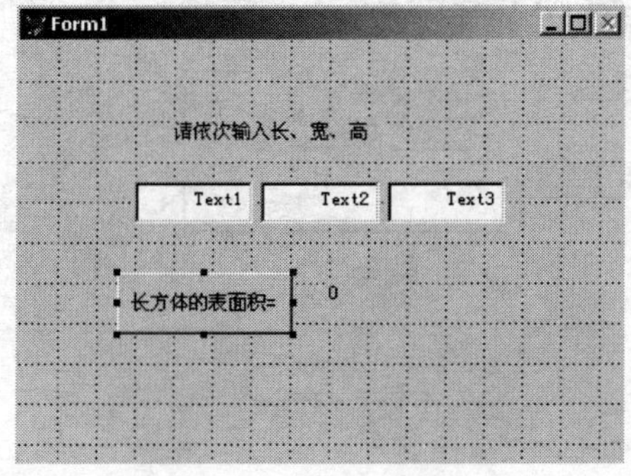

图 6-27　设计界面

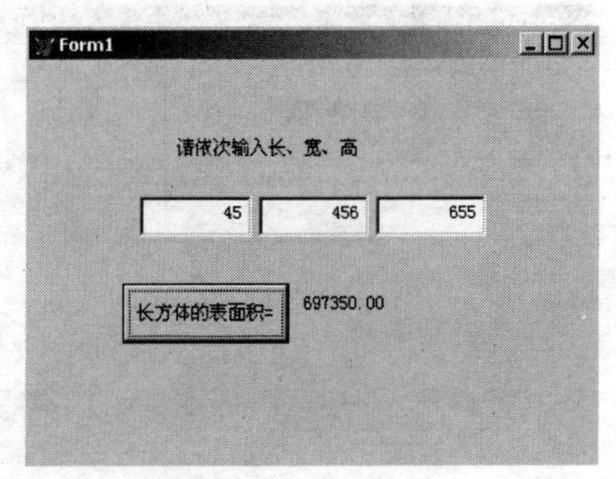

图 6-28　运行结果

21．编程序输出在指定范围内的 3 个随机数，范围在文本框中输入。

分析：随机函数 RAND()可以返回一个（0,1）区间中的随机小数。那么，RAND()*a 可以返回（0,a）区间中的随机实数（带小数）。

若 n、m 均为整数，则表达式 INT(m+1-n)*RAND()+n 的值是闭区间[n,m]中的一个随机整数。

操作步骤如下：

（1）设计程序界面。选择“新建”表单，进入表单设计器，在表单中增加一个容器控件 Container1、一个命令按钮 Command1、4 个标签 Label1～Label4。

右击 Container1，在弹出的快捷菜单中选择“编辑”命令，Container1 控件的周围出现浅色边框，表示可以编辑该容器了。在其中增加两个文本框 Text1、Text2 和一些标签。

（2）设置对象属性，如表 6-4 所示。

表 6-4 属性设置

对象	属性	属性值	说明
Command1	Caption	生成随机数	按钮的标题
Label1～Label3	Caption		标签的标题为空
Label4	Caption	请输入随机数范围：	
Container1	SpecialEffect	0—凸起	
Container1.Text1 Container1.Text2	value	0	

设置属性后的表单如图 6-29 所示。

（3）编写程序代码：

```
Thisform. Container1.Text1.SetFocus                    &&设置焦点位置
n=Thisform. Container1.Text1.Value
m=Thisform. Container1.Text2.Value
Thisform.Label1.Caption=STR(INT((m+1-n)*RAND())+n,4)
Thisform.Label2.Caption=STR(INT((m+1-n)*RAND())+n,4)
Thisform.Label3.Caption=STR(INT((m+1-n)*RAND())+n,4)
```

运行程序，在文本框中输入范围值后，单击“生成随机数”按钮可以不断生成指定范围内的随机整数，如图 6-30 所示。

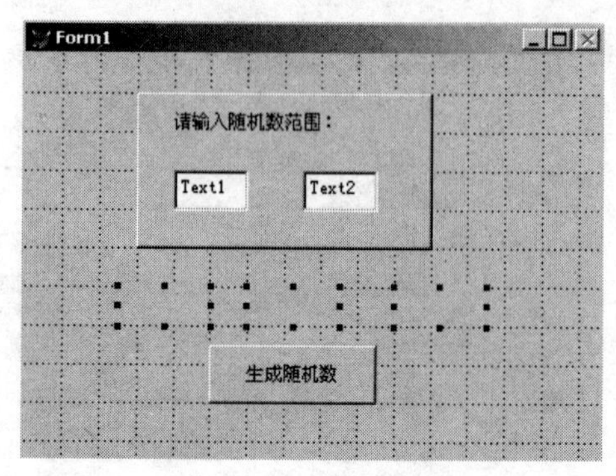

图 6-29 设计界面

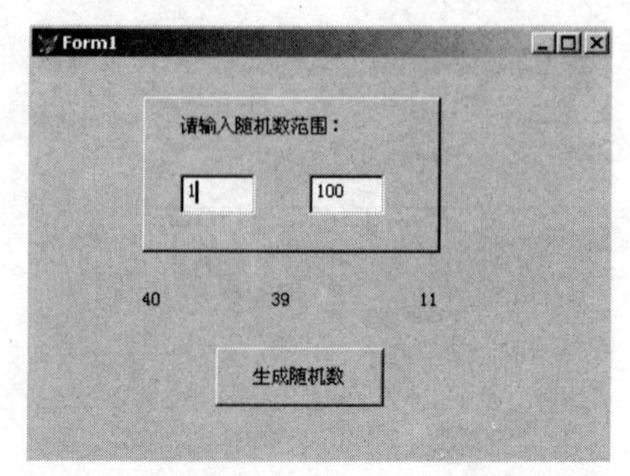

图 6-30 运行结果

22．输入 3 个不同的数，将它们从大到小排序。

分析：设这 3 个数分别为 a、b、c。

（1）先将 a 与 b 比较，把较大者放入 a 中，小者放 b 中。

（2）再将 a 与 c 比较，把较大者放入 a 中，小者放 c 中，此时 a 为三者中的最大者。

（3）最后将 b 与 c 比较，把较大者放入 b 中，小者放 c 中，此时 a、b、c 已由大到小顺序排列。

操作步骤如下：

（1）建立应用程序用户界面。选择“新建”表单，进入表单设计器，增加 3 个文本框 Text1～Text3、一个命令按钮 Command1、4 个标签 Label1～Label4，如图 6-31 所示。

（2）对象属性设置如表 6-5 所示。

表 6-5　属性设置

对象	属性	属性值	说明
Command1	Caption	排序	按钮的标题
Label1	Caption	请输入三个数：	
Label2～Label4	Caption		
Text1～Text3	Value	0	
	InputMask	9999	

其他属性的设置如图 6-31 所示。

（3）编写命令按钮 Command1 的 Click 事件代码：

```
a=THISFORM.Text1.Value
b=THISFORM.Text2.Value
c=THISFORM.Text3.Value
IF b>a
   d=a
   a=b
   b=d
ENDIF
IF c>a
  d=a
  a=c
  c=d
ENDIF
IF c>b
  d=b
  b=c
  c=d
ENDIF
Thisform.Label2.Caption=STR(a,4)
Thisform.Label3.Caption=STR(b,4)
Thisform.Label4.Caption=STR(c,4)
```

运行程序，在文本框中分别输入 3 个数，单击“排序”按钮后，排序后的数显示在下排 3 个标签中，如图 6-32 所示。

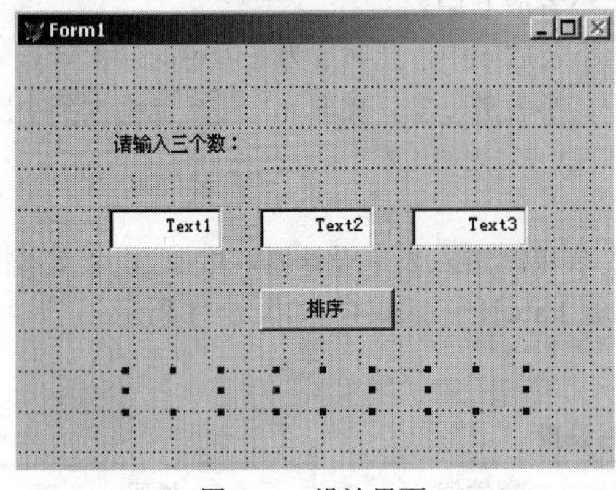

图 6-31　设计界面

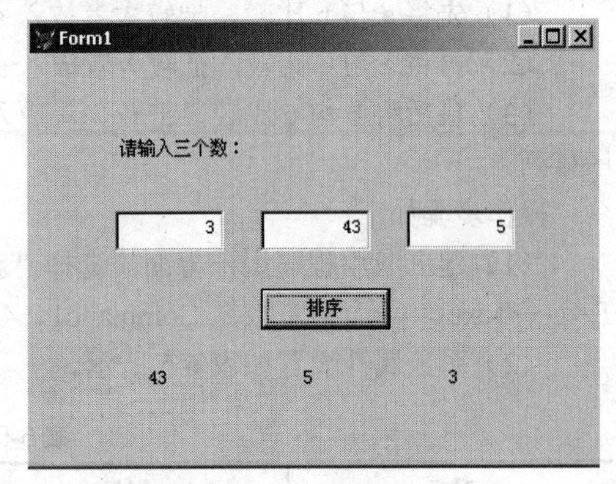

图 6-32　运行结果

23．编写程序，任意输入一个整数，判定该整数的奇偶性。

分析：判断某整数的奇偶性，就是检查该整数是否能被 2 整除。若能被 2 整除，该数为偶数；否则为奇数。被动整除，可以利用%运算来完成，也可以利用 INT()函数来实现。INT()是求某数的整数部分，如果某数被 2 除后的值与该数除 2 后的整数部分相同，即 INT(x/2)=x/2，则表示该数为整数，否则为奇数。

设计步骤如下：

（1）建立应用程序用户界面，如图 6-33 所示。

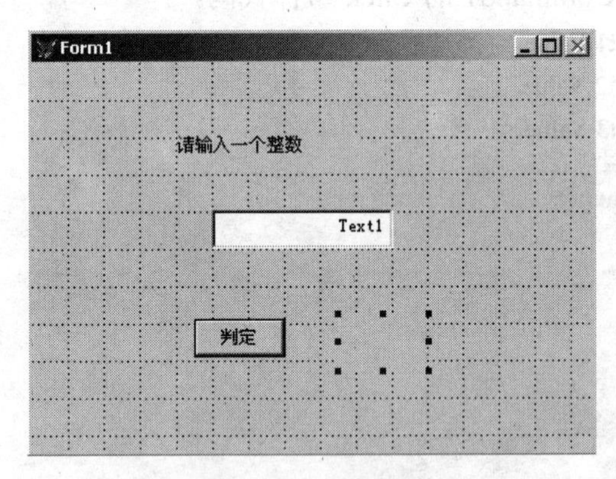

图 6-33　设计界面

（2）设置对象属性如表 6-6 所示。

表 6-6　属性设置

对象	属性	属性值	说明
Command1	Caption	判定	按钮的标题
	Default	.F.	默认按钮
Text1	Value	0	赋初值为 0
Label1	Caption	请输入一个整数	

续表

对象	属性	属性值	说明
Label2	Caption		
	FontName	黑体	字体名称
	FontSize	20	字体大小

其他属性的设置如图 6-34 所示。

（3）编写程序代码。

编写命令按钮 Command1 的 Click 事件代码：

```
x=THISFORM.Text1.Value
y=IIF(x%2=0, "偶数","奇数")
THISFORM.Label2.ForeColor=RGB(255,0,0)
THISFORM.Label2.Caption=y
THISFORM.Text1.SetFocus
```

编写文本框 Text1 的 GotFocus 事件代码：

```
THISFORM.Text1.SelStart=0
THISFORM.Text1.SelLength=LEN(THISFORM.Text1.Text)
```

运行程序，结果如图 6-34 所示。

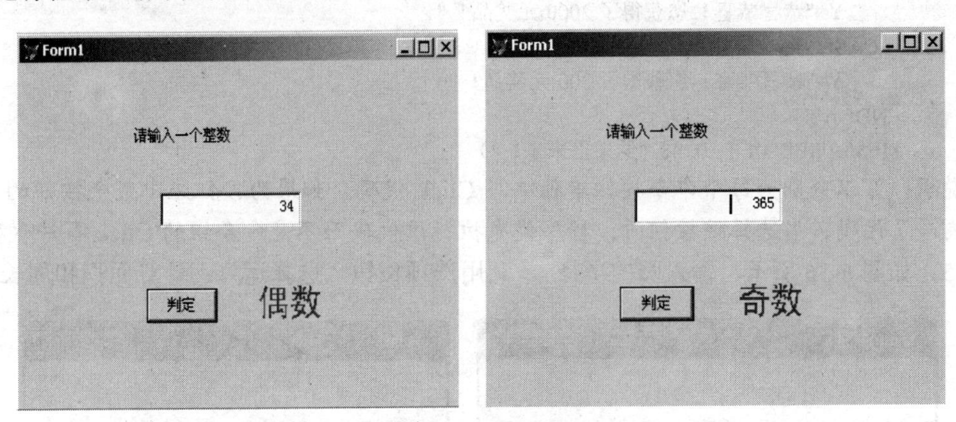

图 6-34　运行结果

24．如图 6-35 所示，利用命令按钮组设计模拟摸奖机游戏。

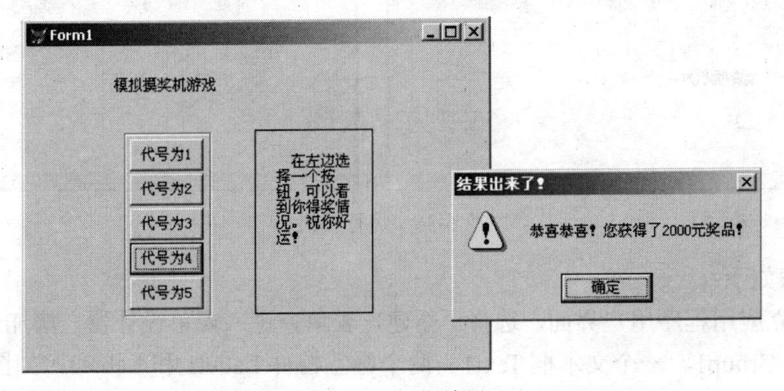

图 6-35　运行结果

设计步骤如下：

（1）建立应用程序用户界面。选择“新建”表单，进入表单设计器，增加一个命令按钮组 CommandGroup1、两个标签控件 Label1 和 Label2。

将命令按钮组 CommandGroup1 的 ButtonCount 属性改为 5。

（2）设置对象属性。命令按钮组是个容器类控件，右击命令按钮组 CommandGroup1，在弹出的快捷菜单中选择“编辑”命令，容器 CommandGroup1 的周围出现浅绿色的边界，表示开始编辑该容器。此时，可以依次选择其中的命令按钮，设置其各项属性。

各控件属性的设置如图 6-35 所示。

（3）编写命令按钮组 CommandGroup1 的 Click 事件代码如下：

```
x=THIS.Value
DO CASE
   CASE x=1
      Y="恭喜恭喜！您获得了 4000 元奖品！"
   CASE x=2
      Y="恭喜恭喜！您获得了 500 元奖品！"
   CASE x=3
      Y="谢谢你的参与，再来一次吧！"
   CASE x=4
      Y="恭喜恭喜！您获得了 2000 元奖品！"
   CASE x=5
      Y="恭喜恭喜！您获得了 300 元奖品！"
 ENDCASE
 MESSAGEBOX（y,0+48,"结果出来了！"）
```

说明：可以分别为每个命令按钮单独编写 Click 代码。如果为按钮组中某个按钮的 Click 事件编写了代码，当选择该按钮时，程序优先执行该代码而不是命令组的 Click 事件代码。

25．如图 6-36 所示，输入圆的半径 r，利用选项按钮，选择运算：计算面积和周长。

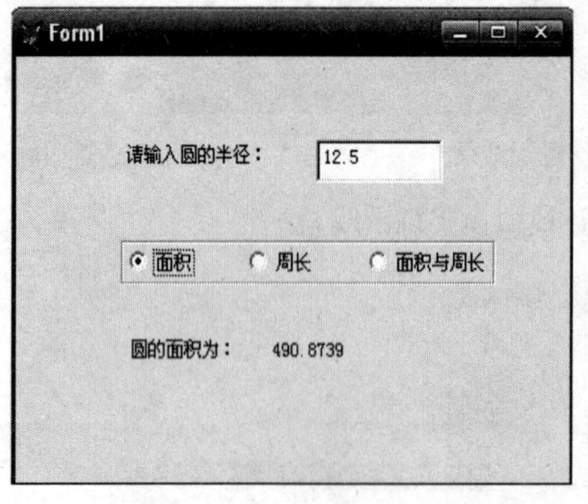

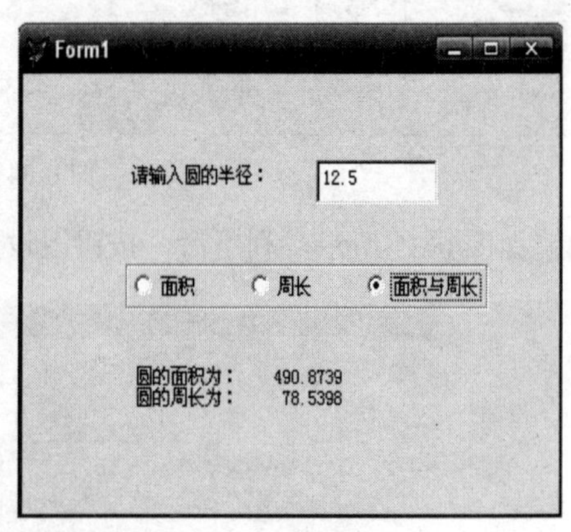

图 6-36　运行结果

操作步骤如下：

（1）建立应用程序用户界面。选择“新建”表单，进入表单设计器，增加一个选项按钮组控件 OptionGroup1、一个文本框 Text1、两个标签控件 Label1 和 Label2，如图 6-36 所示。

（2）对象属性设置如表 6-7 所示。

表 6-7　属性设置

对象	属性	属性值	说明
Label1	Caption	请输入圆的半径：	
Label2	Hight	60	
Text1	Value	0	
OptionGroup1	ButtonCount	3	选项按钮个数
Option1	Caption	面积	
Option2	Caption	周长	
Option3	Caption	面积与周长	

（3）编写对象代码：

基本的代码是文本框的按键（KeyPress）事件代码：

```
LPARAMETERS nKeyCode, nShiftAltCtrl
if nKeyCode=13
    r=this.value
    do case
      case thisform.optiongroup1.value=1
          n=pi()*r*r
          thisform.label2.caption="圆的面积为："+str(n,12,4)
      case thisform.optiongroup1.value=2
          n=2*pi()*r
          thisform.label2.caption="圆的周长为："+str(n,12,4)
      case thisform.optiongroup1.value=3
          n=pi()*r*r
          m=2*pi()*r
          thisform.label2.caption="圆的面积为："+str(n,12,4)+chr(13);
           +"圆的周长为："+str(m,12,4)
    endcase
     this.selstart=0
     this.sellength=len(allt(this.text))
endif
```

选项按钮组 OptionGroup1 的 Click 事件代码如下：

```
Thisform.text1.KeyPress(13)
```

运行程序，结果如图 6-36 所示。

26．为小学生编写加减法算术练习程序。计算机连续地随机给出两位数的加减法算术题，要求学生回答，答对的打“√”，答错的打“×”。将做过的题目存放在列表框中备查，并随时给出答题的正确率，如图 6-37 所示。

分析：随机函数 RAND()返回一个（0,1）之间的随机小数，为了生成某个范围内的随机整数，可以使用以下公式：

Int(最大值-最小值+1)*RAND()+最小值)

其中，最大值和最小值为指定范围内的最大数、最小数。

操作步骤如下：

（1）建立应用程序用户界面。选择“新建”表单，进入表单设计器，首先增加两个文本框 Text1（出题）、Text2（输入答案），一个列表框 List1（保存做过的题目）、一个命令按钮 Command1，一个图像 Image1 和一个标签 Label1，用户界面设计如图 6-38 所示。

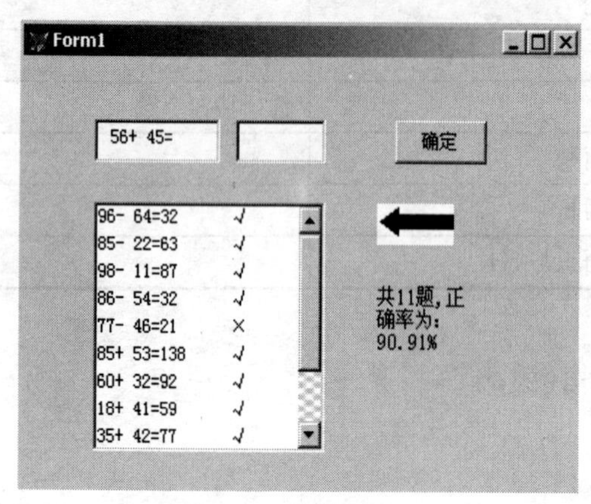

图 6-37　算术练习图

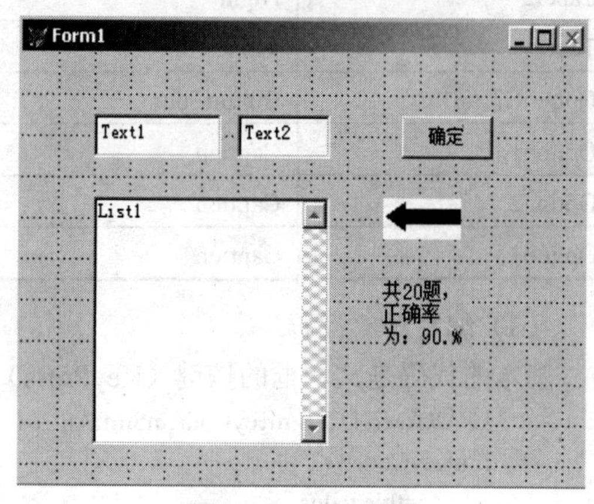

图 6-38　设计界面

（2）编写代码：

出题部分由表单 form1 激活（Activate）事件代码完成：

```
a=int(10+90*rand())          &&产生二位整数随机数
b=int(10+90*rand())          &&产生二位整数随机数
p=int(2*rand())              &&产生随机数 0 或 1
do case
  case p=0                   &&产生加法题
    this.text1.value=str(a,3)+"+"+str(b,3)+"="
    this.text1.tag=str(a+b)  &&将本题答案放入 text1.tag 中
  case p=1                   &&产生减法题
    if a<b                   &&将大数放在前面
      t=a
      a=b
      b=t
    endif
    this.text1.value=str(a,3)+" - "+str(b,3)+"="
    this.text1.tag=str(a-b)      &&将本题答案放入 text1.tag 中
endcase
n=val(this.tag)
this.tag=str(n+1)
this.text2.setfocus
this.text2.value=""
```

答题部分由命令按钮 Command1 的 Click 事件代码完成：

```
if val(thisform.text2.value)=val(thisform.text1.tag)
  item=allt(thisform.text1.text)+allt(thisform.text2.text)+" √"
  k=val(thisform.list1.tag)
```

```
    thisform.list1.tag=str(k+1)
else
    item=allt(thisform.text1.text)+allt(thisform.text2.text)+"×"
endif
thisform.list1.additem(item,1)            &&将题目和回答插入到列表框中的第一项
x=val(thisform.list1.tag)/val(thisform.tag)
p="正确率为："+chr(13)+str(x*100,5,2)+"%"
thisform.label1.caption="共"+allt(thisform.tag)+"题，"+p
thisform.activate()                       &&调用出题代码
```

运行程序，结果如图 6-38 所示。

27. 使用表单设计器设计一个表单，如图 6-39 所示。设计的表单中有 4 个命令按钮，每个命令按钮显示孟浩然"春晓"诗的一句，其背景用一幅山水画作衬托。

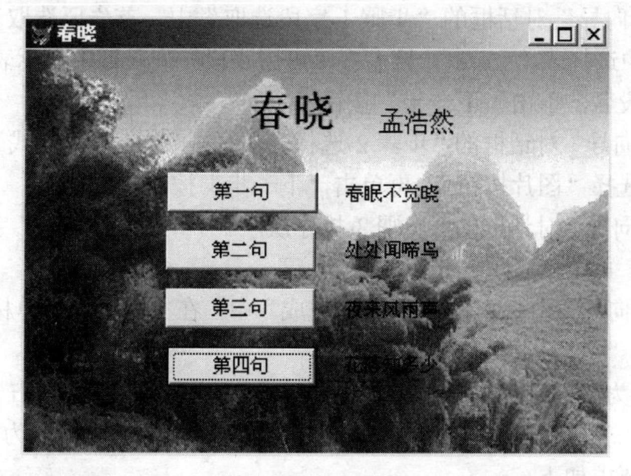

图 6-39　运行结果

操作步骤如下：

（1）打开表单设计器，创建一个表单。

（2）设置表单 Form1 的 Caption 属性值为"春晓"，Picture 属性值为"d:\ss.bmp"。假定在 d:\目录下有 ss.bmp 图形文件，用作背景。

（3）建立标签控件 Label1 和 Label2，其 Caption 属性分别为"春晓"和"孟浩然"，透明显示。

（4）建立 4 个命令按钮控件，其 Caption 属性分别为"第一句"、"第二句"、"第三句"和"第四句"。

（5）在 4 个命令按钮控件的右侧分别创建 4 个标签控件 Label3、Label4、Label5、Label6 透明显示，Caption 属性为空。

（6）设置命令按钮的 Click 代码。

第一句（Command1）的按钮 Click 代码如下：

```
ThisForm.Label3.Caption="春眠不觉晓"
```

第二句（Command2）的按钮 Click 代码如下：

```
ThisForm.Label4.Caption="处处闻啼鸟"
```

第三句（Command3）的按钮 Click 代码如下：

ThisForm.Label5.Caption="夜来风雨声"

第四句（Command4）的按钮 Click 代码如下：

ThisForm.Label6.Caption="花落知多少"

（7）调整表单控件的布局，设置字体大小和颜色。

28．使用表单向导选择 score 表生成一个文件名为 good_form 的表单。要求选择 score 表中的所有字段，表单样式为阴影式；按钮类型为图片按钮；排序字段选择学号（升序）；表单标题为“学生数据”。

操作步骤如下：

（1）选择“工具”→“向导”→“表单”命令，弹出“向导选取”对话框。

（2）在“向导选取”对话框中选择“表单向导”，单击“确定”按钮，弹出“表单向导”对话框。

（3）在“表单向导”对话框的“步骤 1-字段选取”中，首先要选取表“score”，在“数据库和表”列表框中选择表“score”，接着在“可用字段”列表框中显示表“score”的所有字段名，选定所有字段名，单击“下一步”按钮。

（4）在“表单向导”对话框的“步骤 2-选择表单样式”中，在“样式”中选择“阴影式”，在“按钮类型”中选择“图片按钮”，再单击“下一步”按钮。

（5）在“表单向导”对话框的“步骤 3-排序次序”中，选定“学号”字段并选择“升序”，单击“添加”按钮，再单击“下一步”按钮。

（6）在“表单向导”对话框的“步骤 4-完成”中，在“请输入表单标题”文本框中输入“学生数据”，单击“完成”按钮。

（7）在“另存为”对话框中，输入保存表单名“good_form”，单击“保存”按钮。

29．建立表单，表单文件名和表单控件名均为 formtest，表单标题为“考试系统”，表单背景为灰色，其他要求如下：

（1）表单上有“欢迎使用考试系统”（Label1）8 个字，其背景颜色为灰色（BackColor=192,192,192），字体为楷体，字号为 24，字的颜色为桔红色（ForeColor=255,128,0）；当表单运行时，“欢迎使用考试系统”8 个字向表单左侧移动，移动由计时器控件 Timer1 控制，间隔（Interval 属性）是每 200 毫秒左移 10 个点（提示：在 Timer1 控件的 Timer 事件中写语句：THISFORM.Label1.Left=THISFORM.Label1.Left-10）。当完全移出表单后，又会从表单右侧移入。

（2）表单有一命令按钮（Command1），按钮标题为“关闭”，表单运行时单击此按钮关闭并释放表单。

操作步骤如下：

（1）在命令窗口中输入建立表单命令：

CREATE FORM formtest

（2）在“表单设计器”中，在“属性”的 Caption 处输入“考试系统”，在 Name 处输入“formtest”，在 BackColor 处输入“192,192,192”。

（3）在“表单设计器”中，建立一个标签 Label1，在“属性”的 Caption 处输入“欢迎使用考试系统”，在 BackColor 处输入“192,192,192”，在 ForeColor 处输入“255,128,0”，在 FontName 处选择“楷体_GB2312”，在 FontSize 处输入“24”。

（4）在“表单设计器”中，建立一个计时器控件 Timer1，在“属性”的 Interval 处输入

"200"，再双击此计时器控件，在"Timer1.Timer"编辑窗口中输入下列命令组：

```
THISFORM.Label1.Left=THISFORM.Label1.Left-10
If THISFORM.Label1.Left<=-THISFORM.Label1.Width Then
THISFORM.Label1.Left=THISFORM.WIDTH
ENDIF
```

（5）在表单设计器中，添加一个命令按钮，在"属性"窗口的Caption处输入"关闭"，双击"关闭"命令按钮，在"Command1.Click"编辑窗口中输入"Release Thisform"。

30．设计一个名称为form2的表单，表单上设计一个页框，页框（PageFrame1）有"学生"（Page1）和"成绩"（Page2）两个选项卡，在表单的右下角有一个"退出"命令按钮。要求如下：

（1）表单的标题名称为"学生数据"。

（2）单击选项卡"成绩"时，在选项卡"成绩"中使用"表格方式显示score表中的记录（表格名称为grdScore）。

（3）单击"学生"选项卡时，在"学生"选项卡中使用"表格"方式显示"student"表中的记录（表格名称为grdStudent）。

（4）单击"退出"命令按钮时，关闭表单。

要求：将表"student"和表"score"添加到数据环境，并将表"student"和表"score"从数据环境直接拖拽到相应的选项卡自动生成表格。

操作步骤如下：

（1）在命令窗口中输入建立表单命令：

```
CREATE FORM form2
```

（2）在表单设计器中，在"属性"的Caption处输入"学生数据输入"。

（3）在表单设计器中，单击鼠标右键，在弹出的快捷菜单中选择"数据环境"命令，在"添加表或视图"对话框中先选中表"score"并单击"添加"按钮，接着再选中表"student"并单击"添加"按钮，最后单击"关闭"按钮关闭"添加表或视图"对话框。

（4）在"表单控件"对话框中选定"页框"控件，在"表单设计器"中建立这个"页框"，选中这个"页框"并右击，在弹出的快捷菜单中选择"编辑"命令，单击"Page1"，在其"属性"的Caption处输入"成绩"，接着在"数据环境"中选中"score"表按住不放，再移动鼠标到"页框"的"成绩"处，最后松开鼠标；单击"Page2"，在其"属性"的Caption处输入"学生"，接着在"数据环境"中选中"student"表按住不放，再移动鼠标到"页框"的"学生"处，最后松开鼠标。

（5）在表单设计器的右下角添加一个命令按钮，在"属性"窗口的Caption处输入"退出"，双击"退出"命令按钮，在"Command1.Click"编辑窗口中输入"Release Thisform"。

31．建立表单two（表单名和表单文件名均为two），然后完成以下操作：

（1）在表单中添加表格控件Grid1。

（2）在表单中添加命令按钮Command1（标题为"退出"）。

（3）将表student添加到表单的数据环境中。

（4）在表单的Init事件中写两条语句，第一条语句将Grid1的RecordSourceType属性设置为0（即数据源的类型为表），第二条语句将Grid1的RecordSource属性设置为student，使得在表单运行时表格控件中显示表student的内容（注：不可以写多余的语句）。

操作步骤如下：

（1）在命令窗口中输入建立表单命令：

```
CREATE FORM two
```

（2）在“表单设计器-two”中，在其“属性”的Name处输入“two”。

（3）在“表单设计器-two”中，添加一个表格控件Grid1。

（4）选择“显示”→“数据环境”命令，在打开的对话框中双击表“student.dbf”添加表，再单击“关闭”按钮来关闭对话框。

（5）在“表单设计器-two”中，添加一个命令按钮Command1，在其“属性”的Caption处输入“退出”，并双击此按钮，在Command1.Click中输入“ThisForm.Release”。

（6）在“表单设计器-two”中，选择表单two并在它的Init Event中输入下面两条语句：

```
thisform.grid1.RecordSourceType=0
thisform.grid1.RecordSource="student"
```

32．建立一个表单formtest.scx，定时关闭。完成下列要求：

（1）表单标题设置为“考试系统”。

（2）在表单上添加一个标签控件（Label1），标签上显示“欢迎使用考试系统”8个字，字的颜色为红色（ForeColor=255,0,0），其他属性使用默认值。

（3）向表单内添加一个计时器控件，控件名为Timerfor。

（4）将计时器控件Timerfor的时间时隔（Interval）属性值设为2000。

（5）Timer事件：thisform.release。

操作步骤如下：

（1）在命令窗口中输入建立表单命令：

```
CREATE FORM formtest
```

（2）在表单设计器中，在“属性”的Caption处输入“考试系统”。

（3）打开并修改表单：

```
MODIFY FORM formtest
```

（4）在表单设计器中添加一个标签Label1，在其“属性”的Caption处输入“欢迎使用考试系统”，在ForeColor处输入“255,0,0”。

（5）在表单设计器中添加一个计时器控件，在其“属性”的Name处输入“Timefor”。

（6）选定计时器控件Timerfor，在其“属性”的Interval处输入“2000”。

（7）在Timer事件中输入命令：thisform.release。

33．创建一个表单one，完成以下操作：

（1）向其中添加一个组合框（Combo1），并将其设置为下拉列表框。

（2）在表单one中，通过RowSource和RowSourceType属性手工指定组合框Combo1的显示条目为“上海”、“北京”（不要使用命令指定这两个属性），显示情况如图6-40所示。

（3）向表单one中添加两个命令按钮Command1和Command2，其标题分别为“统计”和“退出”，为“退出”命令按钮的Click事件写一条命令，执行该命令时关闭和释放表单。

操作步骤如下：

（1）打开并修改表单：

```
MODIFY FORM one
```

图 6-40　运行结果

（2）在表单设计器中添加一个组合框（Combo1），在其“属性”的 Style 处选择“2 - 下拉列表框”。

在 Combo1“属性”的 RowSource 处输入“上海,北京”，在 RowSourceType 处选择“1-值”。

（3）在表单设计器中添加两个命令按钮（Command1 和 Command2），单击第 1 个命令按钮在“属性”的 Caption 处输入“统计”，单击第 2 个命令按钮在“属性”的 Caption 处输入“退出”。

（4）双击“退出”命令按钮，在“Command2.Click”编辑窗口中输入“Release Thisform”。

34．设计一个如图 6-41 所示的时钟应用程序，具体描述如下：

图 6-41　运行结果

表单名和表单文件名均为 timer，表单标题为“时钟”，表单运行时自动显示系统的当前时间。

（1）显示时间的为标签控件 label1（要求在表单中居中，标签文本对齐方式为居中）。

（2）单击“暂停”命令按钮（Command1）时，时钟停止。

（3）单击“继续”命令按钮（Command2）时，时钟继续显示系统的当前时间。

（4）单击“退出”命令按钮（Command3）时，关闭表单。

提示：使用计时器控件，将该控件的 Interval 属性设置为 500，即每 500 毫秒触发一次计时器控件的 Timer 事件（显示一次系统时间）；将计时器控件的 Interval 属性设置为 0 将停止触发 Timer 事件；在设计表单时将 Timer 控件的 Interval 属性设置为 500。

操作步骤如下：

（1）在命令窗口中输入建立表单命令：

```
CREATE FORM timer
```

（2）在表单设计器中，在“属性”的 Caption 处输入“时钟”，在 Name 处输入“timer”。

（3）在表单设计器中添加一个标签，在“属性”的 Caption 处置空，在 Alignment 处选择“2-中央”。

（4）在表单设计器中添加 3 个命令按钮，在第 1 个命令按钮“属性”窗口的 Caption 处输入“暂停”，在第 2 个命令按钮“属性”窗口的 Caption 处输入“继续”，在第 3 个命令按钮“属性”窗口的 Caption 处输入“退出”。

（5）在表单设计器中添加一个计时器控件，在“属性”的 Interval 处输入“500”。双击 Timer Event 事件，在“Timer1.Timer”编辑窗口中输入：thisform.label1.caption=time()。

（6）双击“暂停”按钮，在 Command1.Click 中输入命令：thisform.timer1.interval=0。

（7）双击“继续”按钮，在 Command1.Click 中输入命令：thisform.timer1.interval=500。

（8）双击“退出”命令按钮，在“Command2.Click”编辑窗口中输入：Thisform.Release。

第 7 章　程序设计基础

7.1　选择题

1．在 Visual FoxPro 中，用于建立或修改过程文件的命令是（　）。

A．MODIFY PROCEDURE <文件名>

B．MODIFY COMMAND <文件名>

C．MODIFY <文件名>

D．CREATE <文件名>

【答案】B

2．在 Visual FoxPro 中，DO CASE…ENDCASE 语句属于（　）。

A．顺序结构　　B．循环结构　　C．分支结构　　D．模块结构

【答案】C

3．在 Visual FoxPro 中，创建过程文件 PROG1 的命令为（　）。

A．CREATE PROG1

B．MODIFY PROCEDURE PROG1

C．MODIFY PROG1

D．MODIFY COMMAND PROG1

【答案】D

4．结构化程序设计规定的 3 种基本结构是（　）。

A．输入、处理、输出　　B．树型、网型、环型

C．顺序、选择、循环　　D．主程序、子程序、函数

【答案】C

5．在 Visual FoxPro 中，命令文件的扩展名是（　）。

A．.TXT　　B．.PRG　　C．.DBT　　D．.FMT

【答案】B

6．以下有关 Visual FoxPro 中过程文件的叙述，其中正确的是（　）。

A．先用 SET PROCEDURE TO 命令关闭原来已打开的过程文件，然后用 DO <过程名>执行

B．可直接用 DO <过程名>执行

C．先用 SET PROCEDURE TO <过程文件名>命令打开过程文件，然后用 USE <过程名>执行

D．先用 SET PROCEDURE TO <过程文件名>命令打开过程文件，然后用 DO <过程名>执行。

【答案】D

7．在 DO WHILE/ENDDO 循环中，若循环条件设置为.T.，则下列说法中正确的是（　）。

A．程序无法跳出循环　　B．程序不会出现死循环
C．用 EXIT 可以跳出循环　　D．用 LOOP 可以跳出循环
【答案】C

8．用户自定义函数或过程中接受参数，应使用（　　）。
A．PROCEDURE　　B．FUNCTION
C．WHILE　　D．PARAMETERS
【答案】D

9．用户自定义函数或过程可以定义在（　　）。
A．独立的程序文件中　　B．对象的事件代码、方法代码中
C．数据库的存储过程中　　D．过程文件中
【答案】D

10．在程序代码中，调用另一个过程文件中的过程命令是（　　）。
A．CALL <过程名>　　B．LOAD <过程名>
C．DO PEOCEDURE <过程名>　　D．DO <过程名>
【答案】D

11．将内存变量定义为全局变量的 Visual FoxPro 命令是（　　）。
A．LOCAL　　B．PRIVATE　　C．PUBLIC　　D．GLOBAL
【答案】C

12．在 Visual FoxPro 中，过程的返回语句是（　　）。
A．GOBACK　　B．COMEBACK
C．RETURN　　D．BACK
【答案】C

13．下列程序段的输出结果是（　　）。

```
ACCEPT TO A
IF A=[123456]
    S=0
ENDIF
S=1
?S
RETURN
```

A．0　　B．1
C．由 A 的值决定　　D．程序出错
【答案】B

14．在 Visual FoxPro 中，如果希望跳出 SCAN…ENDSCAN 循环体，执行 ENDSCAN 后面的语句，应使用（　　）。
A．LOOP 语句　　B．EXIT 语句
C．BREAK 语句　　D．RETURN 语句
【答案】B

15．在 DO WHILE … ENDDO 循环结构中，EXIT 命令的作用是（　　）。
A．退出过程，返回程序开始处

B．转移到 DO WHILE 语句行，开始下一个判断和循环

C．终止循环，将控制转移到本循环结构 ENDDO 后面的第一条语句继续执行

D．终止程序执行

【答案】C

16．给出以下程序的运行结果：

```
SET TALK OFF
X=0
Y=0
DO   WHILE   X<100
   x=x+1
   IF   INT(X/2)=X/2
         LOOP
   ELES
         Y=Y+X
   ENDIF
ENDDO
? "Y=",Y
RETURUN
```

运行结果为（　　）。

A．Y=500　　B．Y=1500　　C．Y=2000　　D．Y=2500

【答案】D

17．在 Visual FoxPro 中有以下程序：

```
*程序名：TEST.PRG
*调用方法：DO TEST
SET TALK OFF
CLOSE ALL
CLEAR ALL
mX="Visual FoxPro"
mY="二级"
DO SUB1 WITH mX
?mY+mX
RETURN

*子程序：SUB1.PRG
PROCEDURE SUB1
PARAMETERS mX1
LOCAL mX
mX="Visual FoxPro DBMS 考试"
mY="计算机等级"+mY
RETURN
```

执行命令 DO TEST 后，屏幕的显示结果为（　　）。

A．二级 Visual FoxPro

B．计算机等级二级 Visual FoxPro　DBMS 考试

C．二级 Visual FoxPro DBMS 考试

D．计算机等级二级 Visual FoxPro

【答案】D

18．在 Visual FoxPro 程序中使用的内存变量分为两大类，它们是（　　）。

A．字符变量和数组变量　　B．简单变量和数值变量

C．全局变量和局部变量　　D．一般变量和下标变量

【答案】C

19．在 Visual FoxPro 中，如果希望内存变量只能在本模块（过程）中使用，不能在上层或下层模块中使用，声明该种内存变量的命令是（　　）。

A．PRIVATE　　B．LOCAL

C．PUBLIC　　D．不用声明，在程序中直接使用

【答案】B

20．下列程序段执行以后，内存变量 A 和 B 的值是（　　）。

```
CLEAR
A=10
B=20
SET UDFPARMS TO REFERENCE
DO SQ WITH (A),B              && 参数是值传送，B 是引用传送
?A,B
PROCEDURE SQ
    PARAMETERS X1,Y1
    X1=X1*X1
    Y1=2*X1
ENDPROC
```

A．10　200　　B．100　200

C．100　20　　D．10　20

【答案】A

21．下列程序段执行以后，内存变量 X 和 Y 的值是（　　）。

```
CLEAR
STORE 3 TO X
STORE 5 TO Y
PLUS((X),Y)
?X,Y
PROCEDURE PLUS
PARAMETERS A1,A2
A1=A1+A2
A2=A1+A2
ENDPROC
```

A．8　13　　B．3　13　　C．3　5　　D．8　5

【答案】B

22．下列程序段执行以后，内存标量 y 的值是（　　）。

```
CLEAR
X=12345
Y=0
```

```
DO WHILE X>0
     y=y+x%10
     x=int(x/10)
ENDDO
?y
```

A．54321　　B．12345　　C．51　　D．15

【答案】D

23．下列程序段执行后，内存变量 s1 的值是（　　）。

```
s1="network"
s1=stuff(s1,4,4,"BIOS")
```

A．network　　B．netBIOS　　C．net　　D．BIOS

【答案】B

7.2　填空题

1．说明公共变量的命令关键字是________（关键字必须拼写完整）。

【答案】PUBLIC

2．执行下列程序，显示的结果是________。

```
one="WORK"
two=""
a=LEN(one)
i=a
DO WHILE i>=1
two=two+SUBSTR(one,i,1)
i=i-1
ENDDO
?two
```

【答案】KROW

3．执行以下程序，显示的结果是________。

```
s=1
i=0
do while i<8
s=s+i
i=i+2
enddo
?s
```

【答案】13

4．有以下程序：

```
STORE 0 TO N,S
DO WHILE .T.
     N=N+1
     S=S+N
     IF S>10
          EXIT
     ENDIF
```

```
ENDDO
?"S="+STR(S,2)
```

本程序运行结果是________。

【答案】S=15

5．有程序段如下：

```
X=0
Y=0
DO WHILE .T.
   X=X+1
   Y=Y+X
   IF X >= 100
         EXIT
   ENDIF
ENDDO
? "Y=",Y
```

这个程序执行后的结果是________。

【答案】Y=　5050

6．运行程序后，将在屏幕上显示以下乘法表：

```
1
2   4
3   6   9
4   8   12  16
5   10  15  20  25
6   12  18  24  30  36
7   14  21  28  35  42  49
8   16  24  32  40  48  56  64
9   18  27  36  45  54  63  72  81
```

请对下面的程序填空：

```
*计算乘法表 JJ.PRG***
SET TALK OFF
CLEAR
FOR J=1 TO  9
    FOR _____
        ?? ______
    ENDFOR
    ?
ENDFOR
RETURN
```

【答案】I=1 to J

str(I*J,2)+chr(9)

7．对表 XSDB.DBF 找出英语成绩最高记录，并显示其学号、姓名、成绩。请在空白位置填入正确内容。

```
UES XSDB
```

```
N=1
MAX=英语
DO WHILE ______
      IF 英语>MAX
        MAX=英语
        N=RECNO()
ENDIF
______
ENDDO
______
?"最高成绩：学号="+学号", 姓名="+姓名+", 成绩=",ALLT(STR(MAX))
USE
```

【答案】.NOT. EOF()

SKIP

GO N

7.3 上机操作题

1．对 XSDB.DBF 表编写并运行符合下列要求的程序。

设计一个名为 frm_Count 的表单，表单中有两个命令按钮，按钮的名称分别为 CmdCnt 和 CmdExit，标题分别为“统计”和“退出”。程序运行时，单击“统计”按钮完成下列操作：

（1）计算每一个学生的平均分并存入平均分字段。

（2）如果平均分大于等于 85 分，则奖学金加 50 元；平均分大于等于 90 分，则奖学金加 100 元。单击“退出”按钮，程序终止运行。

操作步骤如下：

（1）新建表单，添加两个命令按钮。

（2）设置各控件属性如表 7-1 所示。

表 7-1 控件属性 1

对象名	控件类型	属性	取值
frm_Count	Form	Caption	计算每个学生的平均分
cmdCalc	CommandButton	Caption	统计
CmdExit	CommandButton	Caption	退出

（3）编写 CmdCalc 按钮的 Click 事件代码如下：

```
GO TOP
DO WHILE .NOT. EOF()
    REPLACE 平均分 WITH INT((英语+计算机)/2)
    DO CASE
      CASE 平均分>=90
          REPLACE 奖学金 WITH 奖学金+100
      CASE
          REPLACE 奖学金 WITH 奖学金+50
    ENDCASE
```

```
        SKIP
    ENDDO
```

（4）编写“关闭”按钮的代码如下：

```
THISFORM.RELEASE
```

2．求一元二次方程 $ax^2+bx+c=0$ 的根。对任意系数 a、b、c，要求：

设计一个表单，表单上要求输入一元二次方程的各系数，然后根据输入的各系数求方程的根。

操作步骤如下：

（1）新建表单，添加 5 个文本框，5 个标签控件。

（2）设置各控件属性如表 7-2 所示。

表 7-2 控件属性 2

对象名	控件类型	属性	取值
frm_Equation	Form	Caption	计算方程的实根
Lab_A	Label	Caption	系数 a
Lab_B			系数 b
Lab_C			系数 c
txtA	TextBox		
txtB			
txtC			
txtX1			
txtX2			
CmdCalc	CommandButton	Caption	计算实根
CmdExit	CommandButton	Caption	退出

（3）编写 CmdCale 命令按钮的 Click 事件代码如下：

```
a=val(alltrim(ThisForm.txtA.Value))
b=val(alltrim(ThisForm.txtB.Value))
c=val(alltrim(ThisForm.txtC.Value))
delta=b*b-4*a*c
if delta.<0
    ThisForm.txtX1.Value="不存在! "
    ThisForm.txtX2.Value="不存在! "
else
    ThisForm.txtX1.value=(-b+SQR(delta))/(2*a)
    ThisForm.txtX2.value=(-b-SQR(delta))/(2*a)
endif
```

3．编写程序实现：以 XSDB.DBF 表为例，对指定院系按不同英语成绩段（60 分以下、60～85 分、85 分以上）统计学生人数。

操作步骤如下：

（1）新建表单，添加一个标签控件、一个文本框控件、一个编辑框控件和两个命令按钮控件。

（2）设置各控件的属性如表 7-3 所示。

表 7-3　控件属性 3

对象名	控件类型	属性	取值
frmCount	Form	Caption	统计学生人数
Label1	Label	Caption	输入院系名称
txtYX	Textbox		
edtDisp	Editbox		
CmdCalc	CommandButton	Caption	统计
CmdExit	CommandButton	Caption	退出

（3）编写 CmdCalc 命令的 Click 事件代码如下：

```
Thisform.edtDisp.Value=""
YX=ALLTRIM(ThisForm.txtYX.value)
Cnt1=0
Cnt2=0
Cnt3=0
SCAN For 院系=YX
    DO CASE
        CASE 英语<60
            Cnt1= Cnt1 + 1
        CASE 英语<=85
            Cnt2= Cnt2 + 1
        OTHERWISE
            Cnt3=Cnt3 + 1
    ENDCASE
ENDSCAN
ThisForm . edtDisp. Value="60 分以下学生人数: " + Cnt1 + CHR13 + "60-85 分学生人数: " + Cnt2 +
CHR(13) + "85 分以上学生人数: "+ Cnt3
```

4．在文本框中给定数值，求给定数值以内的素数之和。要求：使用自定义方法来判断一个数是不是素数。

操作步骤如下：

（1）新建表单，添加两个标签控件、两个文本框控件和两个命令按钮控件。

（2）设置各控件的属性如表 7-4 所示。

表 7-4　控件属性 4

对象名	控件类型	属性	取值
frmPrime	Form	Caption	计算素数之和
Labell	Label	Caption	输入数值 N
labResult			
txtN	Textbox		
cmdCalc	CommandButton	Caption	计算
CmdExit	CommandButton	Caption	退出

（3）对表单对象添加方法 uf_IsPrime，用来判断是否为素数。

```
*uf_IsPrime 用来判断是否为素数
Parameters m
Local I
For I=2 to sqrt(m)
    If mod(m,I)=0 Then
        Exit
    endif
  Next
  If I >SQRT(m) Then
        Return  .T.
  Else
        Return  .F.
  endif
```

（4）编写“计算”命令按钮的 Click 事件代码如下：

```
Sum=0
N=Val (ThisForm.txtN.Value)
For I=1 To N
If uf_IsPrime ( I ) Then
    Sum=Sum + I
  Next
    ThisForm.labResult.Caption="1 到"+ALLTRIM(Str(N))+"之内的素数之和是:"
    +ALLTRIM(STR(SUM))
```

5．在文本框中输入两个数值，求最大公约数和最小公倍数。

操作步骤如下：

（1）新建表单，在表单上添加 4 个文本框、4 个标签控件和两个命令按钮。

（2）设置各控件属性如表 7-5 所示。

表 7-5　控件属性 5

对象名	控件类型	属性	取值
frmDivisor	Form	Caption	最大公约数和最小公倍数
Label1	Label	Caption	数值 X
Label2			数值 Y
Label3			最大公约数
Label4			最小公倍数
txtX	Textbox		
txtY			
txtDivisor			
txtMultiple			
CmdCalc	CommandButton	Caption	计算
CmdExit	CommandButton	Caption	退出

（3）对命令按钮“计算”的 Click 事件编程代码如下：

```
X=Val(ThisForm.txtX.Value)
Y=Val(ThisForm.txtY.Value)
Max=Y
Min=X
If X>Y Then
    Max=X
    Min=Y
Endif
*求最大公约数
For I=Min To 1 Step -1
     If Mod(X,I)=0 And Mod(Y,I)=0 Then
         Exit
     EndIF
Next
ThisForm.txtDivisor.Value=I
*求最小公倍数
For   I=Max To Min*Max
    If Mod(I,X)=0 And Mod(I,Y)=0 Then
       Exit
   EndIF
Next
ThisForm.txtMultiple.Value=I
```

6．设计一个简单的表单。其中有 4 个控件分别是时钟控件、标签控件、复选框控件和命令按钮。当选中复选框时，设置时钟控件功能；在时钟控件的 Timer 事件中编程，使标签控件在表单上水平循环滚动。

操作步骤如下：

分析：使用时钟控件的 Timer 事件，来控制标签控件的 Left 属性逐次递减，当标签控件移出窗体的左边界时，将标签控件的 Left 属性设置为表单的宽度，这样就产生了循环滚动。

本题图解如图 7-1 所示。

	标签 Left<=标签的 Width	
	真	标签的 Left←表单的 Width
	假	标签的 Left←标签的 Left-10

图 7-1　第 6 题图解

操作步骤如下：

（1）建立表单，设置控件属性如图 7-2 所示。

（2）编写程序代码。当选中复选框控件时，将时钟控件的 Enabled 属性设置为真，在 chkStart 的 InteractiveChange 事件中输入以下代码：

```
ThisForm.tmrscoll.Enabled=ThisForm.chkstart.Value
```

根据流程图，编写时钟控件的 Timer 事件代码为：

```
IF THISFORM.labscroll.Left+THISFORM.labscroll.Width<0 THEN
```

```
        THISFORM.labscroll.Left=THISFORM.Width
    ELSE
        THISFORM.labscroll.Left=THISFORM.labscroll.Left-10
    ENDIF
```

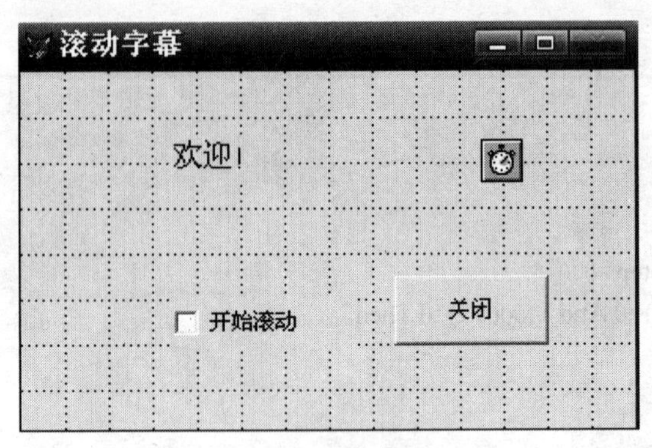

图 7-2　滚动字幕

7．编制程序，在表单上显示由“*”组成的以下三角形。

```
        *
       ***
      *****
    *********
```

操作步骤如下：

（1）设计表单，在表单上放一个标签控件和一个命令按钮控件。

（2）编写程序代码。

命令按钮的 Click 事件代码如下：

```
ThisForm.Labresult.Caption=""
For I=1 To 7 Step 2
    S=""
    For J=1 to I
        s=S+"*"
    Next
    s=Space ((7-Len(s))/2)+S+Space((7-Len(s))/2)
    ThisForm.Labresult.Caption=ThisForm.Labresult.Caption+S
    ThisForm.Labresult.Caption=ThisForm.Labresult.Caption+CHR(13)
Next
```

8．给定一表单，输入一个字符串，编写程序完成字符串的逆序存放，如输入 abcd，得到 dcba。

操作步骤如下：

设计表单，在表单上添加两个标签控件、一个文本框控件和一个命令按钮控件。

编写命令按钮的事件代码如下：

```
ThisForm.Labresult.Caption=""
sSour=Alltrim(ThisForm.txtInput.Value)
sDest=""
```

```
For I=Len (sSour) To 1 step -1
    sDest=sDest+Substr(sSour,i,1)
Next
ThisForm.Labresult.Caption=sDest
```

9．给定一个年份（从文本框中输入），判断它是否是闰年。闰年的条件是：能被 4 整除但不能被 100 整除，或能被 400 整除。

操作步骤如下：

设计表单，在表单上添加两个标签控件、一个文本框控件和一个命令按钮控件。

编写命令按钮的 Click 事件代码如下：

```
Year=Val(ThisForm.txtInput.Value)
If Mod(Year,400)=0 Then
    ThisForm.labResult.Caption=Str(Year,4)+"是闰年！"
Else
    If Mod(Year,4)=0 Then
        If Mod(Year,100)<>0 Then
            ThisForm.labResult.Caption=Str(Year,4)+"是闰年！"
        Else
            ThisForm.labResult.Caption=Str(Year,4)+"不是闰年！"
        Endif
    Else
        ThisForm.labResult.Caption=Str(Year,4)+"不是闰年！"
    Endif
Endif
```

10．在编辑框中输入给定范围内的奇数，并计算奇数之和。

操作步骤如下：

（1）设计程序界面和设置对象属性。新建表单，在表单上添加 3 个标签控件、两个文本框控件、一个列表框控件和一个命令按钮控件。属性设置如图 7-3 所示。

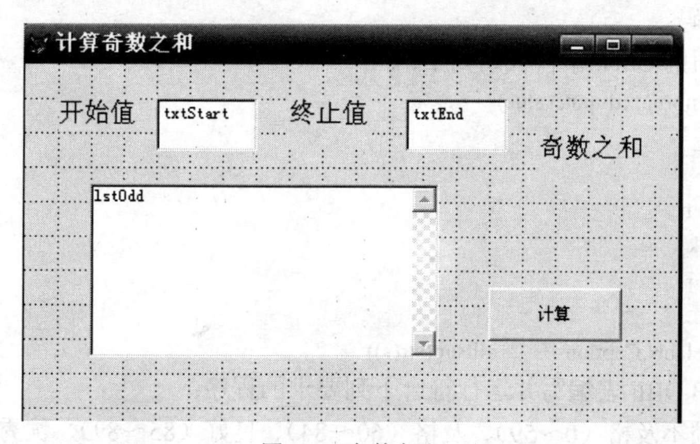

图 7-3　奇数之和

（2）编写代码。

写出命令按钮 CmdCalc 的单击事件 Click 的代码如下：

```
Thisform.lstOdd.Clear
```

```
S=0
X=Val(Thisform.txtStart.Value)
Y=Val(Thisform.txtEnd.Value)
For i=X To Y
    If Mod (i,2)<>0 Then
        S=S+i
        Thisform.lstOdd.Additem(Alltrim(str(i))
    Endif
Next
ThisForm.labResult.Caption="从"+Alltrim(str(x))+ "到"+Alltrim(str(Y))+
"之间的奇数和是："+Alltrim(str(S))
```

11．设计程序，求 S = 1+(1+2)+(1+2+3)+…+(1+2+3+…+n)的值。

操作步骤如下：

（1）设计程序界面和设置对象属性，如图 7-4 所示。

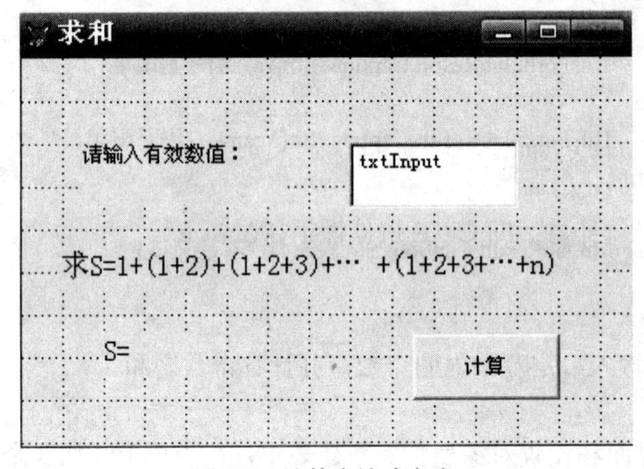

图 7-4　计算表达式之和

（2）编写代码。

编写命令按钮的 Click 事件代码如下：

```
n=Val(Thisform.txtInput.Value)
j=0
s=0
For k=1 to n
        j=j+k
        s=s+j
Next
ThisForm. labN.Caption="s="+alltrim(str(s))
```

12．对 XSDB.DBF 表编写并运行符合下列要求的程序：

统计英语成绩不及格（0～59）、及格（60～84）、良好（85～89）、优秀（90～100）的人数，显示在编辑框中。

操作步骤如下：

（1）设计程序界面和设置对象属性如图 7-5 所示。

并且将 XSDB.DBF 作为表单的数据环境中的表。

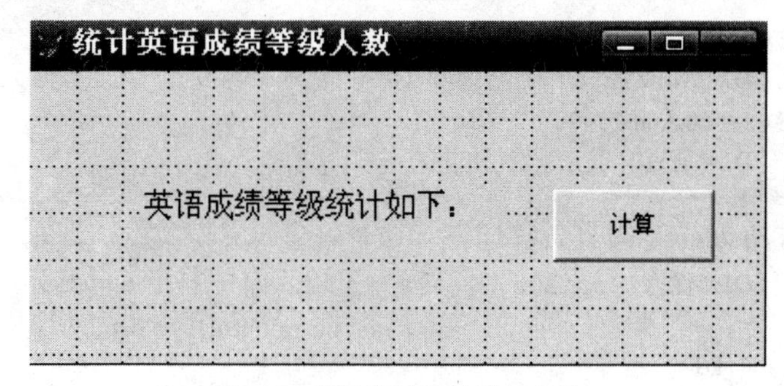

图 7-5　统计英语成绩等级人数

（2）编写命令按钮的 Click 事件代码如下：

```
Score1=0
Score2=0
Score3=0
Score4=0
GO TOP
DO WHILE .NOT. EOF()
    DO CASE
        CASE 英语>0 and 英语<60
            Score1=Score1+1
        CASE 英语>=60 and 英语<85
            Score2 = Score2 +1
        CASE 英语>=85 and 英语<90
            Score3=Score3+1
        OTHERWISE
            Score4=Score4+1
    ENDCASE
    SKIP
ENDDO
ThisForm.labResult.Caption="英语成绩等级统计如下："+Chr(13)+"不及格人数：
"+STR(Score1)+CHR(13)+"及格人数："+STR(Score2)+"良好人数："+STR(Score3)+"优秀人数：
"+STR(Score4)
```

13．有以下程序，其功能是根据输入的考试成绩显示相应的成绩等级：

```
SET TALK OFF
CLEAR
INPUT "请输入考试成绩：" TO CJ
DJ = IIF(CJ<60,"不及格",IIF(CJ>90,"优秀","通过"))
?"成绩等级："+DJ
SET TALK ON
```

要求编写程序，使用 Do Case 结构实现该程序的功能。

操作步骤如下：

```
SET TALK OFF
CLEAR
INPUT "请输入考试成绩：" TO CJ
DO CASE
```

```
        CASE CJ<60
            DJ= "不及格"
        CASE CJ>=60 And CJ<90
            DJ="通过"

        CASE CJ>90
            DJ="优秀"
    ENDCASE
    ? "成绩等级："+DJ
        SET TALK ON
```

14．在文本框中输入 a、b、c 的值，判断是否能构成三角形，若能构成三角形，则计算输出三角形的面积。

操作步骤如下：

（1）建立应用程序用户界面与设置对象属性如图 7-6 所示。

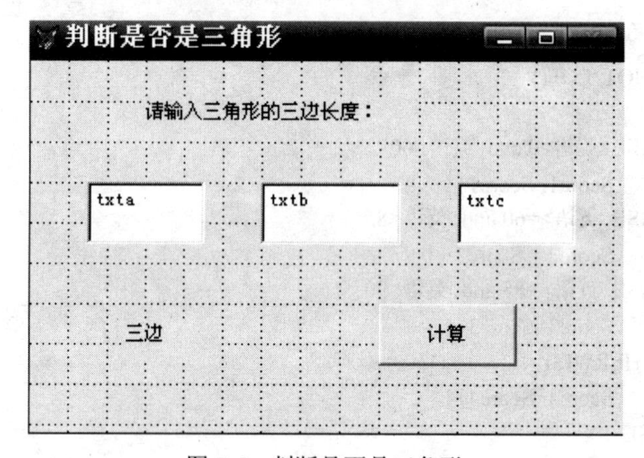

图 7-6　判断是否是三角形

（2）编写代码。

编写命令按钮 CmdCalc 的 Click 事件代码如下：

```
a=VAL(Thisform.txta.value)
b=VAL(Thisform.txtb.value)
c=VAL(Thisform.txtc.value)
s=(a+b+c)/2
if s>0 and s-a>0 and s-b>0 and s-c>0
    area=sqrt (s*(s-a)*(s-b)*(s-c))
    Thisform.labResult.Caption="能构成三角形，其面积为："+Str(area)
Else
    Thisform.labResult.Caption="不能构成三角形！"
Endif
```

15．利用随机函数，模拟投币结果。输入投币次数，求“两个正面”、“两个反面”、“一正一反”3 种情况各出现多少次。

操作步骤如下：

（1）设计表单界面和各控件属性设置如图 7-7 所示。

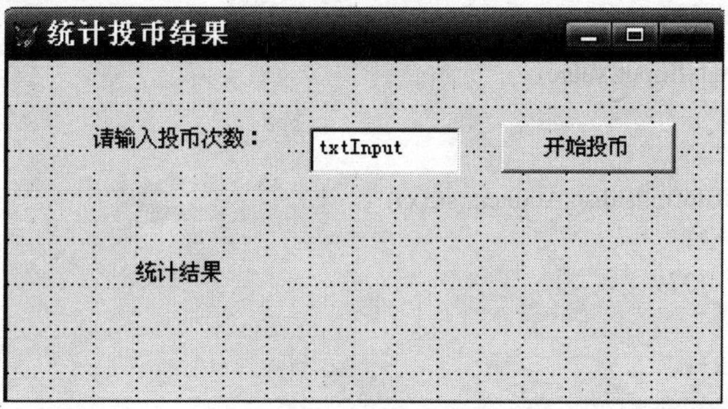

图 7-7　统计投币结果

（2）编写代码。

在“开始投币”命令按钮的 Click 事件中编写代码如下：

```
Dimension a(2,2)
a=0
n=Val(Thisform.txtInput.value)
For I=1 to n
    N1=int(rand()*2)+1
    N2=int(rand()*2)+1
    a(n1,n2)=(n1,n2)+1
Next
Thisforn.labResult.Caption="统计结果"+chr(13)+"两个正面的次数为："+STR(a(1,1))+CHR(13)+"两个反面的次数为："+STR(a(2,2))+CHR(13)+"一正一反的次数为："+STR(a(1,2))+a(2,1))
```

16．输入初始值，输出 50 个能被 37 整除的数。

操作步骤如下：

（1）设计程序界面和设置对象属性如图 7-8 所示。

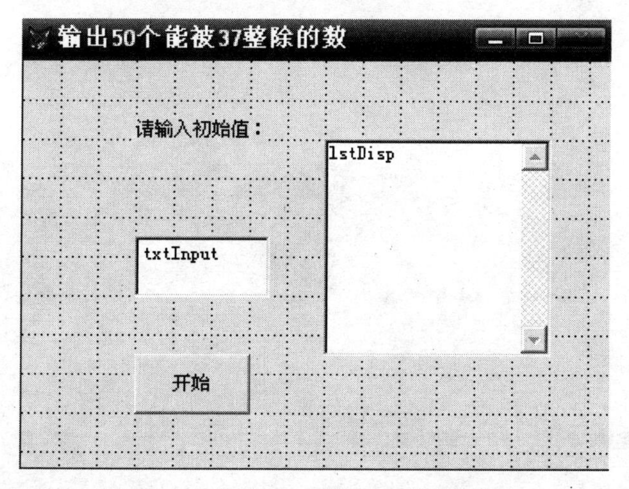

图 7-8　输出 50 个能被 37 整除的数

（2）编写代码。

编写命令按钮的 Click 事件代码如下：

```
Thisform.lstDisp.Clear
```

```
n=0
x=Val(Thisform.txtInput.Value)
Do While n<50
      If X%37=0
            Thisform.lstdisp.Additem(str(x))
            n=n+1
            x=x+37
      else
            x=x+1
      Endif
EndDo
```

第 8 章　结构化查询语言——SQL

8.1　选择题

1．不属于数据定义功能的 SQL 语句是（　　）。

A．CREATE TABLE　　B．DROP TABLE

C．UPDATE　　D．ALTER TABLE

【答案】C

2．书写 SQL 语句时，若一行写不完，需要写在多行，在行的末尾要加续行符（　　）。

A．:　　B．;　　C．,　　D．"

【答案】B

3．从数据库中删除表的命令是（　　）。

A．DROP TABLE　　B．ALTER TABLE

C．DELETE TABLE　　D．USE

【答案】A

4．“DELETE FROM xsdb.DBF WHERE 计算机>60”语句的功能是（　　）。

A．从 xsdb 表中彻底删除计算机大于 60 的记录

B．xsdb 表中计算机大于 60 的记录被加上删除标记

C．删除 xsdb 表

D．删除 xsdb 表的计算机列

【答案】B

5．SELECT_SQL 语句是（　　）。

A．选择工作区语句　　B．数据查询语句

C．选择标准语句　　D．数据修改语句

【答案】B

6．关于 INSERT_SQL 语句的描述，正确的是（　　）。

A．可以向表中插人若干条记录　　B．在表中任何位置插入一条记录

C．在表尾插入一条记录　　D．在表头插入一条记录

【答案】C

7．在 SQL 语句中，SELECT 命令中 JOIN 短语用于建立表之间的联系，连接条件应出现在（　　）语中。

A．WHERE　　B．ON

C．HAVING　　D．IN

【答案】B

8．SQL 语句中限定查询分组条件的短语是（　　）。

A．WHERE　　B．ORDER BY

C．HAVING　　D．GROUP BY

【答案】C

9．SQL 语句中将查询结果存入数组中，应该使用（　）短语。

A．INTO CURSOR　　B．TO ARRAY

C．INTO TABLE　　D．INTO ARRAY

【答案】D

10．只有满足连接条件的记录才包含在查询结果中，这种连接为（　）。

A．左连接　　B．右连接

C．内部连接　　D．完全连接

【答案】C

11．在 SQL 查询时，使用 WHERE 子句指出的是（　）。

A．查询目标　B．查询结果　C．查询条件　D．查询视图

【答案】C

12．在 Visual FoxPro 中，使用 SQL 命令将学生表 STUDENT 中的学生年龄 AGE 字段的值增加 1 岁，应该使用的命令是（　）。

A．REPLACE AGE WITH AGE+1

B．UPDATE STUDENT AGE WITH AGE+1

C．UPDATE SET AGE WITH AGE+1

D．UPDATE STUDENT SET AGE=AGE+1

【答案】D

13．在 SQL 语句中，与表达式“工资 BETWEEN 1210 AND 1240”功能相同的表达式是（　）。

A．工资>=1210 AND 工资<=1240　　B．工资>1210 AND 工资<1240

C．工资<=1210 AND 工资>1240　　D．工资>=1210 OR 工资<=1240 A

【答案】A

14．在 SQL SELECT 语句中，为了将查询结果存储到临时表，应该使用的短语是（　）。

A．TO CURSOR　　B．INTO CURSOR

C．INTO DBF　　D．TO DBF

【答案】B

15．在 SQL 的 ALTER TABLE 语句中，为了增加一个新的字段，应该使用的短语是（　）。

A．CREATE　　B．APPEND

C．COLUMN　　D．ADD

【答案】D

16．在 Visual FoxPro 的查询设计器中，“筛选”选项卡对应的 SQL 短语是（　）。

A．WHERE　B．JOIN　C．SET　D．ORDER BY

【答案】A

17．SQL 支持集合的并运算，在 Visual FoxPro 中 SQL 并运算的运算符是（　）。

A．PLUS　B．UNION　C．+　D．U

【答案】B

18. 以下不属于 SQL 数据操作的命令是（　）。

A. MODIFY　　B. INSERT　　C. UPDATE　　D. DELETE

【答案】A

19. SQL 的 SELECT 语句中，“HAVING <条件表达式>”用来筛选满足条件的（　）。

A. 列　　B. 行　　C. 关系　　D. 分组

【答案】D

20. 在 SELECT 语句中，以下有关 HAVING 语句的正确叙述是（　）。

A. HAVING 短语必须与 GROUP BY 短语同时使用

B. 使用 HAVING 短语的同时不能使用 WHERE 短语

C. HAVING 短语可以在任意的一个位置出现

D. HAVING 短语与 WHERE 短语功能相同

【答案】A

21. 在 SQL 的 SELECT 查询结果中，消除重复记录的方法是（　）。

A. 通过指定主索引实现　　B. 通过指定唯一索引实现

C. 使用 DISTINCT 短语实现　　D. 使用 WHERE 短语实现

【答案】C

22. 在 Visual FoxPro 中，如果要将学生表 S（学号,姓名,性别,年龄）中“年龄”属性删除，正确的 SQL 命令是（　）。

A. ALTER TABLE S DROP COLUMN 年龄

B. DELETE 年龄 FROM S

C. ALTER TABLE S DELETE COLUMN 年龄

D. ALTEER TABLE S DELETE 年龄

【答案】A

23. “图书”表中有字符型字段“图书号”。要求用 SQL DELETE 命令将图书号以字母 A 开头的图书记录全部打上删除标记，正确的命令是（　）。

A. DELETE FROM 图书 FOR 图书号 LIKE "A%"

B. DELETEFROM 图书 WHILE 图书号 LIKE "A%"

C. DELETE FROM 图书 WHERE 图书号="A*"

D. DELETE FROM 图书 WHERE 图书号 LIKE"A%"

【答案】D

第 24～27 题使用以下 3 个表：

学生.DBF：学号 C(8)，姓名 C(12)，性别 C(2)，出生日期 D，院系 C(8)

课程.DBF：课程编号 C(4)，课程名称 C(10)，开课院系 C(8)

学生成绩.DBF：学号 C(8)，课程编号 C(4)，成绩 I

24. 查询每门课程的最高分，要求得到的信息包括课程名称和分数，正确的命令是（　）。

A. SELECT 课程名称,SUM(成绩) AS 分数 FROM 课程,学生成绩;
   WHERE 课程.课程编号=学生成绩.课程编号;
   GROUP BY 课程名称

B．SELECT 课程名称,MAX(成绩) 分数 FROM 课程,学生成绩;
WHERE 课程.课程编号=学生成绩.课程编号;
GROUP BY 课程名称

C．SELECT 课程名称,SUM(成绩) 分数 FROM 课程,学生成绩;
WHERE 课程.课程编号=学生成绩.课程编号;
GROUP BY 课程.课程编号

D．SELECT 课程名称,MAX(成绩) AS 分数 FROM 课程,学生成绩;
WHERE 课程.课程编号=学生成绩.课程编号;
GROUP BY 课程编号

【答案】B

25．统计只有 2 名以下（含 2 名）学生选修的课程情况，统计结果中的信息包括课程名称、开课院系和选修人数，并按选课人数排序。正确的命令是（ ）。

A．SELECT 课程名称,开课院系,COUNT(课程编号) AS 选修人数;
FROM 学生成绩,课程 WHERE 课程.课程编号=学生成绩.课程编号;
GROUP BY 学生成绩.课程编号 HAVING COUNT(*)<=2;
ORDER BY COUNT(课程编号)

B．SELECT 课程名称,开课院系,COUNT(学号) 选修人数;
FROM 学生成绩,课程 WHERE 课程.课程编号=学生成绩.课程编号;
GROUP BY 学生成绩.学号 HAVING COUNT(*)<=2;
ORDER BY COUNT(学号)

C．SELECT 课程名称,开课院系,COUNT(学号) AS 选修人数;
FROM 学生成绩,课程 WHERE 课程.课程编号=学生成绩.课程编号;
GROUP BY 课程名称 HAVING COUNT(学号)<=2;
ORDER BY 选修人数

D．SELECT 课程名称,开课院系,COUNT(学号) AS 选修人数;
FROM 学生成绩,课程 HAVING COUNT(课程编号)<=2;
GROUP BY 课程名称 ORDER BY 选修人数

【答案】C

26．查询所有目前年龄是 22 岁的学生信息：学号、姓名和年龄，正确的命令组是（ ）。

A．CREATE VIEW AGE_LIST AS;
SELECT 学号,姓名,YEAR(DATE())－YEAR(出生日期) 年龄 FROM 学生
SELECT 学号,姓名,年龄 FROM AGE_LIST WHERE 年龄=22

B．CREATE VIEW AGE_LIST AS;
SELECT 学号,姓名,YEAR(出生日期) FROM 学生
SELECT 学号,姓名,年龄 FROM AGE_LIST WHERE YEAR(出生日期)=22

C．CREATE VIEW AGE_LIST AS;
SELECT 学号,姓名,YEAR(DATE())－YEAR(出生日期) 年龄 FROM 学生
SELECT 学号,姓名,年龄 FROM 学生 WHERE YEAR(出生日期)=22

D．CREATE VIEW AGE_LIST AS STUDENT;

SELECT 学号,姓名,YEAR(DATE()) - YEAR(出生日期) 年龄 FROM 学生

SELECT 学号,姓名,年龄 FROM STUDENT WHERE 年龄=22

【答案】A

27．向学生表中插入一条记录的正确命令是（　）。

A．APPEND INTO 学生 VALUES("10359999","张三","男","会计",{^1983-10-28})

B．INSERT INTO 学生 VALUES("10359999","张三","男",{^1983-10-28},"会计")

C．APPEND INTO 学生 VALUES("10359999","张三","男",{^1983-10-28},"会计")

D．INSERT INTO 学生 VALUES("10359999","张三","男",{^1983-10-28})

【答案】B

第 28~32 题使用以下数据表：

学生.DBF：学号 C(8)，姓名 C(6)，性别 C(2)，出生日期 D

选课.DBF：学号 C(8)，课程号 C(3)，成绩 N(5,1)

28．查询所有 1982 年 3 月 20 日以后（含）出生、性别为男的学生，正确的 SQL 语句是（　）。

A．SELECT * FROM 学生 WHERE 出生日期>={^1982-03-20} AND 性别="男"

B．SELECT * FROM 学生 WHERE 出生日期<={^1982-03-20} AND 性别="男"

C．SELECT * FROM 学生 WHERE 出生日期>={^1982-03-20} OR 性别="男"

D．SELECT * FROM 学生 WHERE 出生日期<={^1982-03-20} OR 性别="男"

【答案】A

29．计算刘明同学选修的所有课程的平均成绩，正确的 SQL 语句是（　）。

A．SELECT AVG(成绩) FROM 选课 WHERE 姓名="刘明"

B．SELECT AVG(成绩) FROM 学生,选课 WHERE 姓名="刘明"

C．SELECT AVG(成绩) FROM 学生,选课 WHERE 学生.姓名="刘明"

D．SELECT AVG(成绩) FROM 学生,选课 WHERE 学生.学号=选课.学号 AND 姓名="刘明"

【答案】D

30．查询选修课程号为"101"课程得分最高的同学，正确的 SQL 语句是（　）。

A．SELECT 学生.学号,姓名 FROM 学生,选课 WHERE 学生.学号=选课.学号 AND 课程号="101" AND 成绩>=ALL(SELECT 成绩 FROM 选课)

B．SELECT 学生.学号,姓名 FROM 学生,选课 WHERE 学生.学号=选课.学号 AND 成绩>=ALL(SELECT 成绩 FROM 选课 WHERE 课程号="101")

C．SELECT 学生.学号,姓名 FROM 学生,选课 WHERE 学生.学号=选课.学号 AND 成绩>=ANY(SELECT 成绩 FROM 选课 WHERE 课程号="101")

D．SELECT 学生.学号,姓名 FROM 学生,选课 WHERE 学生.学号=选课.学号 AND 课程号="101" AND 成绩>=ALL(SELECT 成绩 FROM 选课 WHERE 课程号="101")

【答案】D

31．插入一条记录到"选课"表中，学号、课程号和成绩分别是"02080111"、"103"和 80，正确的 SQL 语句是（　）。

A．INSERT INTO 选课 VALUES("02080111", "103",80)

B．INSERT VALUES("02080111","103",80) TO 选课(学号,课程号,成绩)

C．INSERT VALUES("02080111","103",80) INTO 选课(学号,课程号,成绩)

D．INSERT INTO 选课(学号,课程号,成绩) FORM VALUES("02080111","103",80)

【答案】A

32．将学号为“02080110”、课程号为“102”的选课记录的成绩改为 92，正确的 SQL 语句是（　）。

A．UPDATE 选课 SET 成绩 WITH 92 WHERE 学号="02080110" AND 课程号="102"

B．UPDATE 选课 SET 成绩=92 WHERE 学号="02080110" AND 课程号="102"

C．UPDATE FROM 选课 SET 成绩 WITH 92 WHERE 学号="02080110" AND 课程号="102"

D. UPDATE FROM 选课 SET 成绩=92 WHERE 学号="02080110" AND 课程号="102"

【答案】B

8.2 填空题

1．在 Visual FoxPro 支持的 SQL 语句中，________命令可以向表中输入记录，________命令可以检查和查询表中的内容。

【答案】INSERT　SELECT

2．在 ORDER BY 子句的选择项中，DESC 代表________输出；省略 DESC 时，代表________输出。

【答案】降序　升序

3．在 SELECT 语句中，字符串匹配运算符用________，匹配符________表示零个或多个字符，________表示任何一个字符。

【答案】LIKE　%　_

4．________语言是关系型数据库的标准语言。

【答案】SQL

5．用 SQL 语句实现查找“xsdb.dbf”表中“计算机”低于 80 分且大于 60 分的所有记录：SELECT________FROM xsdb.dbf WHERE 计算机<80________计算机>60

【答案】*　AND

6．实现将学生表所有学生的计算机成绩提高 5%的 SQL 语句是________学生________计算机=计算机*1.05。

【答案】UPDATE　SET

7．向“xsdb”表中添加一个新字段“综合成绩”的 SQL 语句是：________TABLE xsdb.dbf ________综合成绩 N（6,2）。

【答案】ALTER　ADD

8．在 SELECT-SQL 语句中，表示条件表达式用 WHERE 子句，分组用________子句，排序用________子句。

【答案】GROUP BY　ORDER BY

9．SQL SELECT 语句为了将查询结果存放到临时表中，应该使用________短语。

【答案】INTO CURSOR

10．为“学生”表增加一个“平均成绩”字段的正确命令是 ALTER TABLE 学生 ADD________平均成绩 N(5,2)。

【答案】Column

11．SQL 插入记录的命令是 INSERT，删除记录的命令是________，修改记录的命令是________。

【答案】DELETE UPDATE

12. 在 SQL 的嵌套查询中，量词 ANY 和________是同义词。在 SQL 查询时，使用________子句指出的是查询条件。

【答案】SOME WHERE

13．以下命令查询雇员表中“部门号”字段为空值的记录。

SELECT * FROM 雇员 WHERE 部门号________。

【答案】IS NULL

14．在 SQL 的 SELECT 查询中，HAVING 字句不可以单独使用，总是跟在________子句之后一起使用。

【答案】GROUP BY

15．在 SQL 的 SELECT 查询时，使用________短语实现消除查询结果中的重复记录。

【答案】DISTINCT

16．在 Visual FoxPro 中，修改表结构的非 SQL 命令是________。

【答案】MODIFY STRUCTURE

17．在 SQL 中，插入、删除、更新命令依次是 INSERT、DELETE 和________。

【答案】UPDATE

18．查询设计器的“排序依据”选项卡对应于 SQL SELECT 语句的________短语。

【答案】ORDER BY

19．“歌手”表中有“歌手号”、“姓名”和“最后得分”3 个字段，“最后得分”越高名次越靠前，查询前 10 名歌手的 SQL 语句是：

SELECT * ________ FROM 歌手 ORDER BY 最后得分 DESC。

【答案】TOP 10

20．已有“歌手”表，将该表中的“歌手号”字段定义为候选索引，索引名是 temp，正确的 SQL 语句是：

ALTER TABLE 歌手________ CANDIDATE 歌手号 TAG temp

【答案】ADD

21．在 SQL SELECT 语句中为了将查询结果存储到永久表，应该使用________短语。

【答案】into table

22．在 SQL 语句中空值用________表示。

【答案】.NULL.

23．SQL 是________。

【答案】结构化查询语言

24. 在 Visual FoxPro 中，使用 SQL 的 CREATE TABLE 语句建立数据库表时，使用________子句说明主索引。

【答案】PRIMARY KEY

25. 在 Visual FoxPro 中，使用 SQL 的 CREATE TABLE 语句建立数据库表时，使用________子句说明有效性规则（域完整性规则或字段取值范围）。

【答案】CHECK

26. 在 SQL 的 SELECT 语句进行分组计算查询时，可以使用________子句来去掉不满足条件的分组。

【答案】HAVING

27. 为表“金牌榜”增加一个字段“奖牌总数”，同时为该字段设置有效性规则：奖牌总数>=0，应使用 SQL 语句

ALTER TABLE 金牌榜________ 奖牌总数________奖牌总数>=0

【答案】ADD　CHECK

28. 使用“获奖牌情况”和“国家”两个表查询“中国”所获金牌（名次为 1）的数量，应使用 SQL 语句

SELECT COUNT(*) FROM 国家 INNER JOIN 获奖牌情况;

________ 国家.国家代码 = 获奖牌情况.国家代码;

WHERE 国家.国家名称 = "中国" AND 名次 = 1

【答案】ON

29. 将金牌榜.DBF 中新增加的字段奖牌总数设置为金牌数、银牌数、铜牌数三项的和，应使用 SQL 语句

________金牌榜________奖牌总数 = 金牌总数+银牌数+铜牌数

【答案】UPDATE　SET

第 30~32 题使用以下的“教师”表和“学院”表，如表 8-1 和表 8-2 所示。

表 8-1　“教师”表

职工号	姓名	职称	年龄	工资	系号
11020001	肖天海	副教授	35	2000.00	01
11020002	王岩盐	教授	40	3000.00	02
11020003	刘星魂	讲师	25	1500.00	01
11020004	张月新	讲师	30	1500.00	03
11020005	李明玉	教授	34	2000.00	01
11020006	孙民山	教授	47	2100.00	02
11020007	钱无名	教授	49	2200.00	03

表 8-2　“学院”表

系号	系名
01	英语
02	会计
03	工商管理

30．使用 SQL 语句求“工商管理”系的所有职工的工资总和：

SELECT ______(工资) FROM 教师;

WHERE 系号 IN（SELECT 系号 FROM ______WHERE 系名=“工商管理”）

【答案】SUM　学院

31．使用 SQL 语句完成以下操作（将所有教授的工资提高 5%）：

______教师 SET 工资=工资*1.05______职称="教授"

【答案】UPDATE　WHERE

32．从职工数据库表中计算工资合计的 SQL 语句是：

SELECT ______ FROM 职工

【答案】SUM(工资)

8.3 简答题

1．简述 SQL 语言的组成。

【答案】由数据定义语言 DDL、数据操纵语言 DML、数据控制语言 DCL 三部分组成。

2．查询去向有哪几种?

【答案】数组、临时表、表、文件、屏幕、游览。

8.4 上机操作题

用 SQL 语言在命令窗口中完成下列操作内容。

1．使用 SQL 命令建立数据库 cjgl，然后在该库中建立 jsj 表（学号 C (8), 姓名 C (6), 出生日期 D, 性别 C (2), 笔试 N (5,1))和 yy 表(学号 C (8),姓名 C (6),写作 N (6),听力 N(5,1), 口语 N(5,1)）。

```
create database cjgl
create table jsj(学号 c(8),姓名 c(6),出生日期 d,性别 c(2),笔试 N(5,1))
create table yy(学号 c(8),姓名 c(6),写作 n(6),听力 N(5,1),口语 N(5,1))
```

2．为 jsj 表添加一个字段：上机 N(5,1)，在 yy 表删除一个字段，写作：

```
alter table d:\jsj add 上机 N(5,1)
alter table d:\yy drop 写作
```

3．向 jsj 表和 yy 表中添加记录。

```
insert into jsj values ("98402017","陈超群",{^1979/12/18},"男",45.5)
insert into jsj values ("98404062","曲歌",{^1980/10/01},"男",67)
insert into jsj values ("97410025","刘铁男",{^1978/12/10},"男",56.5)
insert into jsj values ("98402019","王艳",{^1980/01/19},"女",70.5)
insert into jsj(学号,姓名,笔试) values ("98410012","李侠",57.5)
insert into jsj(学号,姓名,性别) values ("98402021","赵勇","男")
insert into yy(学号,听力) values ("98402021",67)
insert into yy(学号,听力) values ("98401212",56)
```

4．将 jsj 表所有男生的记录逻辑删除。

```
delete from jsj.dbf where 性别= "男"
```

5．将 jsj 表所有性别为女的置为男。

```
update jsj set 性别="男" where 性别="女"
```

6．列出学生名单。

```
select * from jsj.dbf
```

7．列出所有学生姓名，去掉重名。

```
select distinct 姓名 as "名单" from jsj.dbf
```

8．列出所有学生姓名，只显示学号、姓名。

```
select 学号,姓名 from jsj.dbf
```

9．求出所有人的平均成绩。

```
select avg(笔试) as "平均成绩" from jsj.dbf
```

10．列出笔试成绩在 70 分到 80 分之间的学生学号、姓名、笔试字段。

```
select 学号,姓名,笔试 from jsj.dbf where 笔试 between 70 and 80
```

11．列出所有的姓陈的学生学号、姓名字段。

```
select 学号,姓名 from jsj.dbf where 姓名 like "陈%"
```

12．删除已建立的 yy 表。

```
drop table yy.dbf
```

13．用 UPDATE-SQL 将学号为 98402017 的上机为空值。

```
update jsj.dbf set 上机=null where 学号="98402017"
```

14．统计学生人数。

```
select count(学号) as 学生人数 from d:\jsj.dbf
```

15．用 SQL 语句对数据库“成绩管理.dbc”中的表“xsdb.dbf”建立一个查询，并运行查询，查询结果为每个院学生“计算机”的成绩总和、平均分、最高分和最低分。

```
select xsdb.院系,sum(计算机) as 成绩总和,;
avg(计算机) as 平均分,;
max(计算机) as 最高分,;
min(计算机) as 最低分;
from xsdb.dbf group by 院系
```

16．用 SQL 语句对数据库“成绩管理.dbc”中的表“xsdb.dbf”建立一个查询，并运行查询，查询结果为统计每个院学生的人数。

```
select xsdb.院系,count(xsdb.院系) as 学生人数;
from xsdb.dbf group by 院系
```

17．用 SQL 语句对数据库“成绩管理.dbc”中的表“xsdb.dbf”、“jsj.dbf”建立一个查询，并运行查询，查询结果为显示男同学的“xsdb.学号”、“xsdb.院系”、“xsdb.姓名”、“jsj.笔试”、“jsj.上机”5 个字段的数据。

```
select xsdb.学号,xsdb.院系, xsdb.姓名,jsj.笔试,jsj.上机;
from xsdb.dbf join jsj;
on xsdb.学号=jsj.学号;
where 性别 like "男"
```

18．用 SQL 语句对数据库“成绩管理.dbc”中的表“xsdb.dbf”、“jsj.dbf”建立一个查询，并运行查询，查询结果为显示“xsdb.学号”、“xsdb.姓名”、“jsj.笔试”、“jsj.上机”、3 个字段的数据，并以学号降序排序。

```
select xsdb.学号,xsdb.姓名,jsj.笔试,jsj.上机 from xsdb.dbf,jsj.dbf;
where xsdb.学号=jsj.学号;
    order by 学号 desc
```

19．利用 SQL SELECT 命令将表 student_sl.dbf 复制到 student_bk.dbf。

```
SELECT * FROM student_sl INTO TABLE student_bk
```

20．利用 SQL INSERT 命令插入记录（"080412","张三","男",{^1982/12/12},"计算机系"）到 student_bk.dbf 表：

```
INSERT INTO student_bk VALUE("080412","张三","男",{^1982/12/12},"计算机系")
```

21．利用 SQL UPDATE 命令将 student_bk.dbf 表中“学号”为“080412”的院系“计算机系”改为“会计系”。

```
UPDATE student_bk SET 院系 ="会计系" WHERE 学号 = "080412"
```

22．利用 SQL DELETE 命令删除 student_bk.dbf 表中“学号”为“080412“的学生。

```
DELETE FROM student_bk WHERE 学号 = "080412"
```

23．使用 SQL 语句为“student”的“学号”字段增加有效性规则：学号的最左边两位字符是 08（使用 LEFT 函数）。

```
ALTER TABLE student ALTER 学号 SET CHECK LEFT(学号,2)= "08"
```

24．将 student 表中学号为 080412 的学生的院系字段值修改为“经济”。

```
UPDATE student SET 院系 = "经济" WHERE 学号 ="080412"
```

25．将 score 表的“成绩”字段的名称修改为“考试成绩”。

```
ALTER TABLE score RENAME COLUMN 成绩 TO 考试成绩
```

26．使用 SQL 命令（ALTER TABLE）为 student 表建立一个候选索引，索引名和索引表达式都是“学号”。

```
ALTER TABLE student ADD CANDIDATE 学号 TAG 学号
```

27．打开学生管理数据库，然后为表 student 增加一个字段，字段名为 email，数据类型为字符型，宽度为 20。

```
ALTER TABLE Customer ADD COLUMN email C(20)
```

28．为 student 表建立一个主索引，索引名和索引表达式均为“学号”。

```
ALTER TABLE student ADD PRIMARY KEY 学号 TAG 学号
```

29．建立一个名为“SELLDB”的数据库，在该数据库中创建“客户表”（客户号,客户名,销售金额），其中：客户号为字符型，宽度为 4；客户名为字符型，宽度为 20；销售金额为数值型，宽度为 9（其中小数 2 位）。

操作步骤如下：

```
CREATE DATABASE SELLDB
CREATE TABLE 客户表(客户号 C(4), 客户名 C(20), 销售金额 N(9,2))
```

30．为“客户表”增加一个字段，字段名为“备注”，数据类型为字符型，宽度为 20。

操作步骤如下：

```
ALTER TABLE 客户表 ADD COLUMN 备注 C(20)
```

第 9 章　查询与视图

9.1　选择题

1. 在“查询设计器”中包含的选项卡有（　　）。

A. 字段、筛选、排序依据　　B. 字段、条件、分组依据

C. 条件、排序依据、分组依据　　D. 条件、筛选、杂项

【答案】A

2. 以下关于视图的叙述中，正确的是（　　）。

A. 可以根据自由表建立视图　　B. 可以根据查询建立视图

C. 可以根据数据库表建立视图　　D. 可以根据自由表和数据库表建立视图

【答案】C

3. “视图设计器”中包含的选项卡有（　　）。

A. 联接、显示、排序依据　　B. 显示、排序依据、分组依据

C. 更新条件、排序依据、显示　　D. 更新条件、筛选、字段

【答案】D

4. 在“查询设计器”中，系统默认的查询结果的输出去向是（　　）。

A. 浏览　　B. 报表　　C. 表　　D. 图

【答案】A

5. 在“查询设计器”中创建的查询文件的扩展名是（　　）。

A. PRG　　B. QPR　　C. SCX　　D. MPR

【答案】B

6. 关于视图的操作，错误的说法是（　　）。

A. 利用视图可以实现多表查询　　B. 利用视图可以更新源表的数据

C. 视图可以产生表文件　　D. 视图可以作为查询的数据源

【答案】C

7. 在“查询设计器”的“筛选”选项卡中，“插入”按钮的功能是（　　）。

A. 用于插入查询输出条件　　B. 用于增加查询输出字段

C. 用于增加查询表　　D. 用于增加查询去向

【答案】A

8. “查询设计器”是一种（　　）。

A. 建立查询的方式　　B. 建立报表的方式

C. 建立新数据库的方式　　D. 打印输出方式

【答案】A

9. 下列关于视图的叙述中，正确的是（　　）。

A. 当某一视图被删除后，由该视图导出的其他视图也将自动删除

B. 若导出某视图的数据库表被删除了，该视图不受任何影响

C. 视图一旦建立，就不能被删除

D. 视图和查询一样

【答案】A

10. 以下关于“视图”的描述，正确的是（ ）。

A. 视图保存在项目文件中　　B. 视图保存在数据库中

C. 视图保存在表文件中　　D. 视图保存在视图文件中

【答案】B

11. 如果要在屏幕上直接看到查询结果，“查询去向”应选择（ ）。

A. 浏览或屏幕　　B. 临时表或屏幕

C. 屏幕　　D. 浏览

【答案】A

12. 以下给出的4种方法中，不能建立查询的是（ ）。

A. 选择“文件”→“新建”命令，打开“新建”对话框，在“文件类型”中选择“查询”单选按钮，单击“新建文件”按钮

B. 在“项目管理器”的“数据”选项卡中选择“查询”，然后单击“新建”按钮

C. 在命令窗口中输入CREATE QUERY命令建立查询

D. 在命令窗口中输入SEEK命令建立查询

【答案】D

13.“查询设计器”中的“筛选”选项卡的作用是（ ）。

A. 指定查询条件　　B. 增加或删除查询的表

C. 观察查询生成的SQL程序代码　　D. 选择查询结果中包含的字段

【答案】A

14. 多表查询必须设定的选项卡为（ ）。

A. 字段　　B. 连接　　C. 筛选　　D. 更新条件

【答案】B

15. 在“查询设计器”窗口中建立一个或（OR）条件，必须使用的选项卡是（ ）。

A. 字段　　B. 连接　　C. 筛选　　D. 杂项

【答案】C

16. 以下关于视图的说法，错误的是（ ）。

A. 视图可以对数据库表中的数据按指定内容和指定顺序进行查询

B. 视图可以脱离数据库单独存在

C. 视图必须依赖数据库表而存在

D. 视图可以更新数据

【答案】B

17. 修改本地视图使用的命令是（ ）。

A. CREATE SQL VIEW　　B. MODIFY VIEW

C. RENAME VIEW　　D. DELETE VIEW

【答案】B

18．如果要将视图中的修改传送到基表的原始记录中，则应选用视图设计器的（　　）选项卡。

A．排序依据　　B．更新条件　　C．分组依据　　D．视图参数

【答案】B

19．打开视图设计器后，下面操作中（　　）不能显示视图结果。

A．单击 VFP 工具栏上运行按钮

B．按“Ctrl+Q”组合键

C．鼠标右键单击设计器/选择“运行查询”

D．选择“显示”→“运行查询”命令

【答案】D

20．查询的基本功能不包括（　　）。

A．选择字段　　B．选择记录

C．排序记录　　D．逻辑删除

【答案】D

21．下列（　　）方式不能运行查询文件。

A．DO <查询文件名>

B．在“查询”菜单中选择“运行查询”

C．在“项目管理器”中选定查询的名称，然后选定“运行”按钮

D．?<查询文件名>

【答案】D

22．在 Visual FoxPro 中，以下关于视图描述中，错误的是（　　）。

A．通过视图可以对表进行查询　　B．通过视图可以对表进行更新

C．视图是一个虚表　　D．视图就是一种查询

【答案】D

23．查询的数据源可以是（　　）。

A．自由表　　B．数据库表　　C．视图　　D．以上均可

【答案】D

24．视图不能单独存在，它必须依赖于（　　）。

A．视图　　B．数据库　　C．数据表　　D．查询

【答案】B

25．在 Visual FoxPro 中，关于查询和视图的正确描述是（　　）。

A．查询是一个预先定义好的 SQL SELECT 语句文件

B．视图是一个预先定义好的 SQL SELECT 语句文件

C．查询和视图都是同一种文件，只是名称不同

D．查询和视图都是一个存储数据的表

【答案】A

26．在 Visual FoxPro 6.0 中，建立查询可用（　　）方法。

A．使用查询向导　　B．使用查询设计器

C．直接使用 SELECT-SQL 命令　　D．以上方法均可

【答案】D

27．视图是一个（　　）。

A．虚拟的表　　B．真实的表

C．不依赖于数据库的表　　D．不能修改的表

【答案】A

28．查询设计器和视图设计器的主要不同表现在（　　）。

A．查询设计器有“更新条件”选项卡，没有“查询去向”选项

B．查询设计器没有“更新条件”选项卡，有“查询去向”选项

C．视图设计器没有“更新条件”选项卡，有“查询去向”选项

D．视图设计器有“更新条件”选项卡，也有“查询去向”选项

【答案】B

29．在 Visual FoxPro 中，以下叙述正确的是（　　）。

A．利用视图可以修改数据　　B．利用查询可以修改数据

C．查询和视图具有相同的作用　　D．视图可以定义输出去向

【答案】A

30．在 Visual FoxPro 中，要运行查询文件 query1.qpr，可以使用（　　）命令。

A．DO query1　　B．DO query1.qpr

C．DO QUERY query1　　D．RUN query1

【答案】B

31．在视图设计器中有，而在查询设计器中没有的选项卡是（　　）。

A．排序依据　　B．更新条件

C．分组依据　　D．杂项

【答案】B

32．在使用查询设计器创建查询时，为了指定在查询结果中是否包含重复记录（对应于 DISTINCT），应该使用的选项卡是（　　）。

A．排序依据　　B．联接

C．筛选　　D．杂项

【答案】D

33．在 Visual FoxPro 中，以下关于查询的描述，正确的是（　　）。

A．不能用自由表建立查询　　B．只能使用自由表建立查询

C．不能用数据库表建立查询　　D．可以用数据库表和自由表建立查询

【答案】D

34．以下关于“查询”的描述，正确的是（　　）。

A．查询保存在项目文件中　　B．查询保存在数据库文件中

C．查询保存在表文件中　　D．查询保存在查询文件中

【答案】D

9.2　填空题

1．在“项目管理器”中，每个数据库都包含________、远程视图、表、存储过程和连接。

【答案】本地视图

2．视图是在________的基础上创建的一种虚拟表，在查询中有着广泛的应用。

【答案】数据库表

3．连接查询是基于多个________的查询，即 FROM 后面有多个________。

【答案】关系　　表

4. 分组查询使用________短语来实现，还可以进一步使用________子句限定分组的条件。

【答案】GROUP BY　　HAVING

5. 在查询设计器中，选择查询结果中出现的字段及表达式应在________选项卡中完成，设置查询条件应在________选项卡中完成，该选项卡相当于 SQL-SELECT 语句中的 WHERE 子句。

【答案】字段　　筛选

6．通过 Visual FoxPro 的视图，不仅可以查询数据库表，还可以________数据库表。

【答案】更新

7．在 Visual FoxPro 中视图可以分为本地视图和________视图。

【答案】远程

8．在 Visual FoxPro 中为了通过视图修改的基本表中的数据，需要在视图设计器的________选项卡设置有关属性。

【答案】更新条件

9．查询设计器的“筛选”选项卡用来指定________。

【答案】查询条件

9.3　简答题

1．简述视图和查询的异同。

【答案】视图与查询的相同点在于：

它们都可以从数据源中查找满足一定筛选条件的记录和选定部分字段；它们自身都不保存数据，其查询结果随数据源内容的变化而变化。

视图与查询的不同点在于：

（1）视图可以更新数据源表，而查询不能。

（2）视图只能从数据库中查找数据；而查询可以从自由表、数据库表及多个数据库的表中查找数据。

（3）视图可访问远程数据，而查询不能直接访问，需要借助远程视图才能访问。

2．视图有几种类型？试说明它们各自的特点。

【答案】视图有本地视图和远程视图两种。本地视图使用 Visual FoxPro SQL 语法从视图或表中选择信息，远程视图使用远程 SQL 语法从远程 ODBC 数据源表中选择信息。

9.4　上机操作题

1．利用查询设计器为数据库“成绩管理.dbc”中数据表“xsdb.dbf”、“yy.dbf”建立一个名为“wycj.qpr”查询文件，以“浏览”方式输出，查询文件中包含的字段及输出顺序是学号、院系、姓名、口语、听力，记录个数为 5 个，记录的输出顺序是按口语成绩升序排列。

操作步骤如下：

（1）选择“文件”→“新建”命令，进入“新建”对话框。

（2）在“新建”对话框中，选中“查询”单选按钮，再单击“新建文件”按钮，进入“添加表或视图”对话框，选择建立查询所依据的表“xsdb.dbf”和“yy.dbf”，设置连接条件 xsdb.学号=yy.学号，再单击“关闭”按钮，进入“查询设计器”窗口，如图 9-1 所示。

（3）在“查询设计器”窗口中，选择“字段”选项卡，将可用字段“学号”、“院系”、“姓名”、“口语”、“听力”按顺序添加到“选定字段”列表框中，如图 9-2 所示。

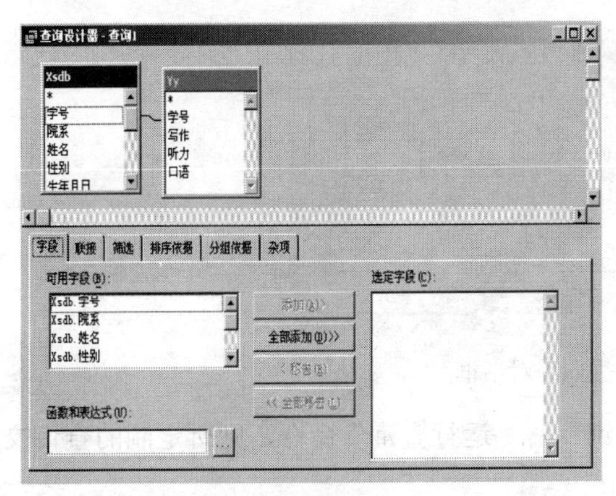

图 9-1　“查询设计器”窗口

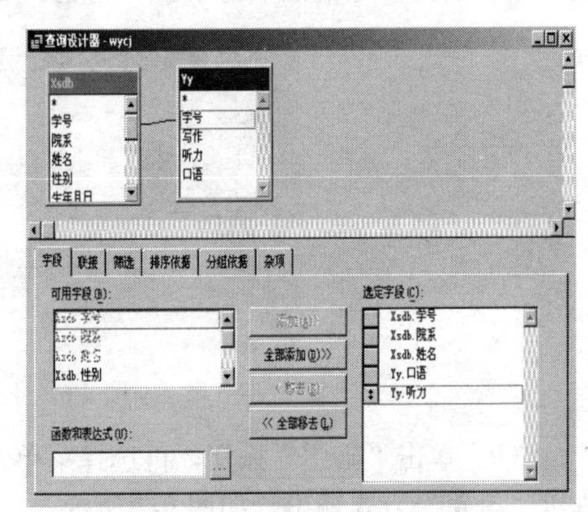

图 9-2　查询设计器字段选取

（4）在“查询设计器”窗口中，选择“杂项”选项卡，设置“记录个数”为 5，如图 9-3 所示。

（5）在“查询设计器”窗口中，选择“排序依据”选项卡，设置为按“口语”成绩“升序”排序，如图 9-4 所示。

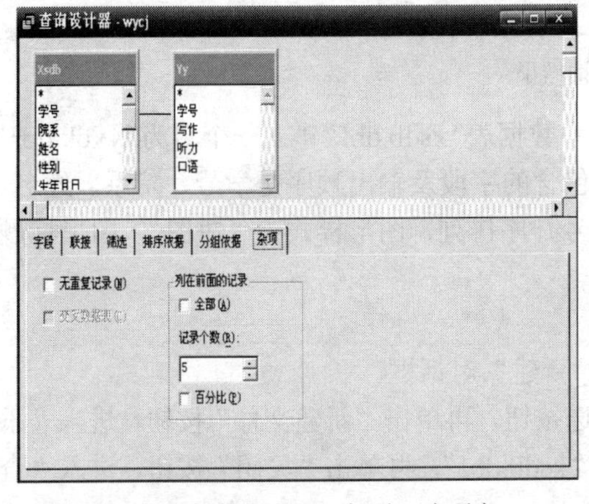

图 9-3　查询设计器“杂项”选项卡

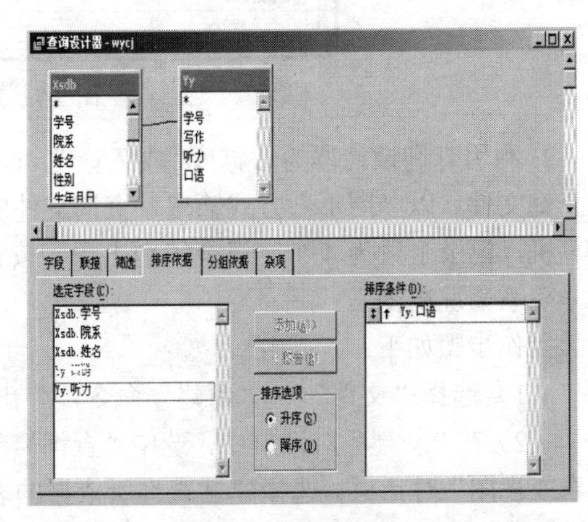

图 9-4　查询设计器“排序依据”选项卡

（6）单击“退出”按钮，则会弹出提示框，如图 9-5 所示。

（7）在提示框中，单击“是”按钮，在“另存为”对话框中“保存文档为”栏中输入查询文件名 wycj，保存更改文件。

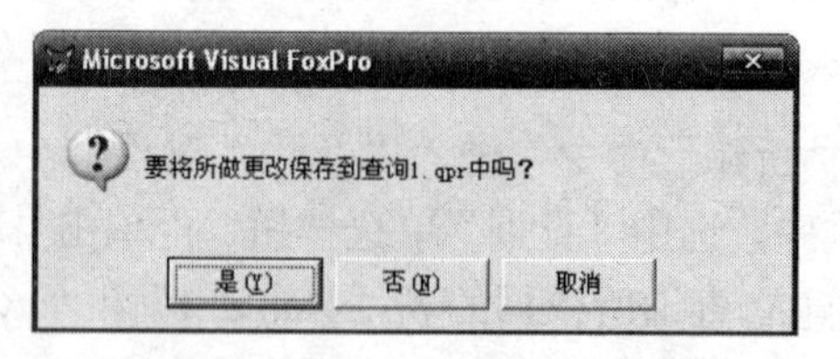

图 9-5 提示框

（8）重新打开查询文件“wycj.qpr”，再选择菜单“查询”→“查询去向”命令，在弹出的“查询去向”对话框中再单击“浏览”按钮，如图 9-6 所示。

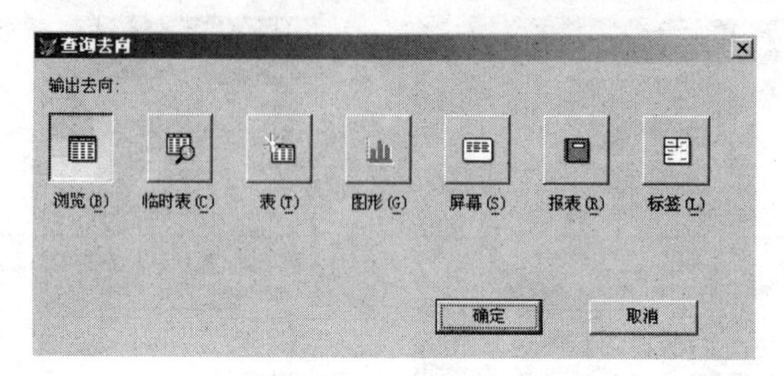

图 9-6 “查询去向”对话框

（9）单击“确定”按钮，再选择菜单“查询”→“运行查询”命令，则所定制的查询文件以“浏览”方式输出，如图 9-7 所示。

查询

学号	院系	姓名	口语	听力
99412207	生命科学学院	王峰	12.0	14.0
99410273	法学院	孔小菲	12.0	14.0
99401007	哲学院	徐胜利	12.0	14.0
99402011	文学院	张瑜	12.5	14.5
98402017	文学院	陈超群	13.5	15.0

图 9-7 查询结果

2. 利用查询设计器为数据库“成绩管理.dbc”中数据表“xsdb.dbf”建立一个名为“yxqk.qpr”的查询文件，以“图形”方式输出，查询文件中包含的字段及输出顺序是学号、院系、姓名、计算机，记录个数为 4 个，记录的输出顺序按学号升序排列，图形样式为“饼图”，图形标题为“院系情况饼图”。

操作步骤如下：

（1）选择“文件”→“新建”命令，弹出“新建”对话框。

（2）在“新建”对话框中，选中“查询”单选按钮，再单击“新建文件”按钮，进入“添加表或视图”对话框，选择建立查询所依据的表“xsdb.dbf”，再单击“关闭”按钮，进入“查询设计器”窗口。

（3）在“查询设计器”窗口中，选择“字段”选项卡，将可用字段“学号”、“院系”、“姓名”、“计算机”按顺序添加到“选定字段”列表框中，如图 9-8 所示。

（4）在“查询设计器”窗口中，选择“杂项”选项卡，设置“记录个数”为 4，如图 9-9 所示。

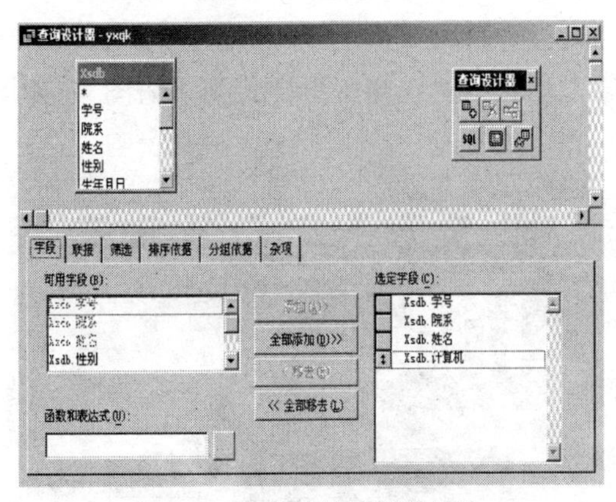

图 9-8　查询设计器字段选取

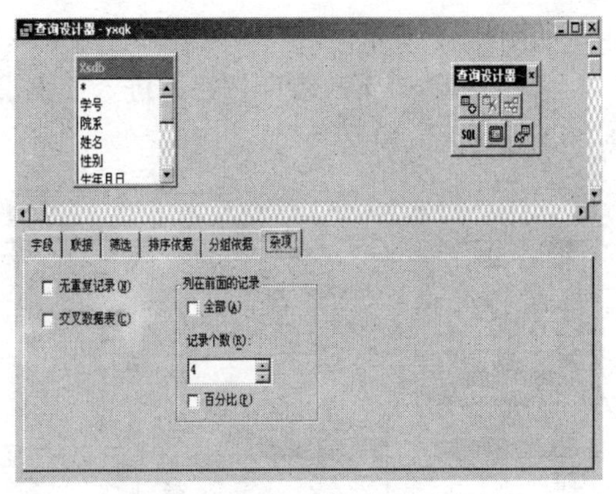

图 9-9　查询设计器“杂项”选项卡

（5）在“查询设计器”窗口中，选择“排序依据”选项卡，设置为按“学号”成绩“升序”排序，如图 9-10 所示。

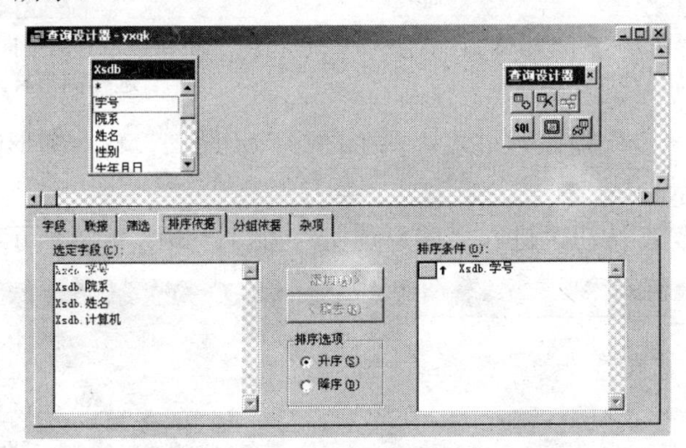

图 9-10　查询设计器“排序依据”选项卡

（6）单击“退出”按钮，则会弹出“系统”对话框，再单击“是”按钮，保存更改文件。

（7）再重新打开查询文件 yxqk.qpr”，选择“查询”→“查询去向”命令，弹出“查询去向”对话框，单击“图形”按钮，如图 9-11 所示。

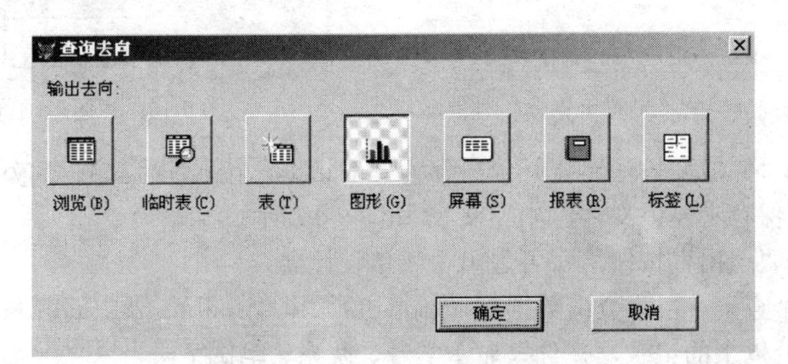

图 9-11　“查询去向”对话框

（8）单击“确定”按钮，选择“查询”→“运行查询”命令，进入“图形向导”步骤 2。然后将“计算机”字段拖到“数据系列”列表框中，拖拽到“数据系列”的字段必须是数值型字段，可以有多个数据系列。再将“院系”字段由“可用字段”列表框中拖拽到“坐标轴”

中，如图 9-12 所示。

（9）单击“下一步”按钮，进入“图形向导”步骤 3，选择图形样式为“饼图”，如图 9-13 所示。

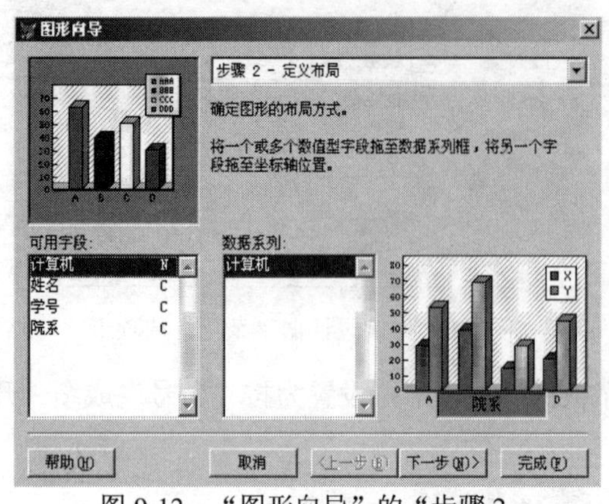

图 9-12 “图形向导”的“步骤 2-定义布局”对话框

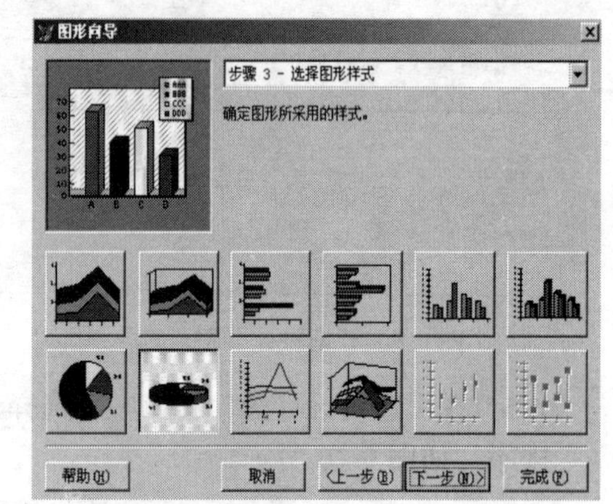

图 9-13 “图形向导”的“步骤 3-选择图形样式”对话框

（10）单击“下一步”按钮，进入“图形向导”步骤 4，输入图形的标题为“院系情况饼图”，如图 9-14 所示。

（11）单击“预览”按钮，进入“图形预览”窗口，如图 9-15 所示。

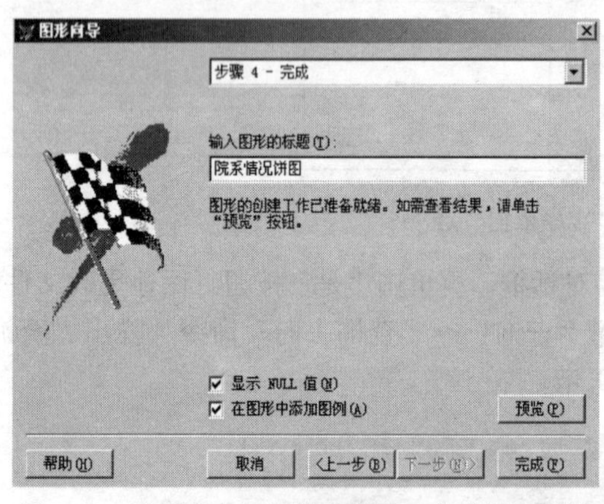

图 9-14 “图形向导”的“步骤 4-完成”对话框

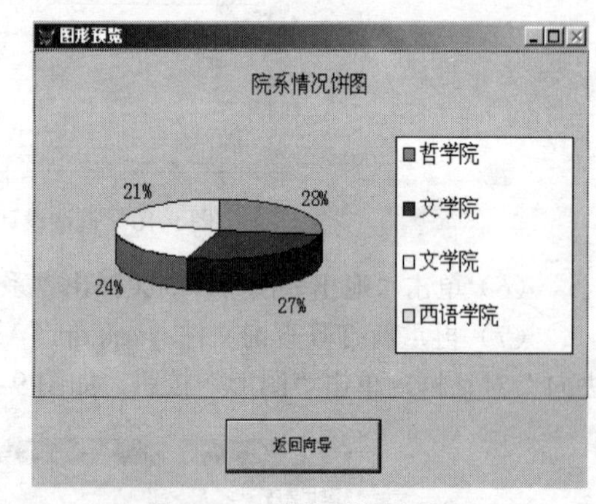

图 9-15 “图形预览”窗口

（12）单击“完成”按钮，打开“另存为”对话框，输入图形文件名 yxqkbt，则将图形向导生成的结果保存为表单文件，如图 9-16 和图 9-17 所示。

（13）单击“退出”按钮，即可退出“表单设计器”。

3．创建一个查询，用于查询数据库“xsdb.dbf”和“jsj.dbf”表中的院系为“文学院”的笔试成绩在 30 分以上的记录，并且只显示学号、院系、笔试字段，以“屏幕”方式输出，记录个数为 5 个，记录的输出顺序是按笔试成绩降序排列。

操作步骤如下：

（1）选择“文件”→“新建”命令，进入“新建”对话框。

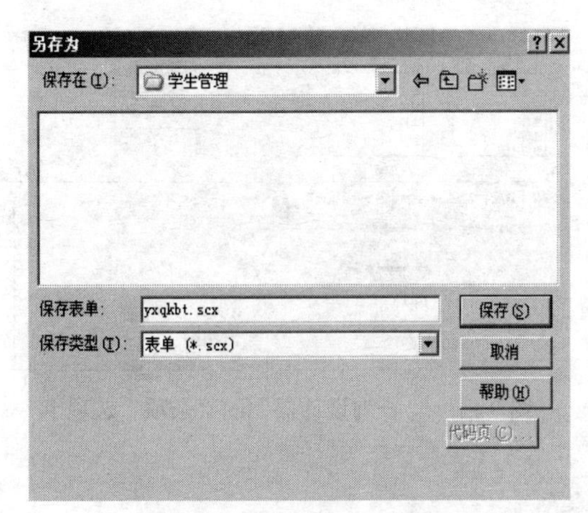

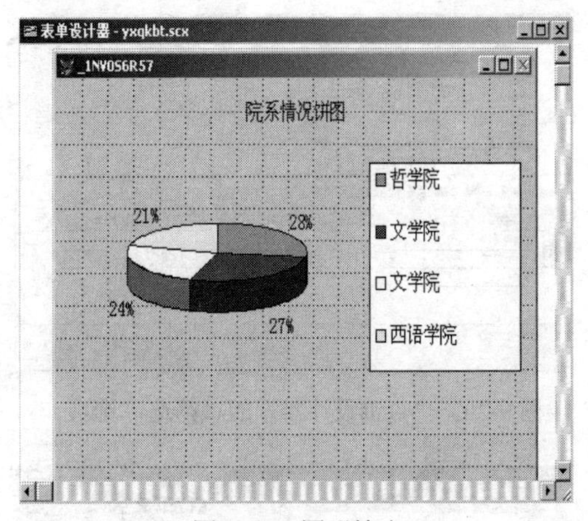

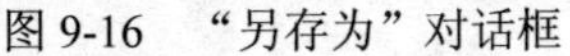

图 9-16　“另存为”对话框　　　　图 9-17　图形输出

（2）在“新建”对话框中，选中“查询”单选按钮，再单击“新建文件”按钮，进入“添加表或视图”对话框，选择建立查询所依据的表“xsdb.dbf”和“jsj.dbf”，设置连接条件 xsdb.学号=jsj.学号，再单击“关闭”按钮，进入“查询设计器”窗口，如图 9-18 所示。

（3）在“查询设计器”窗口中选择“字段”选项卡，将“可用字段”列表框中的“学号”、“院系”、“笔试”按顺序添加到“选定字段”列表框中，如图 9-19 所示。

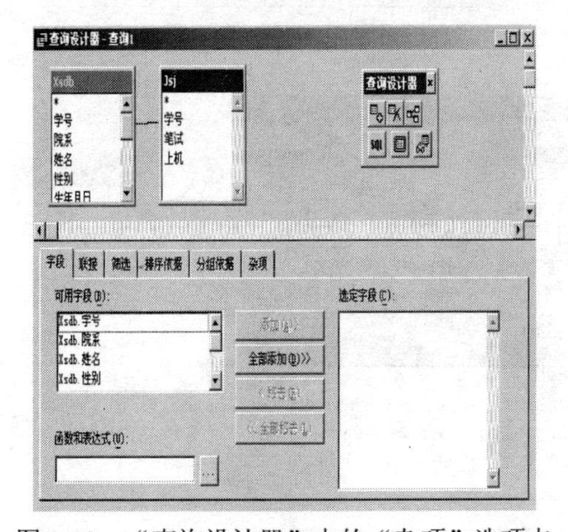

图 9-18　“查询设计器”中的“杂项”选项卡

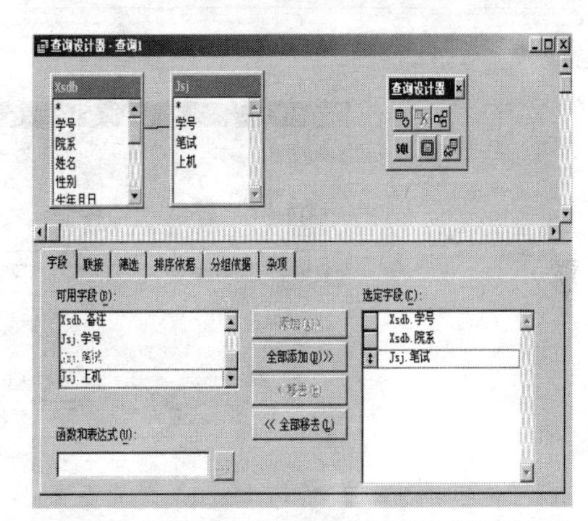

图 9-19　“查询设计器”的“排序依据”选项卡

（4）在“查询设计器”窗口中，选择“筛选”选项卡，设置院系=“文学院”，并且笔试>30 的记录，如图 9-20 所示。

（5）在“查询设计器”窗口中，选择“杂项”选项卡，设置记录个数为 5，如图 9-21 所示。

（6）在“查询设计器”窗口中，选择“排序依据”选项卡，设置为按“笔试”成绩“降序”排序，如图 9-22 所示。

（7）单击“退出”按钮，弹出提示框，如图 9-23 所示。

（8）在该提示框中，单击“是”按钮，保存更改的文件。

（9）再重新打开查询文件“jsj.qpr”，选择“查询”→“查询去向”命令，在弹出的对话框中单击“屏幕”按钮，如图 9-24 所示。

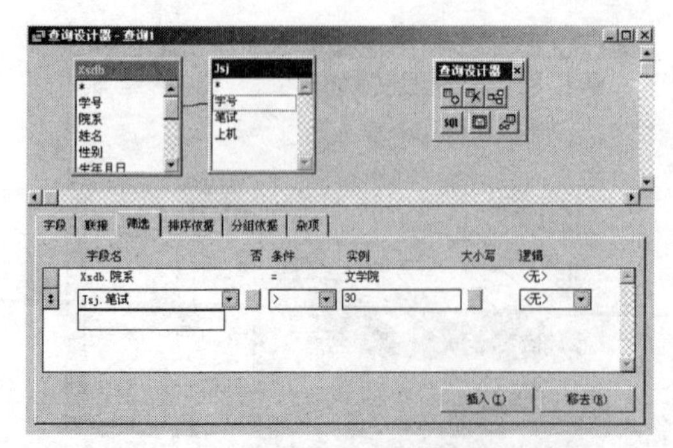

图 9-20 “查询设计器”的“筛选”选项卡

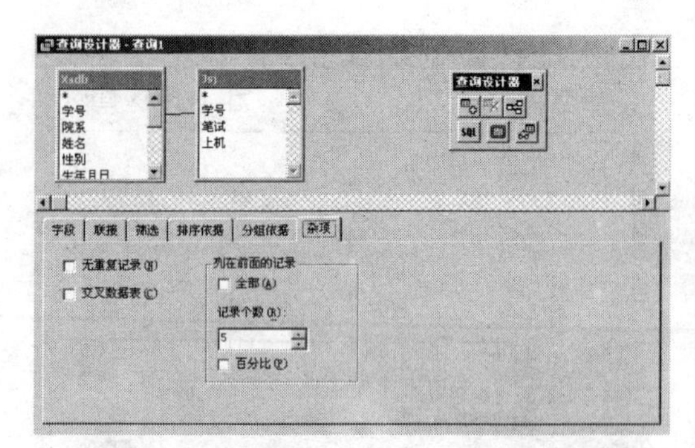

图 9-21 “查询设计器”的“杂项”选项卡

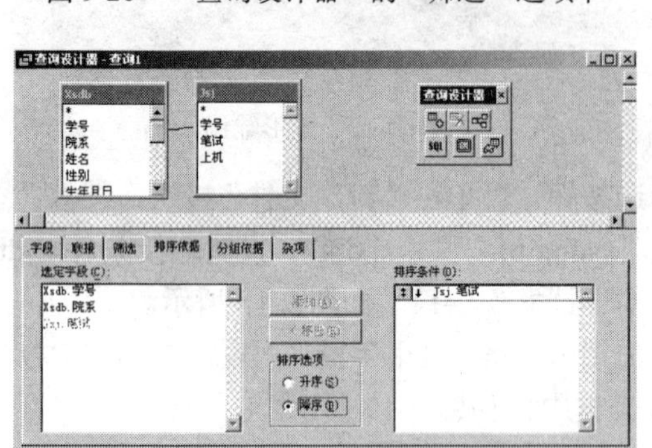

图 9-22 “查询设计器”的“排序依据”选项卡

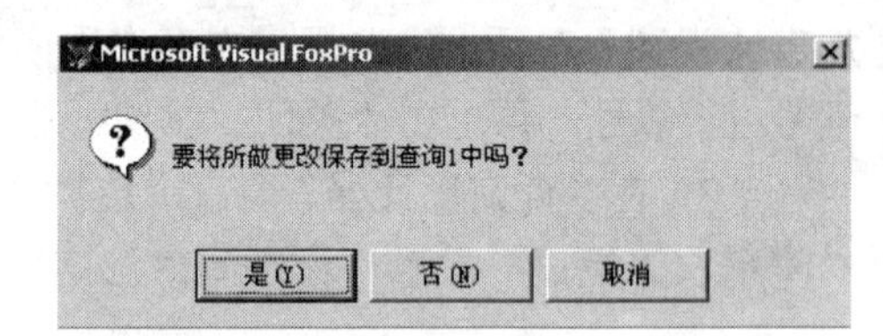

图 9-23 提示框

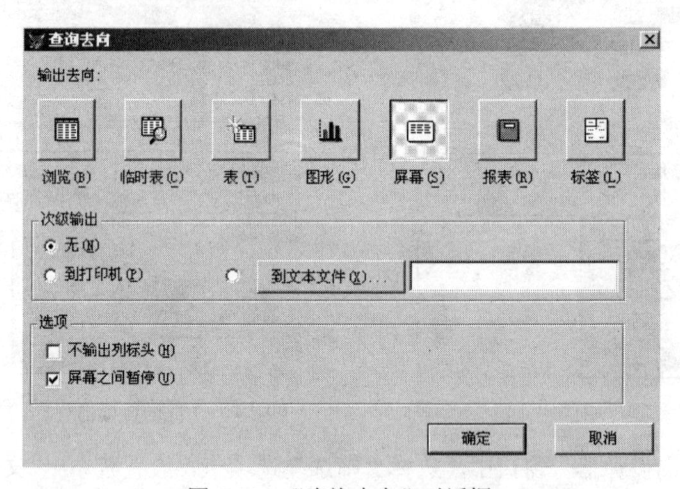

图 9-24 “查询去向”对话框

（10）单击“确定”按钮，选择“查询”→“运行查询”命令，则所定制的查询文件以“屏幕”方式输出，如图 9-25 所示。

4．使用“查询向导”建立查询。打开“成绩管理”数据库，选择“xsdb.DBF”表，使用查询向导建立查询“平均分.QPR”。查询“xsdb.DBF”中“英语”字段大于或等于 85，并且“计算机”字段大于或等于 90 的记录。

操作步骤如下：

（1）选择“文件”→“新建”命令，进入“新建”对话框。

（2）在“新建”对话框中，选中“查询”单选按钮，再单击“向导”按钮，进入“向导选取”对话框，如图 9-26 所示。

学号	院系	笔试
98402008	文学院	49.0
97402001	文学院	48.0
99402019	文学院	46.5
98402019	文学院	42.5
98402006	文学院	42.5
97402015	文学院	42.5
99402009	文学院	42.5

图 9-25　查询结果

（3）在“向导选取”对话框中，选择“查询向导”选项，再单击“确定”按钮，进入“查询向导”的“步骤 1-字段选取”对话框。

（4）先选择数据库成绩管理，再选择数据表 xsdb，将“可用字段”列表框中的“学号”、“院系”、“姓名”、“性别”、“出生年月日”、“英语”、“计算机”、“平均分”、“总分”添加到“选定字段”列表框中，如图 9-27 所示。

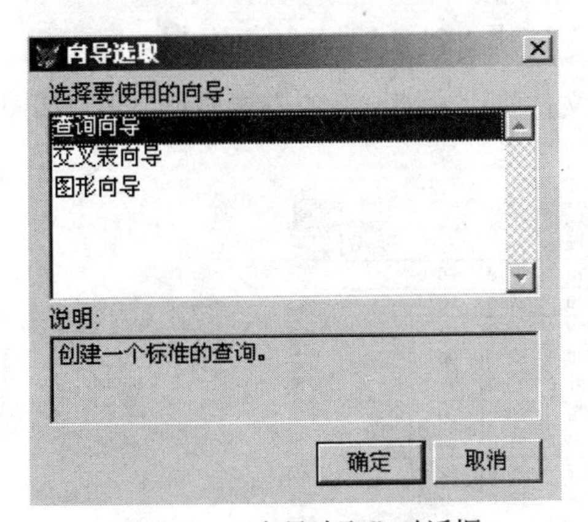

图 9-26　“向导选取”对话框

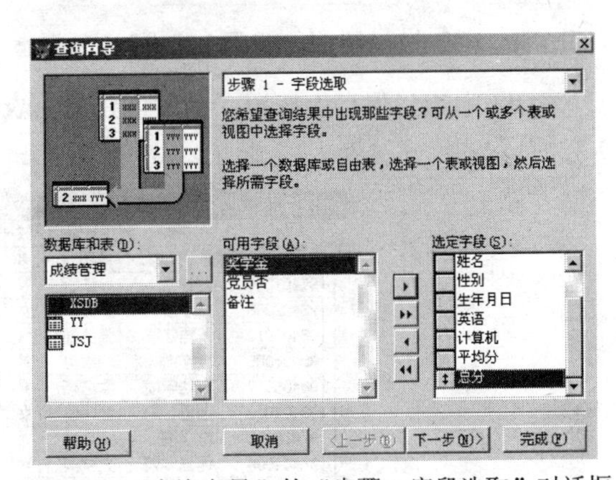

图 9-27　“查询向导”的“步骤 1-字段选取”对话框

（5）单击“下一步”按钮，进入步骤 3，输入查询条件，如图 9-28 所示。

（6）单击“下一步”按钮，进入步骤 4，按学号升序排序记录，如图 9-29 所示。

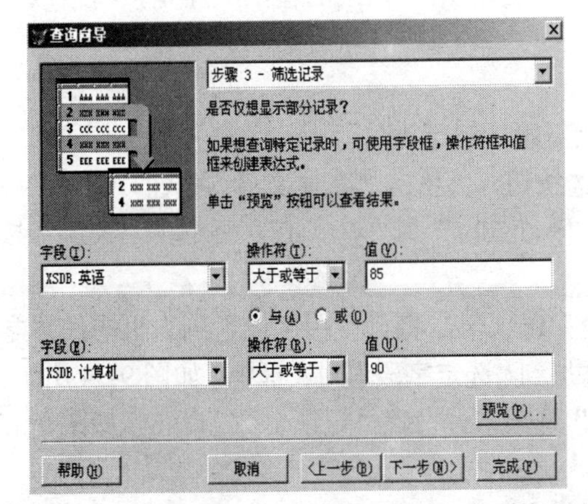

图 9-28　“查询向导”的“步骤 3-筛选记录”对话框

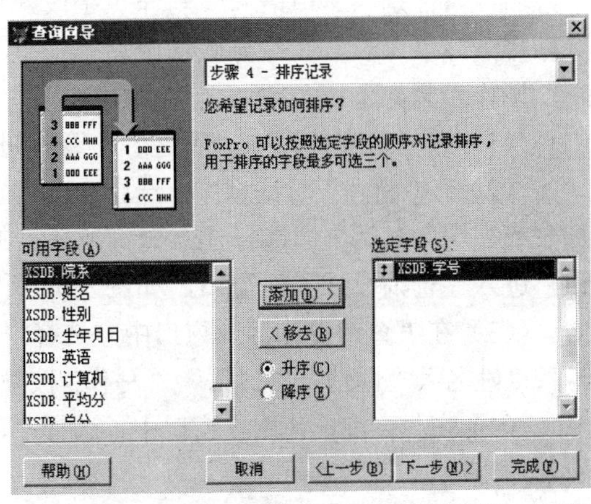

图 9-29　“查询向导”的“步骤 4-排序记录”对话框

（7）单击“下一步”按钮，进入步骤 5，选择“保存并运行查询”单选按钮，如图 9-30 所示。

（8）单击“完成”按钮，进入“另存为”对话框，输入所创建的单表查询文件名“平均分.qpr”，如图 9-31 所示。

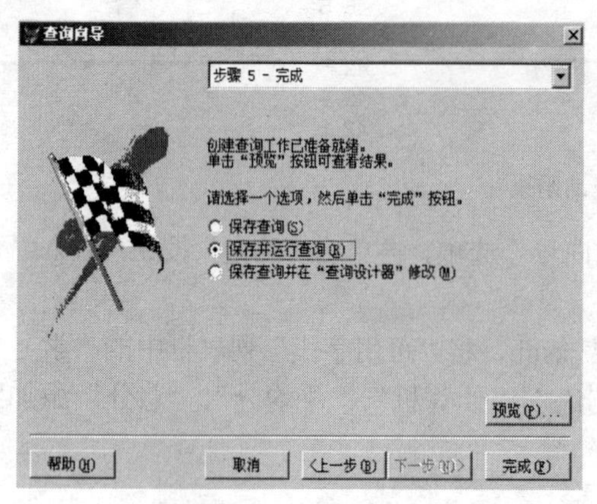

图 9-30 “查询向导”的“步骤 5-完成”对话框

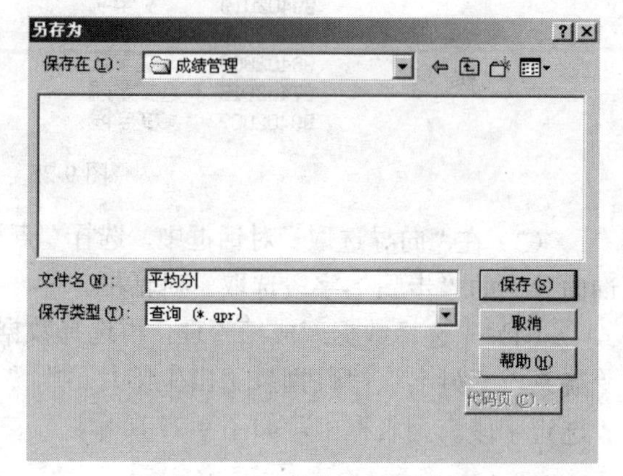

图 9-31 “另存为”对话框

（9）单击“保存”按钮，则所创建的单表查询文件将以“浏览”的方式显示出来，如图 9-32 所示。

预览

学号	院系	姓名	性别	生年月日	英语	计算机	平均分	总
98404002	西语学院	马超	男	12/20/78	87.0	90.0		
97401006	哲学院	孙铁昕	男	06/08/79	87.0	90.0		
98402008	文学院	吴美	女	02/18/78	91.0	91.0		
98405013	东语学院	张健强	男	08/16/80	93.0	90.0		
98401005	哲学院	刘清树	男	10/12/81	93.0	91.0		
98405012	东语学院	孟浩亮	男	02/20/79	95.0	90.0		
98404012	西语学院	孙玲玲	女	12/28/79	91.0	94.0		
97410123	法学院	黄兵兵	男	07/20/77	96.0	92.0		
97404008	西语学院	史秋实	女	09/23/78	96.0	92.0		

图 9-32 预览结果

5. 使用查询设计器建立查询“英语.QPR”。查询“xsdb.DBF”和“yy.DBF”中的“学号”、“姓名”、“性别”、“口语”、“写作”字段，记录个数为 8 个，记录的输出顺序是按口语成绩降序排列。以“表”文件方式输出。

操作步骤如下：

（1）选择“文件”→“新建”命令，进入“新建”对话框。

（2）在“新建”对话框中，选中“查询”单选按钮，再单击“新建文件”按钮，进入“添加表或视图”对话框，选择建立查询所依据的表“xsdb.dbf”和“yy.dbf”，再单击“关闭”按钮，进入“查询设计器”窗口，如图 9-33 所示。

（3）在“查询设计器”窗口中，选择“字段”选项卡，将“可用字段”列表框中的“学号”、“姓名”、“性别”、“口语”、“写作”按顺序添加到“选定字段”列表框中，如图 9-34 所示。

（4）在“查询设计器”窗口中，选择“杂项”选项卡，设置“记录个数”为 8，如图 9-35 所示。

（5）在“查询设计器”窗口中，选择“排序依据”选项卡，设置为按“口语”成绩“降序”排序，如图 9-36 所示。

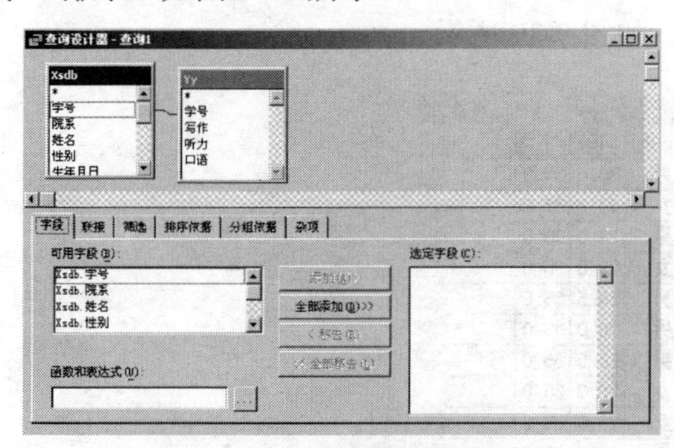

图 9-33　“查询设计器”窗口

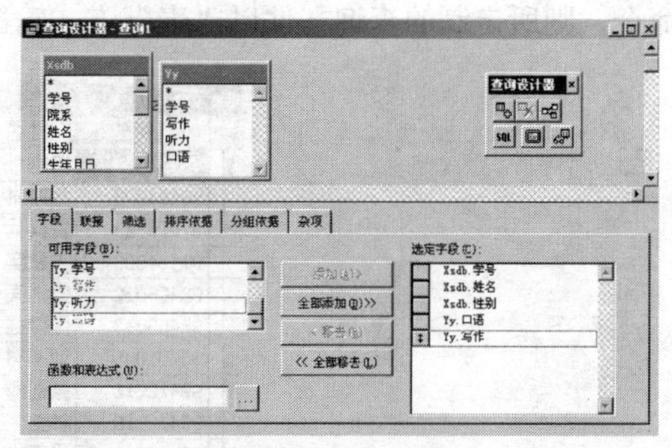

图 9-34　“查询设计器”的“字段”选取选项卡

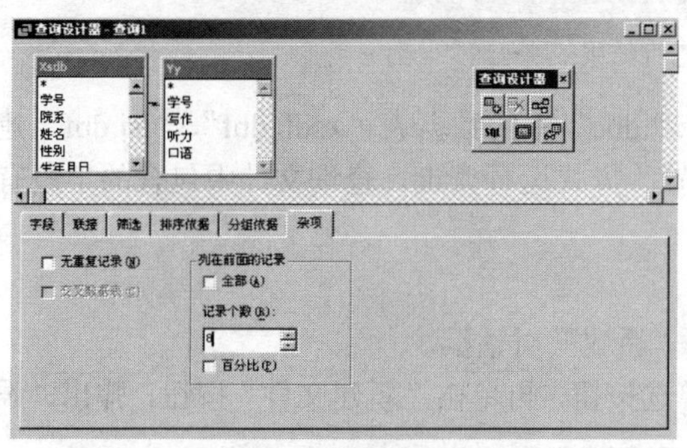

图 9-35　“查询设计器”的“杂项”选项卡

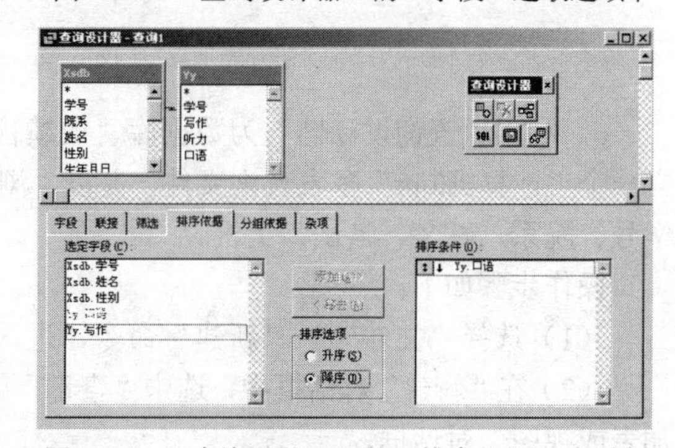

图 9-36　“查询设计器”的“排序依据”选项卡

（6）单击“退出”按钮，则会弹出提示框，如图 9-37 所示。

图 9-37　提示框

（7）在提示框中单击“是”按钮，进入“另存为”对话框，从中输入查询文件名英语.qpr。保存更改文件。

（8）再重新打开查询文件“英语.qpr”，选择“查询”→“查询去向”命令，弹出“查询去向”对话框，单击“表”按钮，如图 9-38 所示。

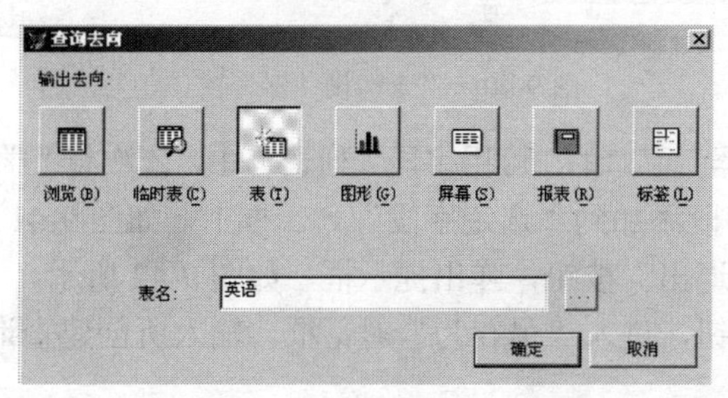

图 9-38　“查询去向”对话框

（9）单击“确定”按钮，选择“查询”→“运行查询”命令，选择“显示”→“浏览”命令，则所定制的查询文件以“表”方式输出，如图 9-39 所示。

英语

学号	姓名	性别	口语	写作
99410268	田秀	男	30.0	37.0
99404008	张琳琳	女	30.0	37.0
97410123	黄兵兵	男	29.0	36.0
97404008	史秋实	女	29.0	36.0
98405012	孟浩亮	男	28.5	35.5
98405013	张健强	男	28.0	35.0
98401005	刘清树	男	28.0	35.0
99412212	张丽娜	女	28.0	35.0
99412215	林兰	女	28.0	35.0
99405011	马英杰	男	28.0	35.0

图 9-39　查询结果

6．利用“查询设计器”为数据库“成绩管理.dbc”中的数据表“xsdb.dbf”、“jsj.dbf”建立一个“计算机.qpr”多表查询文件，并以“浏览”方式运行查询，查询文件中包含的字段有学号、院系、姓名、笔试、上机。

操作步骤如下：

（1）选择“文件”→“新建”命令，进入“新建”对话框。

（2）在“新建”对话框中，选中“查询”单选按钮，再单击“新建文件”按钮，弹出“添加表或视图”对话框。

（3）进入“添加表或视图”对话框，然后选择数据库“成绩管理.dbc”中的 xsdb.dbf 和 jsj.dbf，分别添加再单击“关闭”按钮，再设置连接条件 xsdb.学号=jsj.学号，进入“查询设计器”窗口，如图 9-40 所示。

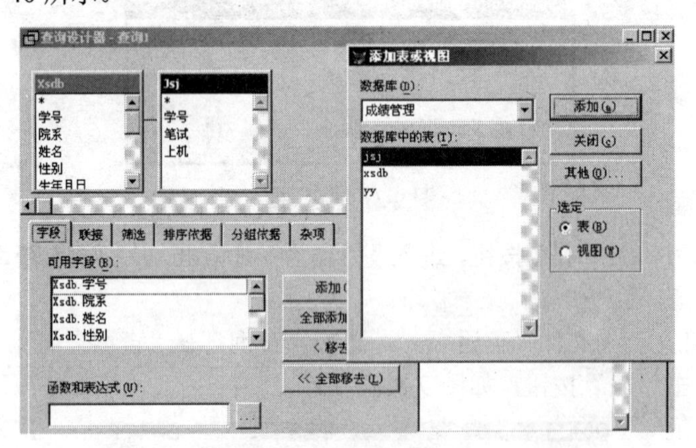

图 9-40　“查询设计器”窗口

（4）在“查询设计器”窗口的“可用字段”列表框中，依次将“学号”、“院系”、“姓名”、“笔试”、“上机”5 个字段添加到“选定字段”列表框中，如图 9-41 所示。

（5）单击窗口的“退出”按钮，弹出提示框，如图 9-42 所示。

（6）单击“是”按钮，进入“另存为”对话框，输入所创建查询的名字“计算机.qpr”，如图 9-43 所示。

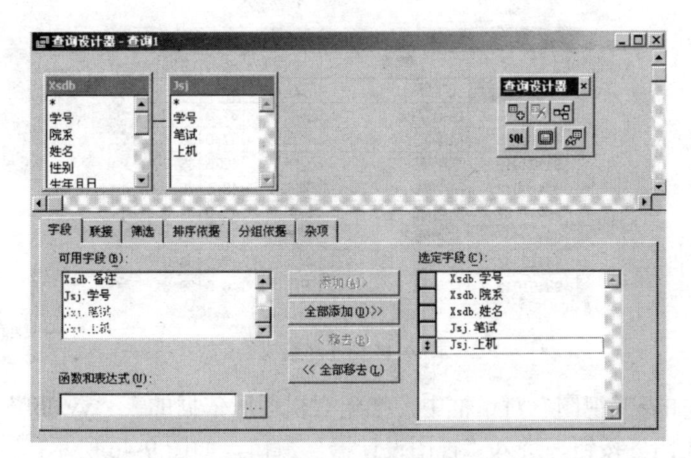

图 9-41　“查询设计器”的“字段”选取选项卡

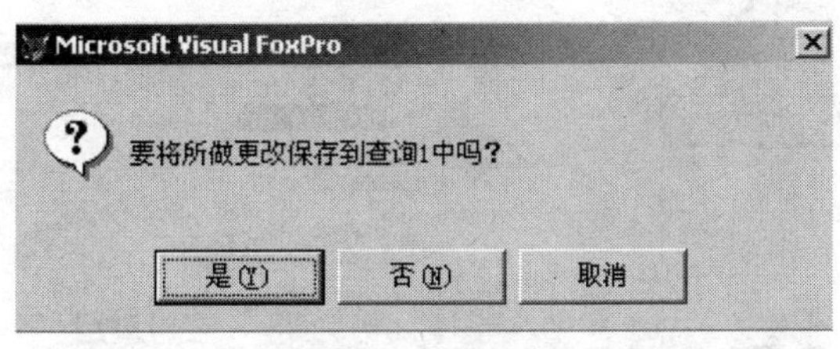

图 9-42　提示框

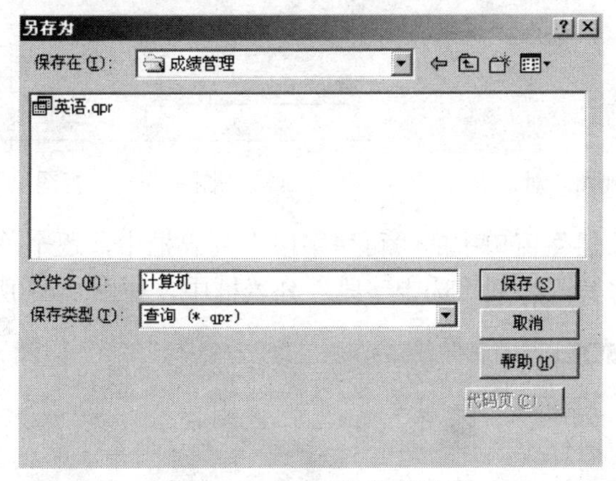

图 9-43　“另存为”对话框

（7）单击“保存”按钮，保存所创建查询文件。

（8）打开查询文件“计算机.qpr”，选择菜单“查询”→“运行查询”命令，则会得到所建查询文件的运行结果，如图 9-44 所示。

7．利用菜单方式创建视图，依据数据库“成绩管理.dbc”建立一个“学生成绩”单表视图（xscjst），视图文件中包含学号、口语、听力、写作 4 个字段。

操作步骤如下：

（1）打开数据库，进入“数据库设计器”窗口。

（2）选择“文件”→“新建”命令，进入“新建”对话框。

（3）在“新建”对话框中，选择“视图”单选按钮，再单击“新建文件”按钮，弹出“添加表或视图”对话框，如图 9-45 所示。

查询

学号	院系	姓名	笔试	上机
98402017	文学院	陈超群	29.5	22.5
98404062	西语学院	曲歌	37.0	30.0
97410025	法学院	刘铁男	37.0	30.0
98402019	文学院	王艳	42.5	35.5
98410012	法学院	李侠	42.5	35.5
98402021	文学院	赵勇	41.0	34.0
98402006	文学院	彭德强	42.5	35.5
98410101	法学院	毕红霞	37.0	30.0
98401012	哲学院	王维国	46.5	39.5

图 9-44　查询结果

（4）在“添加表或视图”对话框中，把建立视图所依据的表“yy.dbf”添加到视图设计器中，再单击“关闭”按钮，进入“视图设计器”窗口，如图 9-46 所示。

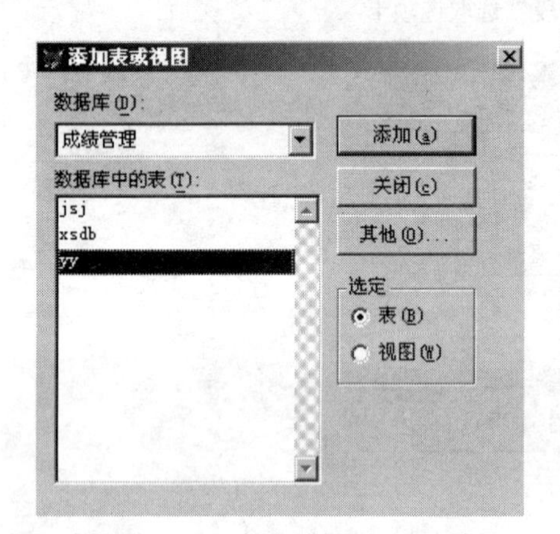

图 9-45　“添加表或视图”对话框

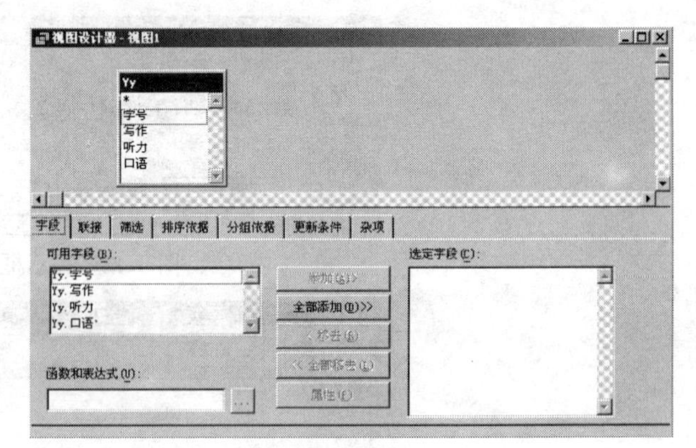

图 9-46　“视图设计器”窗口

（5）在“视图设计器”窗口中的“可用字段”列表框中，逐个单击“学号”、“写作”、“听力”、“口语”，并将其添加到“选定字段”列表框中，如图 9-47 所示。

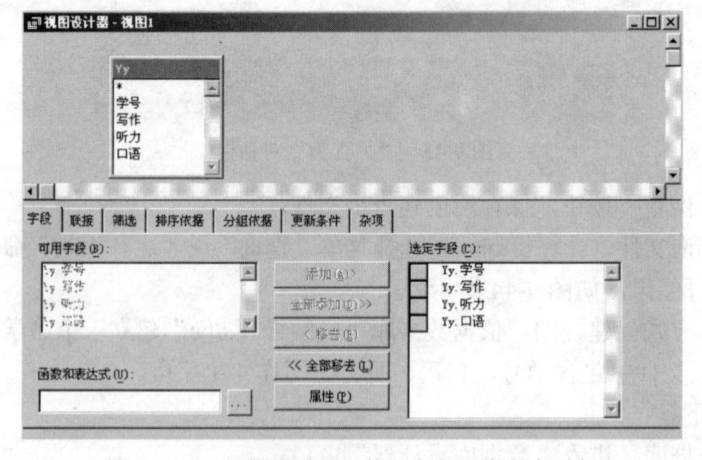

图 9-47　“视图设计器”的“字段”选取选项卡

（6）单击“视图设计器”窗口的“关闭”按钮，弹出视图“保存”对话框，输入创建视图的文件名 xscjst，如图 9-48 所示。

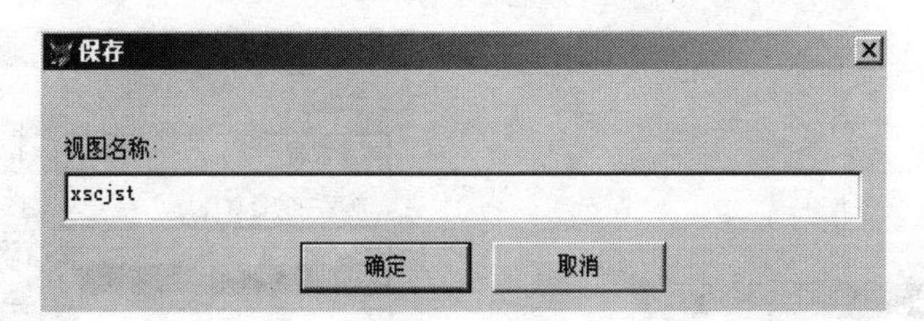

图 9-48　“保存”视图对话框

（7）单击“确定”按钮，则创建的单表视图被存放在打开的数据库中，如图 9-49 所示。

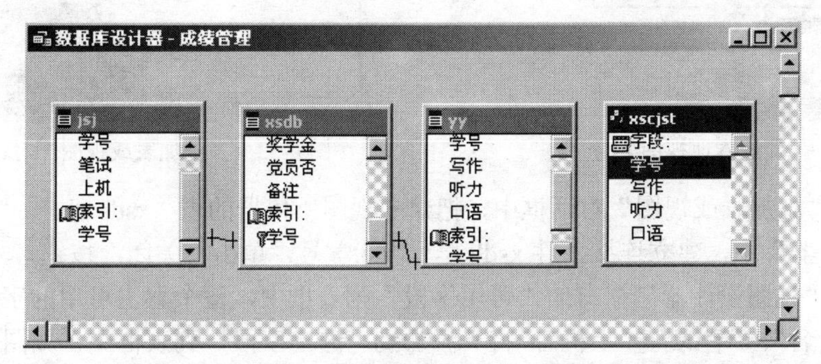

图 9-49　“数据库设计器”窗口

（8）选项“数据库”→“浏览”命令，进入视图“浏览”窗口，如图 9-50 所示。

Xscjst

学号	写作	听力	口语
98402017	20.5	15.0	13.5
98404062	24.0	19.5	17.5
97410025	25.0	20.5	18.5
98402019	21.0	16.5	14.5
98410012	25.0	20.0	18.0
98402021	27.0	22.5	20.5
98402006	27.5	22.0	20.5
98410101	30.5	25.0	23.5
98401012	25.0	20.0	18.0
98404006	26.0	21.5	19.5
98404003	28.0	23.0	21.0

图 9-50　浏览视图结果

8．使用数据库设计器创建视图为数据库“成绩管理.dbc”创建一个“成绩管理”多表视图（cjglst），视图依据的表为“xsdb.dbf”和“jsj.dbf”，视图文件中包含学号、院系、姓名、笔试、上机 5 个字段。

操作步骤如下：

（1）打开数据库文件，进入“数据库设计器”窗口。

（2）选择“数据库”→“新建本地视图”命令，弹出“新建本地视图”对话框，如图 9-51 所示。

（3）在“新建本地视图”对话框中，单击“新建视图”按钮，弹出“视图设计器”窗口，同时弹出“添加表或视图”对话框，如图 9-52 所示。

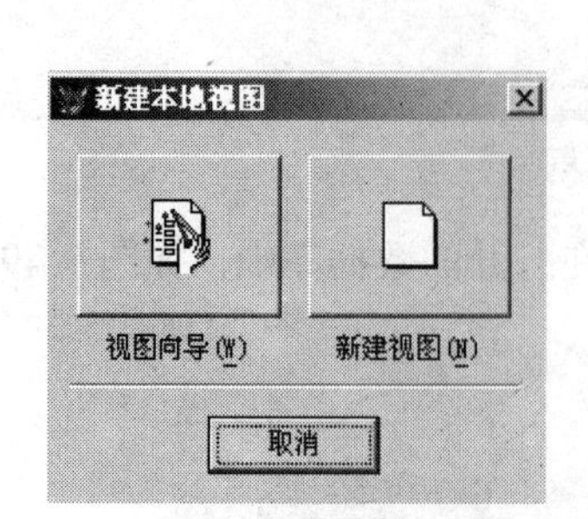

图 9-51 “新建本地视图”对话框

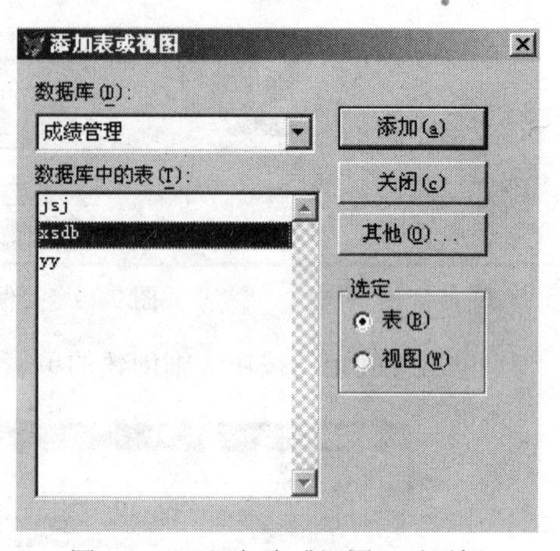

图 9-52 “添加表或视图”对话框

（4）在“添加表或视图”对话框中，把建立视图所依据的表“xsdb.dbf”、“jsj.dbf”添加到“视图设计器”中，建立连接条件 xsdb.学号=jsj.学号，单击“关闭”按钮。

（5）在“视图设计器”窗口的“可用字段”列表框中，逐个双击可用的字段 “学号”、“院系”、“姓名”、“笔试”、“上机”，将其添加到“选定字段”列表框中，如图 9-53 所示。

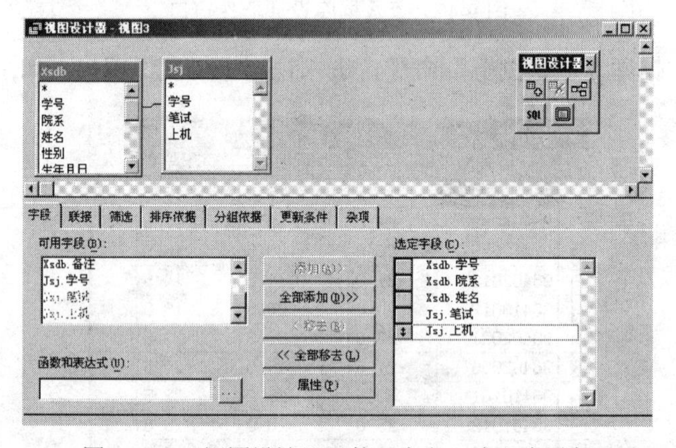

图 9-53 “视图设计器”的“字段”选取选项卡

（6）单击“视图设计器”窗口的“关闭”按钮，弹出提示框。

（7）在提示框中，单击“是”按钮，进入视图“保存”对话框，输入创建视图的文件名 cjglxt，如图 9-54 所示。

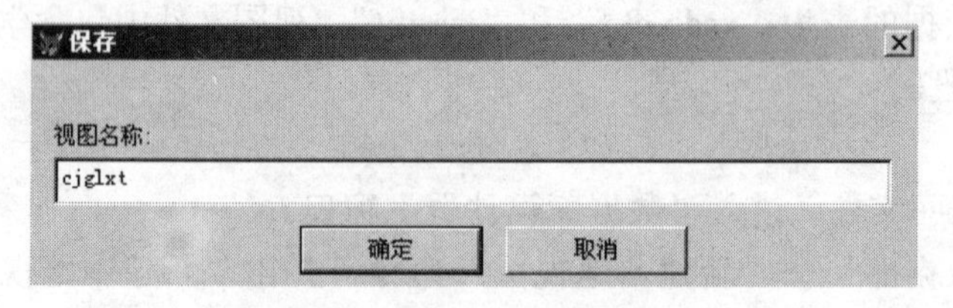

图 9-54 “保存”视图对话框

（8）在“保存”对话框中，单击“确定”按钮，则创建的多表视图被存放在打开的数据库中，如图 9-55 所示。

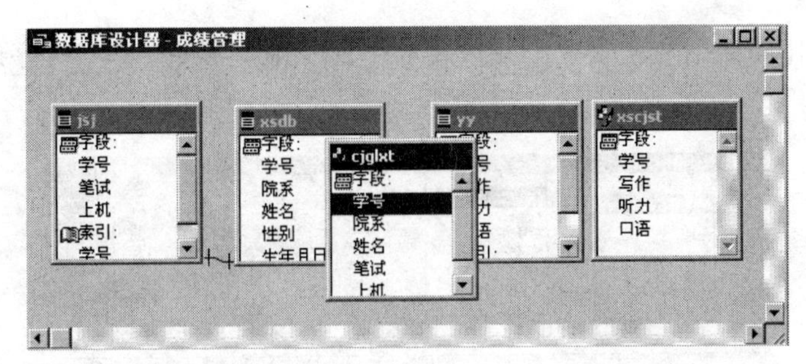

图 9-55　“数据库设计器”对话框

（9）选择“数据库”→“浏览”命令，进入视图“浏览”窗口，如图 9-56 所示。

Cjglxt

学号	院系	姓名	笔试	上机
98402017	文学院	陈超群	60.5	22.5
98404062	西语学院	曲歌	37.0	30.0
97410025	法学院	刘铁男	37.0	30.0
98402019	文学院	王艳	42.5	35.5
98410012	法学院	李侠	42.5	35.5
98402021	文学院	赵勇	41.0	34.0
98402006	文学院	彭德强	42.5	35.5
98410101	法学院	毕红霞	37.0	30.0
98401012	哲学院	王维国	46.5	39.5
98404006	西语学院	刘向阳	60.5	38.5
98404003	西语学院	杨丽娜	46.0	39.0

图 9-56　浏览视图结果

9．定制“成绩管理”视图（cjglst）中字段个数及输出顺序、记录个数及输出顺序。

实验要求：

（1）控制字段个数及输出顺序为学号、院系、姓名、性别、笔试、上机。

（2）记录个数为 5 个，输出顺序按学号降序排列。

操作步骤如下：

（1）打开数据库，进入“数据库设计器”窗口，激活视图 cjglxt。

（2）选择“数据库”→“修改”命令，进入“视图设计器”窗口，选择“字段”选项卡，并在“选定字段”列表框中按照要求添加字段，如图 9-57 所示。

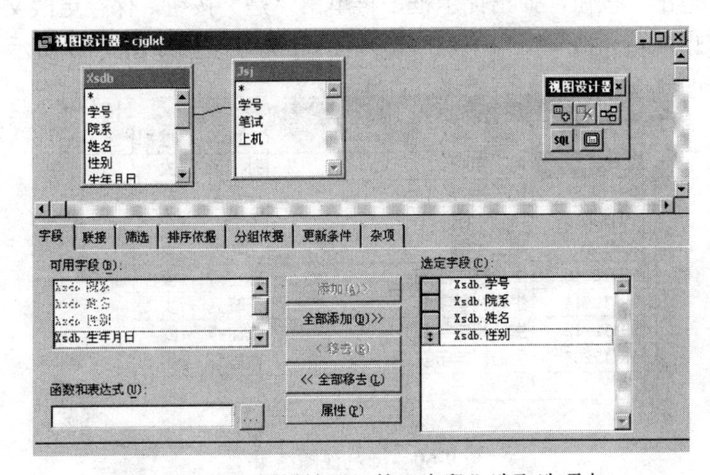

图 9-57　“视图设计器”的“字段”选取选项卡

（3）选择“排序依据”选项卡，并按要求设置“排序条件”和“排序选项”，如图 9-58 所示。

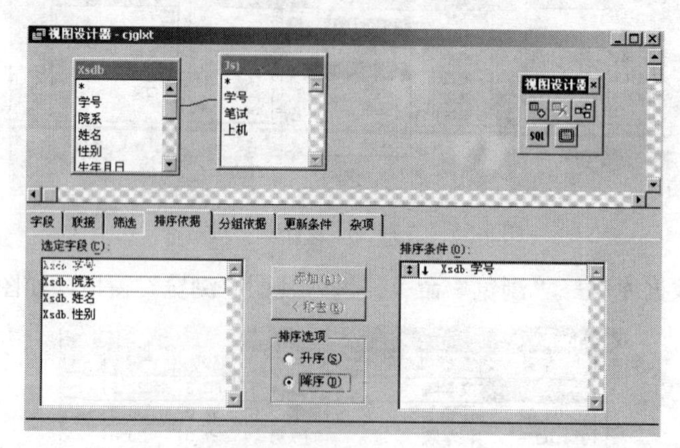

图 9-58　“视图设计器”的“排序依据”选项卡

（4）选择“杂项”选项卡，并按要求设置“记录个数”为 8 个，如图 9-59 所示。

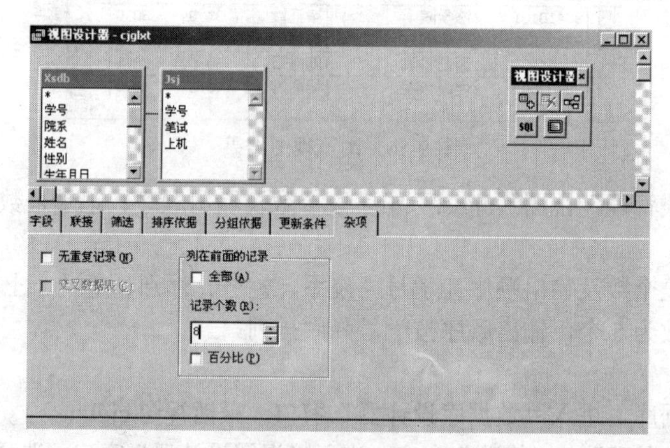

图 9-59　“视图设计器”的“杂项”选项卡

（5）单击“退出”按钮，弹出提示框，再单击“是”按钮，保存更改文件。

（6）在“数据库设计器”窗口中，双击视图 cjglxt，结果如图 9-60 所示。

Cjglxt

学号	院系	姓名	性别
99414025	电工学院	孙红芳	女
99414024	电工学院	徐晶晶	女
99414018	电工学院	于力	男
99414007	电工学院	王颖娜	女
99412215	生命科学学院	林兰	女
99412214	生命科学学院	王晓美	女
99412212	生命科学学院	张丽娜	女
99412208	生命科学学院	谢志坚	男

图 9-60　浏览视图结果

10．使用“视图向导”建立视图。使用“xsdb.DBF”和“yy.DBF”建立“英语”。视图文件中包含学号、院系、姓名、写作、听力 5 个字段，两表之间以“学号”建立关系，筛选出院系=“法学院”，并且“写作”大于 30 的记录，要按“学号”升序排列，记录个数为 8 个。

操作步骤如下：

（1）打开数据库文件，进入“数据库设计器”窗口。

（2）选择“数据库”→“新建本地视图”命令，进入“新建本地视图”对话框，如图 9-61 所示。

（3）在“新建本地视图”对话框中，单击“视图向导”按钮，进入“本地视图向导”对话框，如图 9-62 所示。

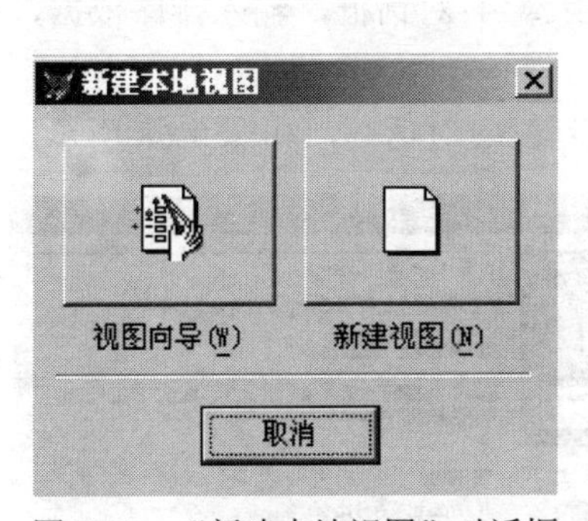

图 9-61　“新建本地视图”对话框

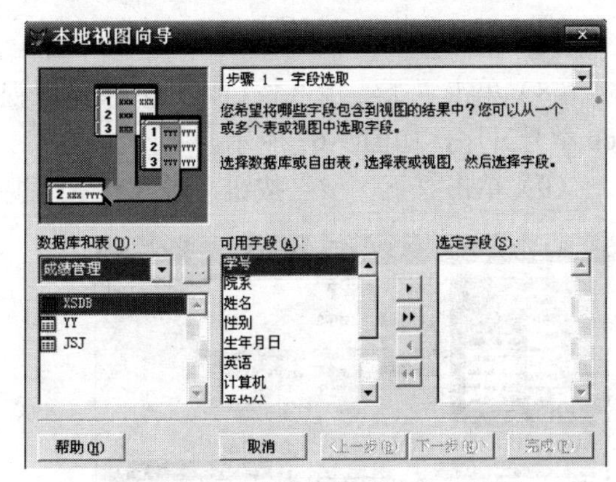

图 9-62　“本地视图向导”对话框

（4）在“本地视图向导”对话框的“可用字段”列表框中，逐个双击可用的字段 “学号”、“院系”、“姓名”、“写作”、“听力”，将其添加到“选定字段”列表框中，如图 9-63 所示。

（5）单击“下一步”按钮，进入“本地视图向导”步骤 2 对话框，添加两个数据表间的关系，如图 9-64 所示。

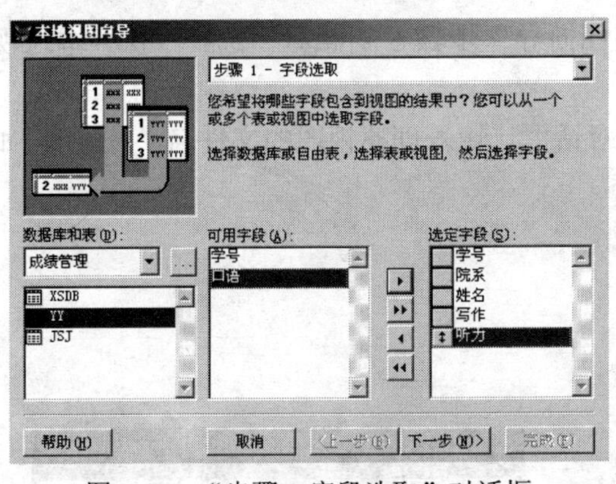

图 9-63　“步骤 1-字段选取”对话框

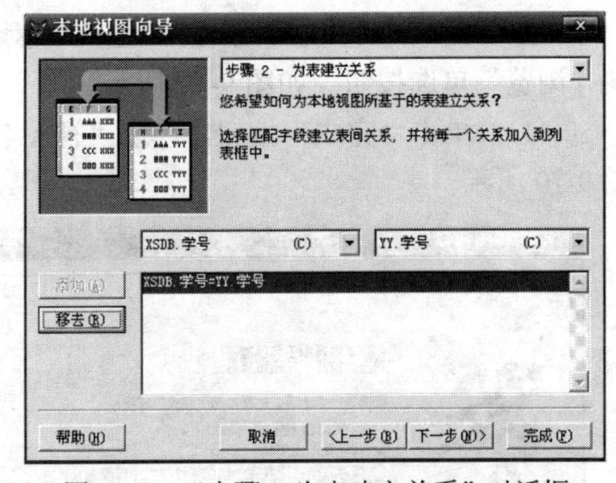

图 9-64　“步骤 2-为表建立关系”对话框

（6）单击“下一步”按钮，进入“本地视图向导”步骤 2a 对话框，选择“仅包含匹配的行”单选按钮，如图 9-65 所示。

（7）单击“下一步”按钮，进入“本地视图向导”步骤 3 对话框，输入筛选条件，如图 9-66 所示。

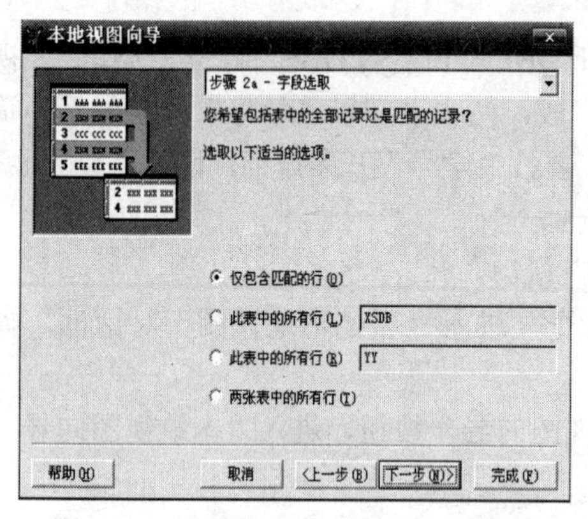

图 9-65　“步骤 2a-字段选取”对话框

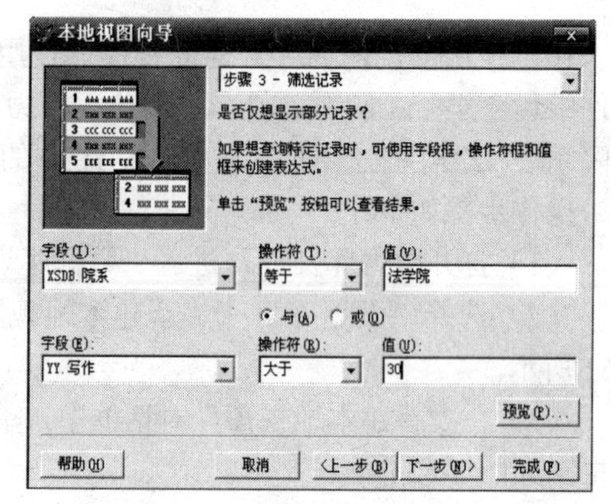

图 9-66　“步骤 3-筛选记录”对话框

（8）单击“下一步”按钮，进入“本地视图向导”步骤 4 对话框，输入排序依据，按 xsdb.学号升序，如图 9-67 所示。

（9）单击“下一步”按钮，进入“本地视图向导”步骤 4a 对话框，如图 9-68 所示。

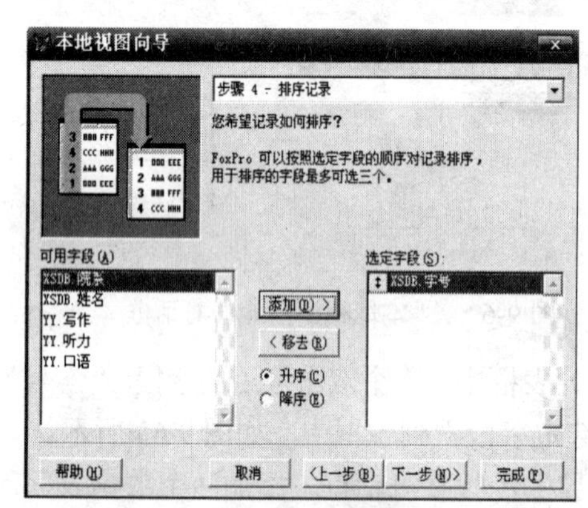

图 9-67　“步骤 4-排序记录”对话框

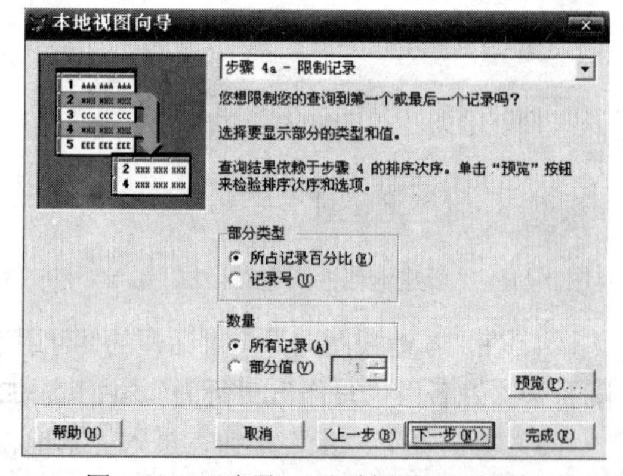

图 9-68　“步骤 4a-限制记录”对话框

（10）单击“下一步”按钮，进入“本地视图向导”步骤 5 对话框，选择“保存本地视图并浏览”单选按钮，如图 9-69 所示。

（11）单击“完成”按钮，弹出“视图名”对话框，输入创建视图的文件名“英语”，如图 9-70 所示。

图 9-69　步骤 5-完成

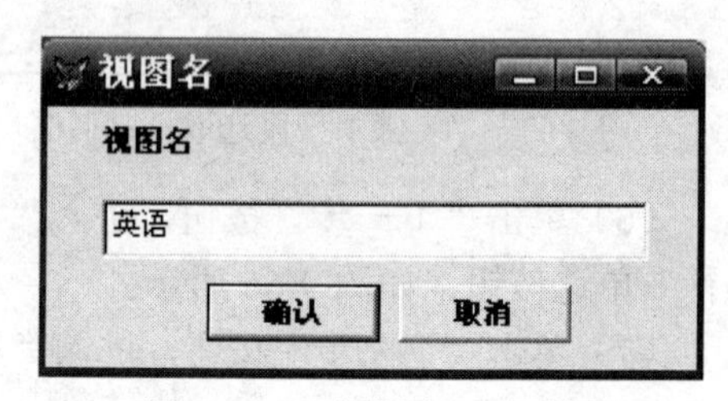

图 9-70　“视图名”对话框

（12）单击“确认”按钮，进入视图浏览窗口，如图 9-71 所示。

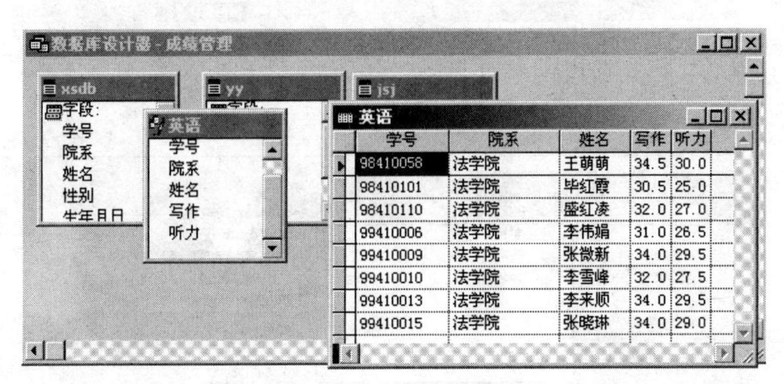

图 9-71　浏览视图结果

11．使用视图向导更新数据，依据数据库“成绩管理.dbc”中的“英语”视图，更新表“xsdb.dbf”中“院系”字段中的数据，将“法学院”更新为“法学学院”。

操作步骤如下：

（1）打开数据库，进入“数据库设计器”窗口，激活视图英语，如图 9-72 所示。

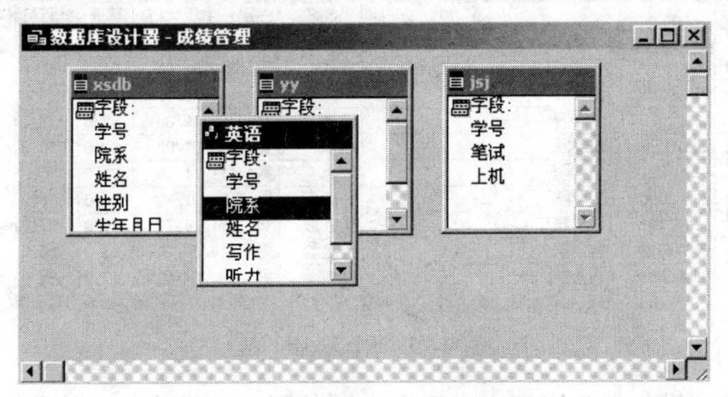

图 9-72　“数据库设计器”窗口

（2）选择“数据库”→“修改”命令，进入“视图设计器”窗口，如图 9-73 所示。

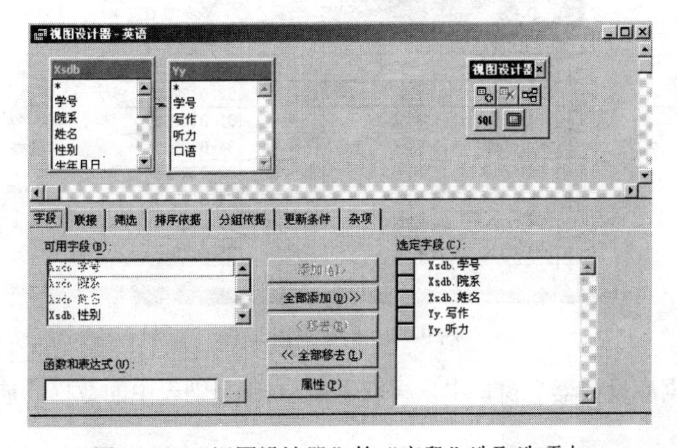

图 9-73　“视图设计器”的“字段”选取选项卡

（3）选择“更新条件”选项卡，设置更新条件，如图 9-74 所示。

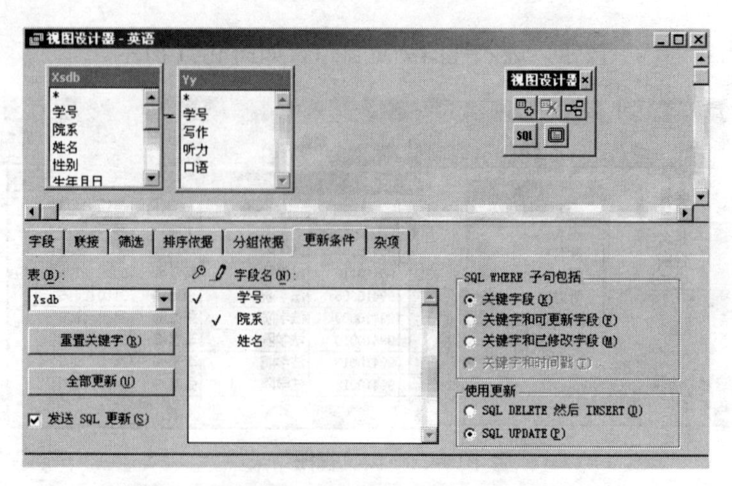

图 9-74　“视图设计器”的“更新条件”选项卡

（4）单击“退出”按钮，结束更新条件的设置。

（5）在“数据库设计器”窗口中，双击表 xsdb，如图 9-75 所示。

Xsdb

学号	院系	姓名	性别	生年月日	英语	计算机
98402017	文学院	陈超群	男	12/18/79	49.0	52.0
98404062	西语学院	曲歌	男	10/01/80	61.0	67.0
97410025	法学院	刘铁男	男	12/10/78	64.0	67.0
98402019	文学院	王艳	女	01/19/80	52.0	78.0
98410012	法学院	李侠	女	07/07/80	63.0	78.0
98402021	文学院	赵勇	男	11/11/79	70.0	75.0
98402006	文学院	彭德强	男	09/01/79	70.0	78.0
98410101	法学院	毕红霞	女	11/16/79	79.0	67.0
98401012	哲学院	王維国	男	10/26/79	63.0	86.0
98404006	西语学院	刘向阳	男	02/04/80	67.0	84.0

图 9-75　浏览 xsdb 表

（6）在“数据库设计器”窗口中，双击视图英语，并修改其“院系”字段值，将所有的“法学院”均改为“法学学院”，如图 9-76 所示。

英语

学号	院系	姓名	写作	听力
98410101	法学学院	毕红霞	30.5	25.0
98410110	法学学院	盛红凌	32.0	27.0
99410006	法学院	李伟娟	31.0	26.5
99410009	法学院	张微新	34.0	29.5
99410010	法学院	李雪峰	32.0	27.5
99410013	法学院	李来顺	34.0	29.5
99410015	法学院	张晓琳	34.0	29.0
99410034	法学院	常红	31.0	26.0

图 9-76　浏览视图结果

（7）在“数据库设计器”窗口中，再双击表 xsdb，则表中的数据已被更新，如图 9-77 所示。

12．在“学生管理”数据库中，建立一个名称为 VIEW1 的视图，查询每个学生的学号、姓名、性别、出生日期、院系、成绩。

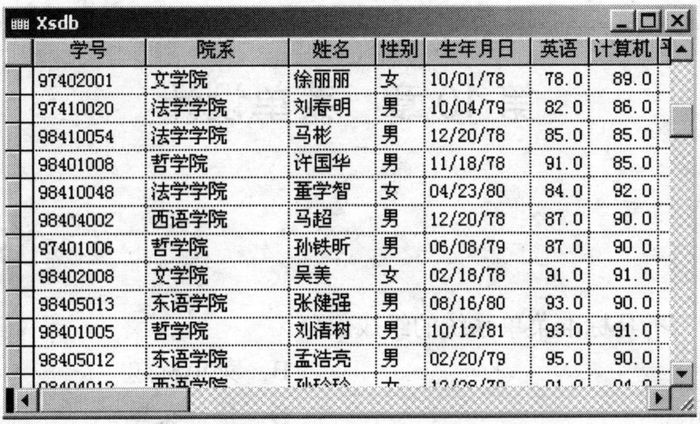

Xsdb

学号	院系	姓名	性别	生年月日	英语	计算机
97402001	文学院	徐丽丽	女	10/01/78	78.0	89.0
97410020	法学学院	刘春明	男	10/04/79	82.0	86.0
98410054	法学学院	马彬	男	12/20/78	85.0	85.0
98401008	哲学院	许国华	男	11/18/78	91.0	85.0
98410048	法学学院	董学智	女	04/23/80	84.0	92.0
98404002	西语学院	马超	男	12/20/78	87.0	90.0
97401006	哲学院	孙铁昕	男	06/08/79	87.0	90.0
98402008	文学院	吴美	女	02/18/78	91.0	91.0
98405013	东语学院	张健强	男	08/16/80	93.0	90.0
98401005	哲学院	刘清树	男	10/12/81	93.0	91.0
98405012	东语学院	孟浩亮	男	02/20/79	95.0	90.0

图 9-77　浏览 xsdb 表

操作步骤如下：

方法一：

（1）打开数据库“学生管理”

OPEN DATABASE 学生管理

（2）选择“工具”→向导”→“查询”命令，弹出“向导选取”对话框。

（3）在“向导选取”对话框中，选择“本地视图向导”单选按钮，单击“确定”按钮，弹出“本地视图向导”对话框。

（4）在“本地视图向导”对话框的“步骤 1-字段选取”中，首先选取表“student”，在“数据库和表”列表框中选择表“student”，接着在“可用字段”列表框中显示表“student”的所有字段名，选定指定的字段名添加到“选定字段”列表框中；选择表“score”，接着在“可用字段”列表框中显示表“score”的所有字段名，并选定指定的字段名添加到“选定字段”列表框中，单击“下一步”按钮。

（5）在“本地视图向导”对话框的“步骤 2-为表建立关系”中，单击“添加”按钮，再单击“完成”按钮。

（6）在“本地视图向导”对话框的“步骤 5-完成”中，单击“完成”按钮。

（7）在“视图名”对话框中，输入视图名“view1”，再单击“确认”按钮。

方法二：

在“项目管理器”中选择“学生管理数据库”，选择“本地视图”，并单击“新建”按钮。通过“视图设计器”完成操作。

第 10 章　菜单设计

10.1　选择题

1．以下（　）不是标准菜单系统的组成部分。

A．菜单栏　　B．菜单标题

C．菜单项　　D．快捷菜单

【答案】D

2．用户可以在“菜单设计器”窗口右侧的（　）列表框中查看菜单项所属的级别。

A．菜单级　　B．预览

C．菜单项　　D．插入

【答案】A

3．使用“菜单设计器”时，选中菜单项后，如果要设计它的子菜单，应在“结果”中选择（　）。

A．命令　　B．子菜单

C．填充名称　　D．过程

【答案】B

4．用 CREATE MENU TEST 命令进入“菜单设计器”窗口建立菜单时，存盘后将会在磁盘上出现（　）。

A．TEST.MPR 和 TEST.MNT　　B．TEST.MNX 和 TEST.MNT

C．TEST.MPX 和 TEST.MPR　　D．TEST.MNX 和 TEST.MPR

【答案】B

5．在 Visual FoxPro 主窗口中打开“菜单设计器”窗口后，增加的系统菜单项是（　）。

A．菜单　　B．屏幕　　C．浏览　　D．数据库

【答案】A

6．在 Visual FoxPro 6.0 系统中，可以通过（　）命令退出系统菜单。

A．SET SYSMENU NOSAVE　　B．SET SYSMENU ON

C．SET SYSMENU TO DEFAULT　　D．SET SYSMENU TO

【答案】C

7．创建一个菜单，可以在命令窗口中输入（　）命令。

A．CREATE MENU　　B．OPEN MENU

C．LIST MENU　　D．CLOSE MENU

【答案】A

8．在定义菜单时，若要编写相应功能的一段程序，则在结果项中选择（　）。

A．命令　　B．子菜单

C．填充名称　　D．过程

【答案】D

9．在定义菜单时，若按文件名调用已有的程序，则在菜单项结果项中选择（　　）。

A．填充名称　　B．命令
C．过程　　D．子菜单

【答案】B

10．如果菜单项的名称为“统计”，热键是 T，在菜单名称一栏中应输入（　　）。

A．统计(\<)　　B．统计(Ctrl+T)
C．统计(Alt+T)　　D．统计(T)

【答案】A

11．在 Visual FoxPro 中，菜单程序文件的默认扩展名是（　　）。

A．mnx　　B．mnt　　C．mpr　　D．prg

【答案】C

12．在 Visual FoxPro 中可以用 DO 命令执行的文件不包括（　　）。

A．PRG 文件　　B．MPR 文件
C．FRX 文件　　D．QPR 文件

【答案】C

13．以下是与设置系统菜单有关的命令，其中错误的是（　　）。

A．SET SYSMENU DEFAULT　　B．SET SYSMENU TO DEFAULT
C．SET SYSMENU NOSAVE　　D．SET SYSMENU SAVE

【答案】A

14．在 Visual FoxPro 中，要运行菜单文件 menul.mpr，可以使用（　　）命令。

A．DO menul　　B．DO menul.mpr
C．DO MENU menul　　D．RUN menul

【答案】B

15．扩展名为 mnx 的文件是（　　）。

A．备注文件　　B．项目文件
C．表单文件　　D．菜单文件

【答案】D

10.2　填空题

1．在利用“菜单设计器”设计菜单时，当某菜单项对应的任务需要由多条命令才能完成时，应利用________选项添加多条命令。

【答案】过程

2．在“菜单设计器”窗口中，要为菜单项定义快捷键，可利用________对话框。

【答案】提示选项

3．可运行的菜单文件（菜单程序）的扩展名是________。

【答案】MPR

4．快捷菜单一般是由一个或一组具有上下级关系的________组成。

【答案】弹出菜单

5．菜单系统是由菜单栏、________、菜单和菜单项组成。

【答案】菜单标题

6．要将一个弹出式菜单作为某个控件的快捷菜单，通常是在该控件的________事件代码中添加调用弹出式菜单程序的命令。

【答案】RIGHTCLICK

7．弹出式菜单可以分组，插入分组线的方法是在“菜单名称”项中输入________两个字符。

【答案】\-

10.3 上机操作题

1．利用菜单设计器设计菜单。设计一个具有如图 10-1 所示功能模块的“学生成绩管理系统”菜单。

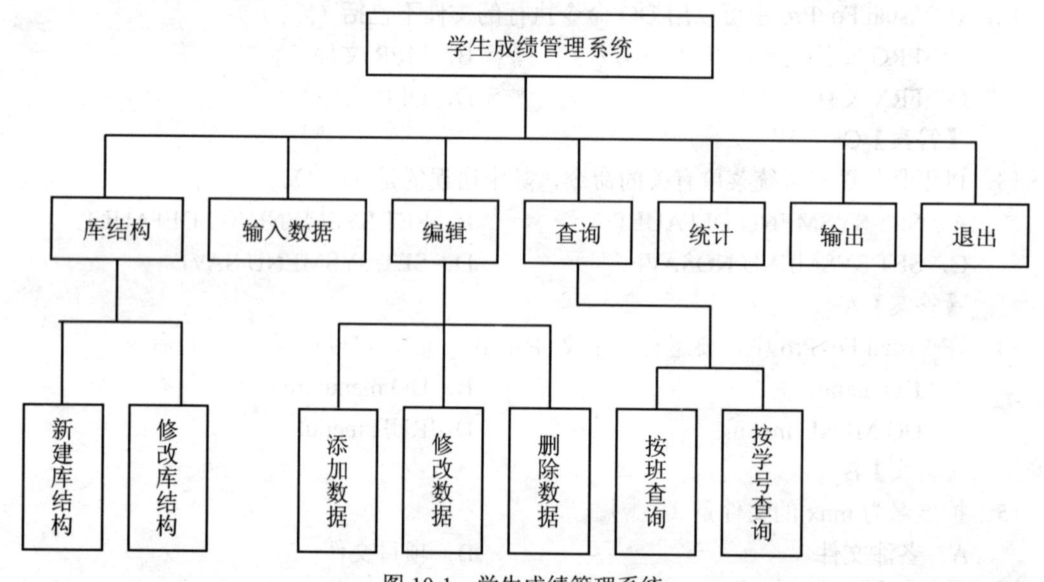

图 10-1 学生成绩管理系统

给每一个菜单项定义一个快捷键，如表 10-1 所示。

表 10-1 学生成绩管理系统菜单快捷键

菜单名称	快捷键	菜单名称	快捷键	菜单名称	快捷键
库结构	Alt+J	输出	Alt+O	修改数据	Ctrl+U
输入数据	Alt+R	退出	Alt+X	删除数据	Ctrl+D
编辑	Alt+E	新建库结构	Ctrl+N	按班查询	Ctrl+B
查询	Alt+C	修改库结构	Ctrl+M	按学号查询	Ctrl+H
统计	Alt+T	添加数据	Ctrl+A		

操作步骤如下：

（1）选择菜单“文件”→“新建”命令，弹出“新建”对话框。

（2）在“新建”对话框中，选中“菜单”单选按钮，再单击“新建文件”按钮，进入“新建菜单”对话框。

（3）在“新建菜单”对话框中，选择“菜单”，进入“菜单设计器”窗口。

（4）在“菜单设计器”窗口中，定义主菜单中各菜单选项名。

（5）在“菜单设计器”窗口中，选择主菜单项“库结构”，再选择“创建”，进入“菜单设计器”子菜单设计窗口，定义子菜单选项名，同时确定各菜单选项的任务。

（6）依次创建其余子菜单，并确定其任务，如图 10-2 所示。

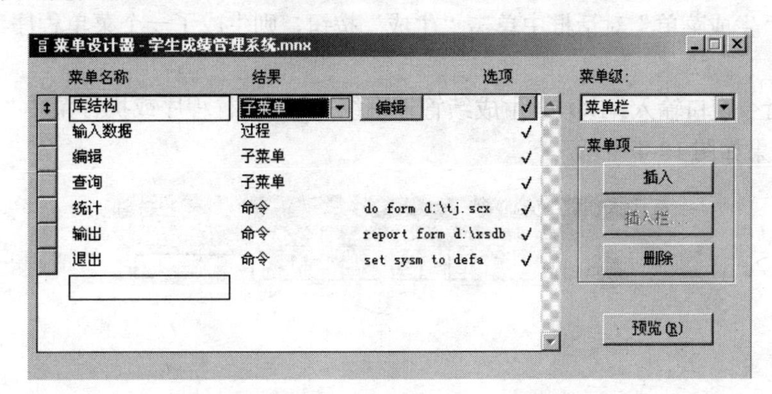

图 10-2　“学生成绩管理系统”菜单设计器

在“输入数据”菜单下“过程”结果中输入命令：

```
use xsdb.dbf
append
```

在“统计”菜单下命令结果中输入：

```
do form tj.scx
```

在“输出”菜单下命令结果中输入：

```
report form xsdb.dbf to print
```

在“退出”菜单指定命令：

```
set sysmenu to default
```

在“库结构”菜单下有两条命令：新建库结构（CREATE xsdb.DBF）、修改库结构（MODIFY STRUCTURE），当选择执行“新建库结构”命令时，可以为其指定要执行的命令或程序，如图 10-3 所示。

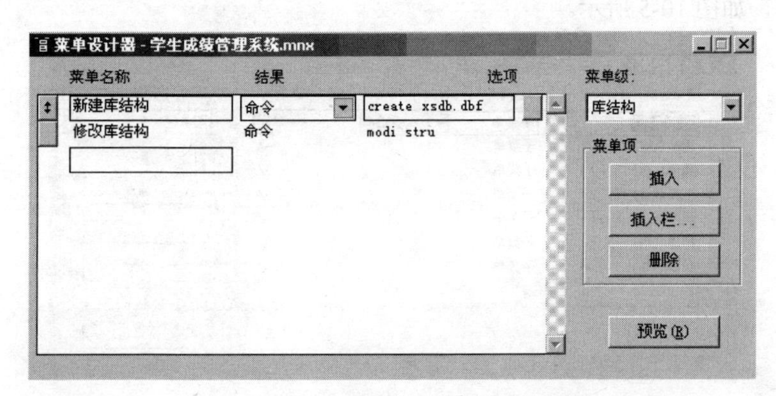

图 10-3　“库结构”子菜单设计器

在编辑和查询子菜单中进行指定要执行的命令或程序设置。

（7）保存菜单“学生成绩管理系统.mnx”。

2．将“学生成绩管理系统.mnx”菜单文件生成菜单程序，并运行程序，菜单程序文件名为“学生成绩管理系统.mpr”。

操作步骤如下：

（1）打开菜单文件“学生成绩管理系统.mnx”，进入“菜单设计器”窗口。

（2）选择“菜单”→“生成”命令，进入“生成菜单”对话框。

（3）在“生成菜单”对话框中单击“生成”按钮，则生成了一个菜单程序“学生成绩管理系统.mpr”。

（4）在命令窗口输入：DO 学生成绩管理系统.mpr，运行程序或执行菜单“程序”→“运行”命令，结果如图 10-4 所示。

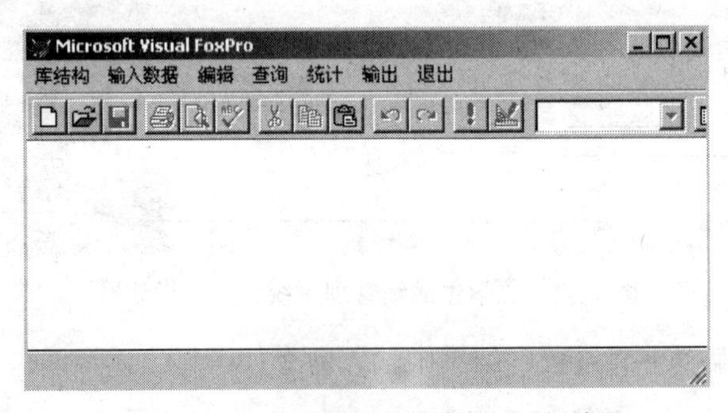

图 10-4 “学生成绩管理系统”运行结果

3．创建快速菜单，了解各菜单项所完成的功能，及完成这些功能所对应的操作命令和快捷键。

（1）选择“文件”→“新建”命令，进入“新建”对话框。

（2）在“新建”对话框中，选中“菜单”单选按钮，再单击“新建文件”按钮，进入“新建菜单”对话框。

（3）在“新建菜单”对话框中，单击“菜单”按钮，进入“菜单设计器”窗口。或在“学生成绩管理”项目管理器窗口“其他”选项卡中，选择“菜单”项，新建菜单。

（4）在菜单设计器窗口下，选择“菜单”→“快速菜单”命令，系统自动创建一个含有系统项的菜单，如图 10-5 所示。

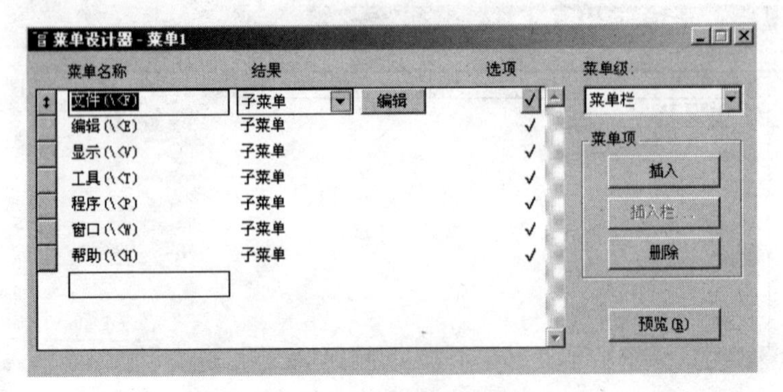

图 10-5 快速菜单选项

（5）选择菜单中的某一项，如“文件”，单击“编辑”按钮，在菜单级“_mfile”中显示出它所包含的菜单项和对应的操作命令，如图 10-6 所示。用户应记住一些常用菜单项命令。

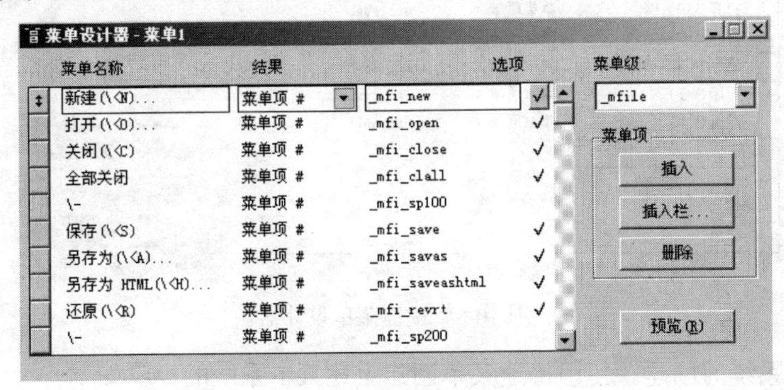

图 10-6　文件菜单项对应的操作命令

（6）在菜单项的“选项”栏中，有“√”标记的表示有快捷方式。单击“√”按钮，显示对应的选项。例如，“新建”选项对应的快捷方式如图 10-7 所示。

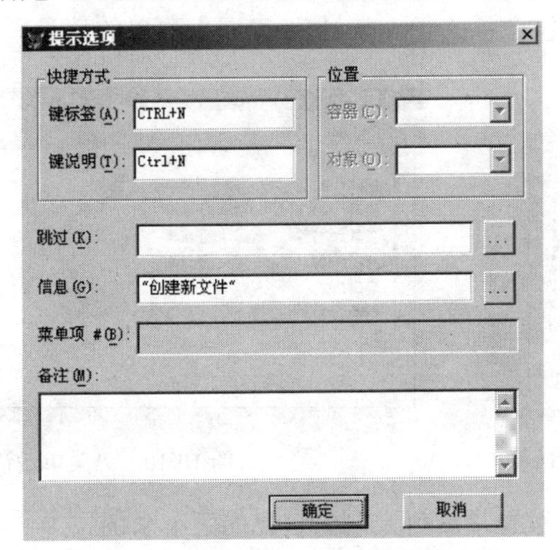

图 10-7　“新建”选项对应的快捷方式

（7）保存所创建的快捷菜单。

4．快捷菜单的设计。在 Visual FoxPro 中，当在某一控件或对象上单击鼠标右键时，就会弹出快捷菜单，以便对该对象进行快速操作。

（1）菜单系统的设计。设计一个包含有“新建”、“打开”、“保存”、“另存为”、“打印”、“退出”6 个菜单项的快捷菜单，如图 10-8 所示。

操作步骤如下：

1）选择“文件”→“新建”命令，进入“新建”对话框。

2）在“新建”对话框，选中“菜单”单选按钮，再单击“新建文件”按钮，进入“新菜单”对话框。

3）在“新菜单”对话框，选择“菜单”，进入“菜单设计器”窗口。

4）在“菜单设计器”窗口，定义主菜单中各菜单选项名。

5）保存菜单文件。

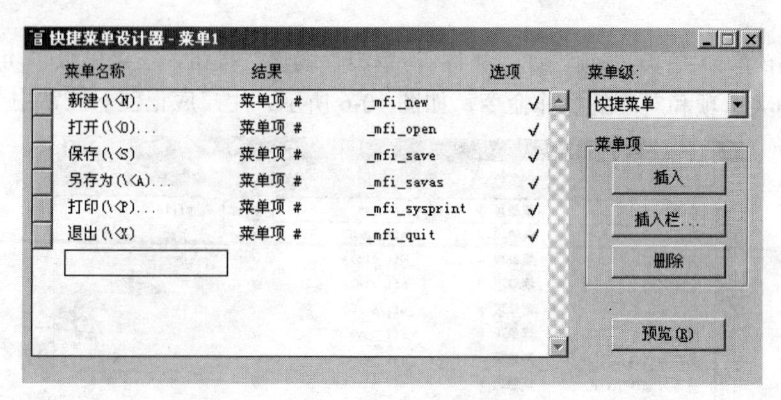

图 10-8　快捷菜单设计器

（2）菜单系统的创建。使用快速菜单创建上述菜单系统的步骤如下。

1）从“项目管理器”中选择“其他”选项卡，再选择“菜单”，然后单击“新建”按钮，弹出如图 10-9 所示的“新建菜单”对话框。

2）单击“菜单”按钮，出现“菜单设计器”窗口。执行“菜单”→“快速菜单”命令，这时，“菜单设计器”中包含了关于 Visual FoxPro 主菜单的信息，如图 10-10 所示。

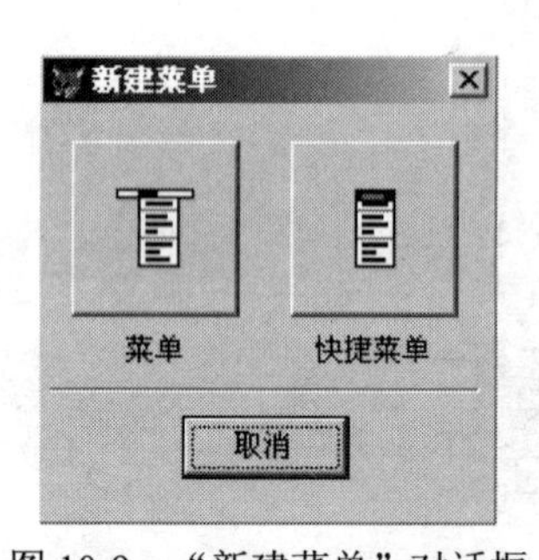

图 10-9　“新建菜单”对话框

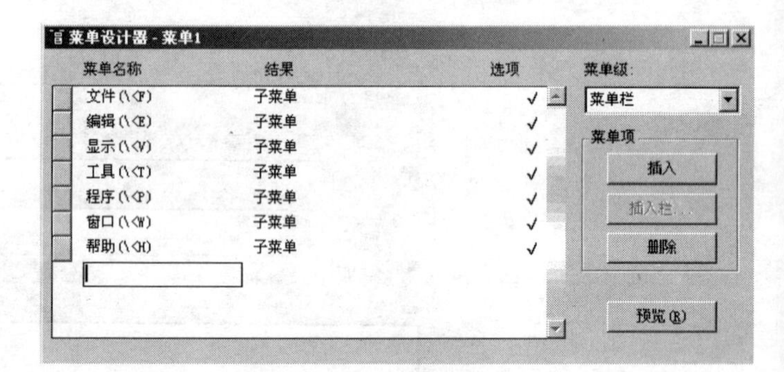

图 10-10　“菜单设计器”窗口

用户通过添加或更改菜单项就可定制出自己的菜单系统。

5．使用菜单设计器，创建一个如表 10-2 所示的菜单。

表 10-2　主菜单及其子菜单和菜单项

主菜单	菜单项	子菜单
文件	新建、打开、关闭	
编辑	学生单表、计算机表	
运行	查询、表单、报表	
工具	工具栏	系统工具栏
	向导	报表、表单、查询
退出	退出	

操作步骤如下：

（1）创建主菜单。新建菜单，在菜单设计器窗口的“菜单名称”栏中分别输入主菜单中的各个菜单标题：文件、编辑、运行、工具和退出，并分别给这5个菜单标题加上访问键字母：F、E、R、T和Q，如图10-11所示。

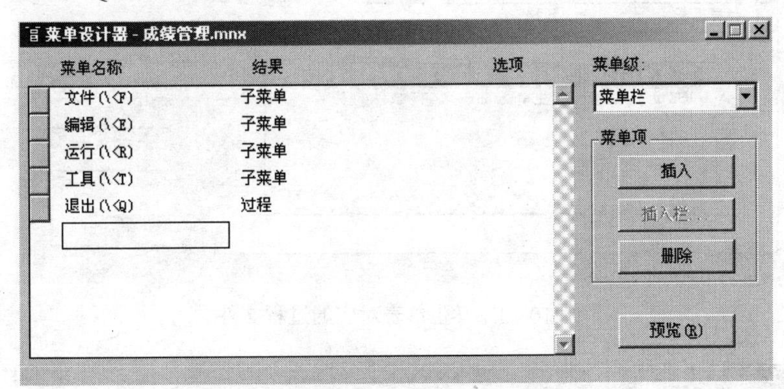

图10-11　创建主菜单

（2）创建菜单项。

1）在主菜单“文件”下创建3个菜单项：新建、打开和关闭。

2）在主菜单“编辑”下创建两个菜单项：学生单表和计算机表。

3）在主菜单“运行”下创建3个菜单项：查询、表单和报表。

4）在主菜单“工具”下创建两个菜单项：工具栏和向导。

5）在主菜单“退出”下创建一个菜单项：退出。

（3）定义菜单项功能。

1）主菜单“文件”下的3个菜单项：新建、打开和关闭，对应的操作分别是_mfi_new、_mfi_open、_mfi_close，也可以通过添加系统菜单项来完成该功能，如图10-12所示。

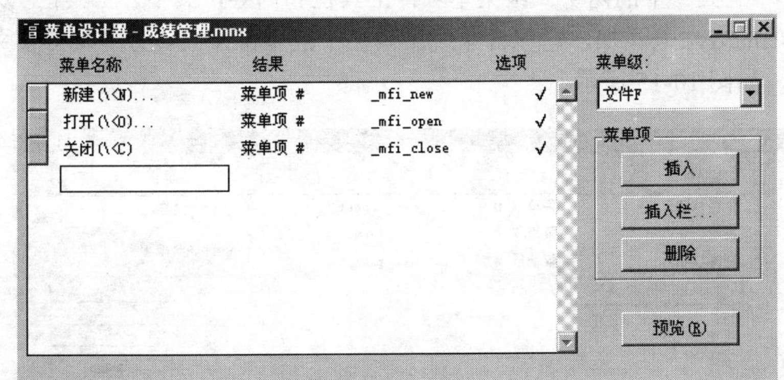

图10-12　创建菜单项

2）主菜单“编辑”下的两个菜单项：学生单表对应的过程文件内容如图10-13所示，计算机表对应的过程文件内容类似。

3）主菜单“运行”下的3个菜单项查询、表单和报表对应的命令分别是：

```
DO d:\学生管理\学生单表查询.qpr
DO FORM d:\学生管理\表单.scx
REPORT FORM d:\图书\报表.FRX
```

如图10-14所示。

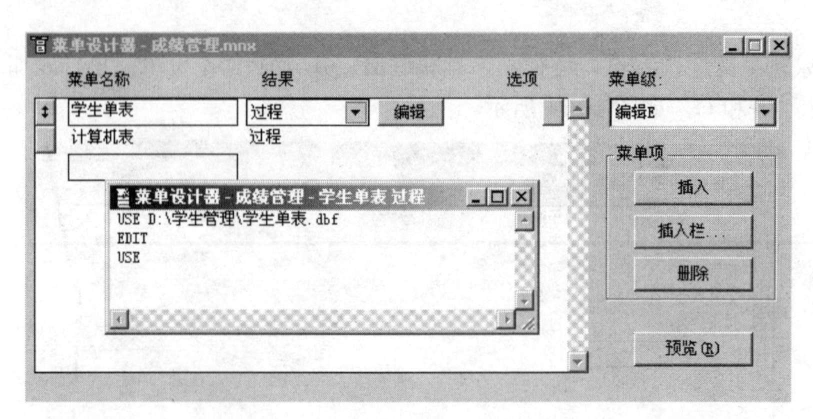

图 10-13　学生单表对应的过程文件

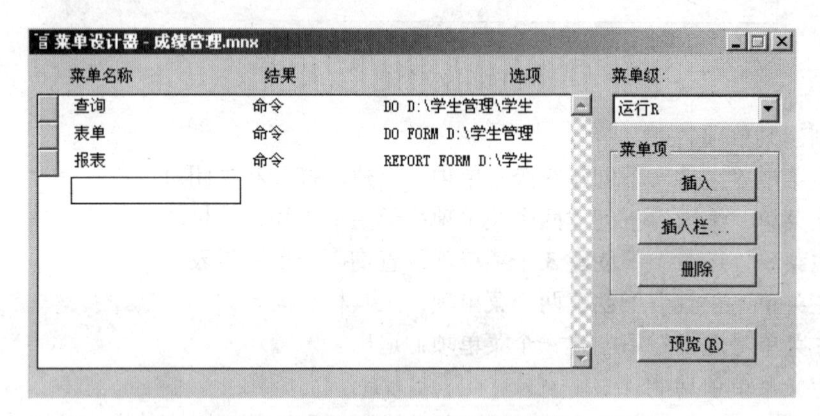

图 10-14　查询、表单和报表对应的命令

4）主菜单“工具”下的两个二级菜单项：工具栏和向导，其中“工具栏”菜单项可以用添加系统菜单项的方法来添加，它包含系统工具栏中的全部工具。在“向导”菜单项中分别添加三级菜单，如图 10-15 所示。

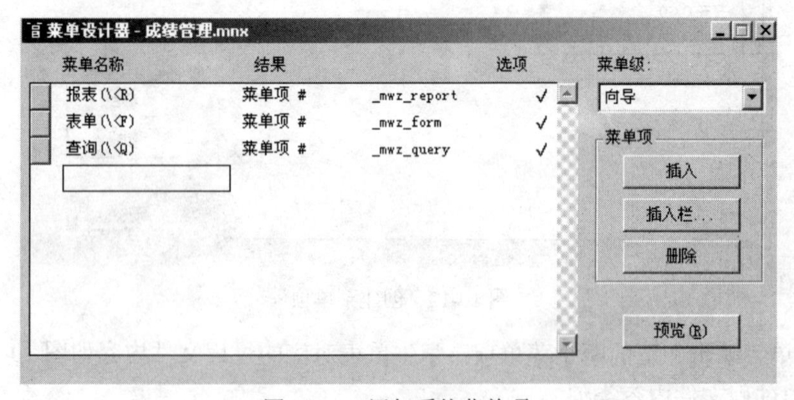

图 10-15　添加系统菜单项

5）“退出”表示当应用程序结束时需要释放菜单，以节约内存。“退出”过程文件内容如图 10-16 所示。

（4）给各个菜单项定义快捷键。

（5）预览并以文件名“成绩管理.mnx”保存该菜单。

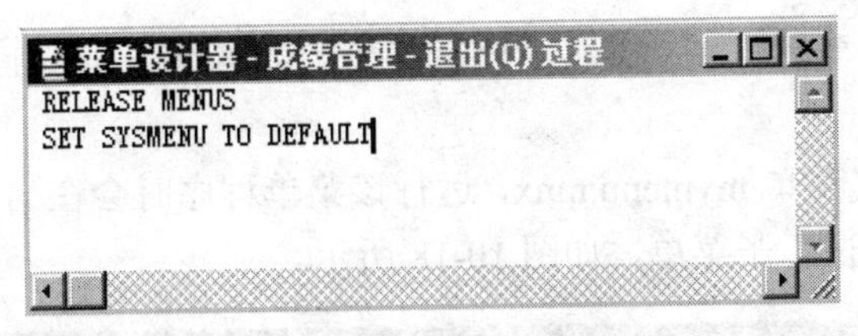

图 10-16 “退出”过程文件

6．创建一个包含有新建、打开、关闭功能的快捷菜单。

（1）在项目管理器“学生成绩管理”窗口中，选择“其他”选项卡，利用“快捷菜单”方式创建一个快捷菜单。

（2）在快捷菜单设计器窗口中，添加新建、打开、保存、关闭 4 个菜单项，并分别指定各自所完成的功能。由于这 4 个菜单项是系统菜单项，因此，可以利用插入系统菜单项的方法来添加，添加后的结果如图 10-17 所示。

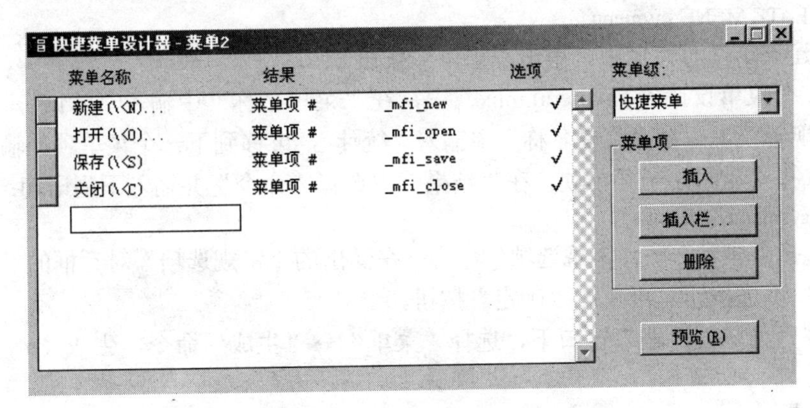

图 10-17 新建的 4 个菜单项

（3）保存新创建的快捷菜单，文件名为“菜单 2.mnx”。

（4）运行该快捷菜单。

7. 建立一个名称为 menu1 的菜单，菜单栏有“文件”和“编辑浏览”两个菜单。“文件”菜单下有“打开”、“关闭退出”两个子菜单；“编辑浏览”菜单下有“雇员编辑”、“部门编辑”和“雇员浏览”3 个子菜单。

操作步骤如下：

（1）选择“文件”→“新建”命令。

（2）在“新建”对话框中选择“菜单”单选按钮，再单击“新建文件”按钮。

（3）在“新建菜单”对话框中单击“菜单”按钮，在“菜单设计器”中的“菜单名称”中输入“文件”和“编辑浏览”，然后在“文件”菜单的“结果”中选择“子菜单”，单击“创建”按钮，在“菜单设计器”中，输入两个子菜单项“打开”和“关闭退出”。

（4）在“编辑浏览”菜单的“结果”中选择“子菜单”，单击“创建”按钮，在“菜单设计器”中输入 3 个子菜单项“雇员编辑”、“部门编辑”和“雇员浏览”。

（5）单击工具栏上“保存”按钮，在弹出的“保存”对话框中输入“menu1”即可。

（6）在“菜单设计器”窗口中单击“菜单”菜单栏，选择“生成”菜单项，生成“enu1.mpr”文件。

注意：在编辑子菜单时，在“菜单设计器”的“菜单级”列表框必须是“文件”或“编辑浏览”。

8．创建一个下拉式菜单 mymenu.mnx，运行该菜单程序时会在当前 Visual FoxPro 系统菜单的末尾追加一个“考试”子菜单，如图 10-18 所示。

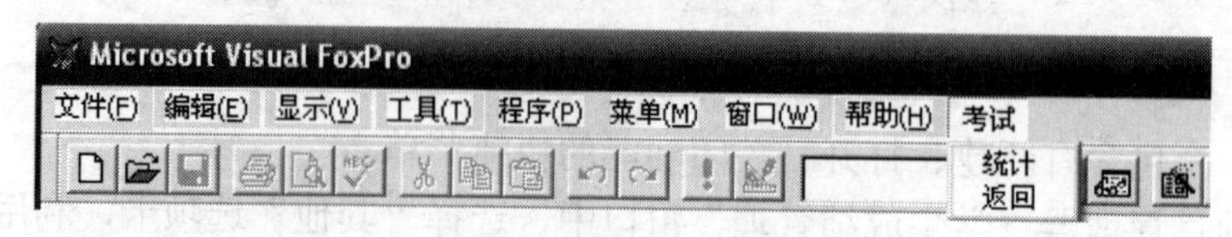

图 10-18　菜单运行结果

在“考试”菜单项中包括“统计”和“返回”两个子菜单项，单击“返回”返回系统菜单。

操作步骤如下：

（1）建立菜单文件。

```
CREATE MENU mymenu
```

在“新建菜单”对话框中，单击“菜单”按钮。

（2）在“菜单设计器-mymenu.mnx”中，在“菜单名称”中输入“考试”，再单击“创建”按钮出现子菜单，在“菜单名称”中输入“统计”，再移到下一个菜单项处输入“返回”。

（3）选择“返回”子菜单项，在“结果”中选择“命令”并输入下列语句：

```
set sysmenu to default
```

（4）选择“显示”→“常规选项”命令，在弹出的“常规选项”对话框的“位置”框中选中“追加”单选按钮，再单击“确定”按钮。

（5）在“菜单设计器”窗口下，选择“菜单”→“生成”命令，生成“mymenu.mpr”文件。

9．利用快捷菜单设计器创建一个弹出式菜单 one，如图 10-19 所示，菜单有两个选项。“增加”和“删除”，两个选项之间用分组线分隔。

图 10-19　快捷菜单

操作步骤如下：

（1）在命令窗口输入建立菜单的命令。

```
CREATE MENU one
```

（2）在“新建菜单”对话框中单击“快捷菜单”按钮，在出现的“菜单设计器”窗口的“菜单名称”下分别输入菜单项名“增加”、“\-”和“删除”。

（3）按 Ctrl+W 组合键保存该菜单。

10．打开并修改 mymenu 菜单文件，为菜单项“查找”设置快捷键 Ctrl+T。

操作步骤如下：

（1）打开并修改菜单文件。

```
MODIFY MENU mymenu
```

（2）在菜单名称“文件”行处，单击“编辑”按钮，将显示“文件”菜单下的子菜单项“查找”和“替换”。

（3）在菜单名称“查找”行处，单击“选项”下的按钮，接着显示“提示选项”对话框，再把插入点移至“键标签”处，再按 Ctrl+T 组合键即可。

11. 建立表单，表单文件名和表单控件名均为 myform_da。为表单建立快捷菜单 scmenu_d，快捷菜单有选项“时间”和“日期”；运行表单时，在表单上单击鼠示右键弹出快捷菜单，选择快捷菜单的“时间”命令，表单标题将显示当前系统时间，选择快捷菜单“日期”命令，表单标题将显示当前系统日期。

注意：显示时间和日期用过程实现。

操作步骤如下：

（1）在命令窗口中输入建立菜单命令。

```
CREATE MENU scmenu_d
```

在“新建菜单”对话框单击“快捷菜单”按钮，在“快捷菜单设计器-scmenu_d.mnx”的菜单名称输入框中分别输入“时间”和“日期”两个菜单项。

在“时间”菜单项的“结果”中选择“过程”，再单击“创建”按钮，并在“快捷菜单设计器-scmenu_d-时间 过程”编辑窗口中输入：

```
myform_da.caption=time()
```

在“日期”菜单项的“结果”中选择“过程”，再单击“创建”按钮，并在“快捷菜单设计器-scmenu_d-日期 过程”编辑窗口中输入：

```
myform_da.caption=dtoc(date())
```

选择“菜单”→“生成”命令，生成 scmenu_d.mpr 文件。

（2）在命令窗口中输入建立表单命令。

```
CREATE FORM myform_da
```

（3）在“表单设计器”中，在其“属性”的 Name 处输入“myform_da”。

（4）双击“属性”的 RightClick Event 处，在其编辑窗口中输入“do scmenu_d.mpr”。

（5）最后运行此表单。

第 11 章　报表设计

11.1　选择题

1．在“报表设计器”中，任何时候都可以使用“预览”功能查看报表的打印效果。以下几种操作中不能实现预览功能的是（　　）。

A．直接单击常用工具栏上的“打印预览”按钮

B．在“报表设计器”中单击鼠标右键，从弹出的快捷菜单中选择“预览”命令

C．打开“显示”菜单，选择“预览”命令

D．打开“报表”菜单，选择“运行报表”命令

【答案】D

2．报表以视图或查询为数据源，是为了对输出记录进行（　　）。

A．筛选　　　　B．分组

C．排序和分组　　　　D．筛选、分组和排序

【答案】D

3．在“报表设计器”中，可以使用的控件是（　　）。

A．标签、域控件和列表框　　　　B．标签、文本框和列表框

C．标签、域控件和线条　　　　D．布局和数据源

【答案】C

4．创建报表的命令是（　　）。

A．CREATE REPORT　　　　B．MODIFY REPORT

C．RENAME REPORT　　　　D．DELETE REPORT

【答案】A

5．如果要对报表的“总分”字段统计求和，应将求和的域控件置于（　　）。

A．页注脚区　　　　B．细节区

C．页标头区　　　　D．标题区

【答案】A

6．调用报表格式文件 PP1 预览报表的命令是（　　）。

A．REPORT FROM PP1 PREVIEW　　　　B．DO FROM PP1 PREVIEW

C．REPORT FORM PP1 PREVIEW　　　　D．DO FORM PP1 PREVIEW

【答案】C

7．使用报表向导定义报表时，定义报表布局的选项是（　　）。

A．列数、方向、字段布局　　　　B．列数、行数、字段布局

C．行数、方向、字段布局　　　　D．列数、行数、方向

【答案】A

8．在创建快速报表时，基本带区包括（　　）。

A．标题、细节和总结
B．页标头、细节和页注脚
C．组标头、细节和组注脚
D．报表标题、细节和页注脚

【答案】B

9．为了在报表中打印当前时间，这时应该插入一个（　　）。

A．表达式控件　　B．域控件　　C．标签控件　　D．文本控件

【答案】B

10．Visual FoxPro 的报表文件.FRX 中保存的是（　　）。

A．打印报表的预览格式
B．已经生成的完整报表
C．报表的格式和数据
D．报表设计格式的定义

【答案】D

11．报表的数据源可以是（　　）。

A．表或视图
B．表或查询
C．表、查询或视图
D．表或其他报表

【答案】C

11.2　填空题

1．报表由数据源和_________两个基本部分组成。

【答案】格式布局

2．数据源通常是数据库中的表，也可以是自由表、视图或_________。

【答案】查询

3．使用_________创建报表比较灵活，不但可以设计报表布局，规划数据在页面上的打印位置，而且可以添加各种控件。

【答案】报表设计器

4．首次启动报表设计器时，报表布局中只有 3 个带区，即页标头、_________和页注脚。

【答案】细节

5．创建分组报表需要按_________进行索引或排序，否则不能保证正确分组。

【答案】分组表达式

6．报表文件的扩展名是_________。

【答案】frx

7．报表布局主要有列报表、_________、一对多报表、多栏报表和标签等 5 种基本类型。

【答案】行报表

8．为修改已建立的报表文件打开报表设计器的命令是_________。

【答案】MODIFY REPORT

9．为了在报表中插入一个文字说明，应该插入一个_________控件。

【答案】标签

11.3　上机操作题

1．使用报表向导对数据库“成绩管理.dbc”中的数据表“xsdb.dbf”创建一个“学生成绩”（xscj.frx）报表文件，并预览报表。

操作步骤如下：

（1）选择“文件”→“新建”命令，弹出“新建”对话框。

（2）在“新建”对话框中，选中“报表”单选按钮，再单击“向导”按钮，进入“向导选取”对话框。

学号	院系	姓名	性别	生年月日	英语	计算机
98410012	法学院	李佚	女	07/07/80	63.0	78.0
98410048	法学院	董学智	女	04/23/80	84.0	92.0
98410054	法学院	马彬	男	12/20/78	85.0	85.0
98410058	法学院	王萌萌	女	06/06/80	89.0	94.0
98410101	法学院	毕红霞	女	11/16/79	79.0	67.0
98410110	法学院	盛红凌	女	09/16/79	84.0	80.0
98414002	电工学院	王涛	男	05/30/78	54.0	86.0
98414004	电工学院	杨燕	女	03/10/79	90.0	78.0
98414005	电工学院	刘宇	女	03/12/79	52.0	76.0
98414019	电工学院	孙中坚	男	04/23/80	88.0	65.0
99401001	哲学院	韩雪	女	12/02/79	67.0	72.0
99401002	哲学院	杨晨光	男	12/10/80	82.0	75.0

图 11-1　报表预览结果

（3）在“向导选取”对话框中，选择“报表向导”，再单击“确定”按钮，进入“报表向导”步骤 1。

（4）在步骤 1 中，先在“数据库和表”列表框中选择想要输出的数据表 xsdb，然后在“可用字段”列表框中选定输出字段。

（5）单击“下一步”按钮，进入“报表向导”步骤 2。

（6）再单击“下一步”按钮，进入“报表向导”步骤 3，选择报表样式为“带区式”。

（7）单击“下一步”按钮，进入“报表向导”步骤 4，选择报表布局为 1 列、纵向，字段布局为列。

（8）单击“下一步”按钮，进入“报表向导”步骤 5，选择按学号升序排序。

（9）单击“下一步”按钮，进入“报表向导”步骤 6，先输入报表标题“学生成绩一览表”，然后设置其他选项。

（10）单击“完成”按钮，进入“另存为”对话框，输入新建的报表文件名“xscj.frx”。

（11）单击“保存”按钮，则完成了用“报表向导”创建报表的操作。

（12）打开报表文件 xscj.frx。

（13）选择菜单“显示”→“预览”命令，则将得到如图 11-1 所示的报表。

2．利用“报表设计器”为数据库“成绩管理.dbc”中的数据表“xsdb.dbf”创建一个“学生档案”报表文件（xsda.frx），并预览报表，如图 11-2 所示。

操作步骤如下：

（1）选择“文件”→“新建”命令，弹出“新建”对话框。

（2）在“新建”对话框中，选中“报表”单选按钮，再单击“新建文件”按钮，进入“报表设计器”窗口。

学生信息卡

学号	97402001	院系	文学院
姓名	徐丽丽	性别	女
生年月日	10/01/78	党员否	.T.

简历 1990年就读于克山县小学，1996年在克山一中学习，1999年升入哈尔滨市三中，2002年考入本校

图 11-2 报表运行结果

（3）在“报表设计器”窗口中，打开“显示”菜单（或单击鼠标右键），在菜单中选择“数据环境”命令，进入“数据环境设计器”窗口。

（4）在“数据环境设计器”窗口中，打开“数据环境”菜单，选择“添加”命令，添加数据表 xsdb。

（5）在“报表设计器”窗口中，打开“显示”菜单，选择“报表控件工具栏”，打开“报表控件”工具栏。

（6）选择其中的“标签”控件，在细节带区的适当位置上单击并输入“学生信息卡”文本，并利用“格式”→“字体”命令设置文本的格式为“三号”、“隶书”；同时在文本的下方添加一条直线，利用菜单“格式”→“绘图笔”命令设置其为 2 磅。

（7）利用“线条”控件画表，然后在相应的位置上添加文本，设置文本的格式为“小四号”、“隶书”，并适当调整其位置。

（8）将“数据环境设计器”中的表 xsdb 的字段拖到相应的位置上，设置文本的格式为“五号”、“幼圆”，并适当调整其位置。

（9）如果需要调整图片控件的属性，则在图片控件上双击鼠标左键，然后在弹出的“报表图片”对话框中进行设定。

（10）“报表设计器”窗口中的设计结果如图 11-3 所示。

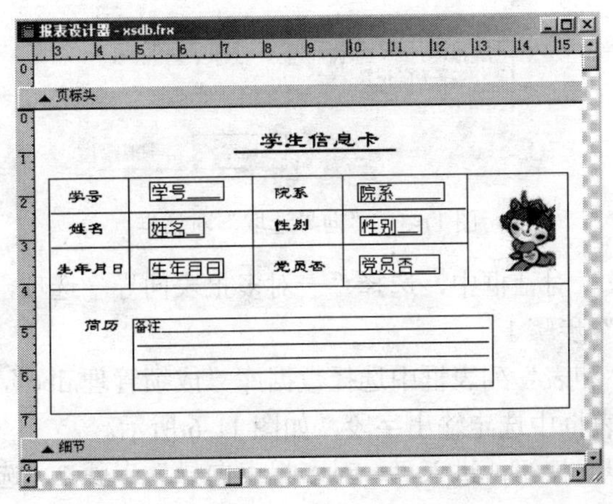

图 11-3 “报表设计器”窗口

（11）保存报表文件“xsda.frx”，并预览报表如图 11-2 所示。

3．利用“报表向导”为数据库“成绩管理.dbc”中的数据表“xsdb.dbf”和“yy.dbf”创建一个“学生成绩管理系统”一对多报表文件，并预览报表，样式如图 11-4 所示。

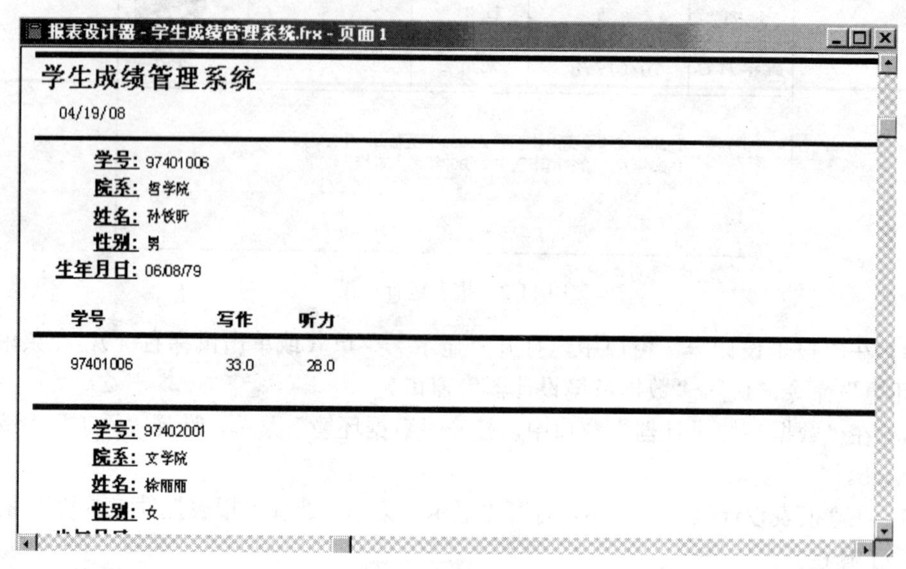

图 11-4　运行结果

操作步骤如下：

（1）选择“文件”→“新建”命令，弹出“新建”对话框。

（2）在“新建”对话框中，选中“报表”单选按钮，再单击“向导”按钮，进入“向导选取”对话框，如图 11-5 所示。

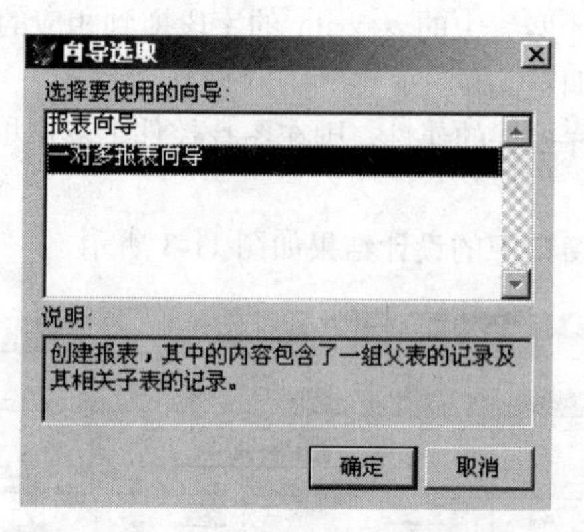

图 11-5　“向导选取”对话框

（3）在“向导选取”对话框中，选择“一对多报表向导”选项，再单击“确定”按钮，进入“一对多报表向导”步骤 1。

（4）先在“数据库和表”列表框中选择数据库“成绩管理.dbc”，选择父表为 xsdb.dbf，然后在“可用字段”列表框中选定输出字段，如图 11-6 所示。

（5）单击“下一步”按钮，进入“一对多报表向导”步骤 2，选择子表为 yy.dbf，然后在“可用字段”列表框中选定输出字段，如图 11-7 所示。

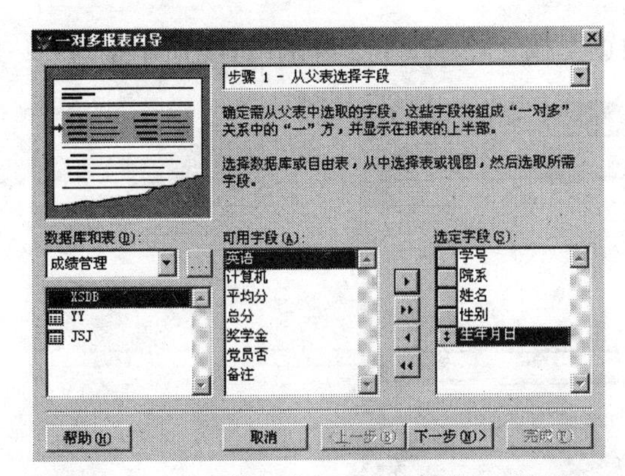

图 11-6　“步骤 1-从父表选择字段”对话框

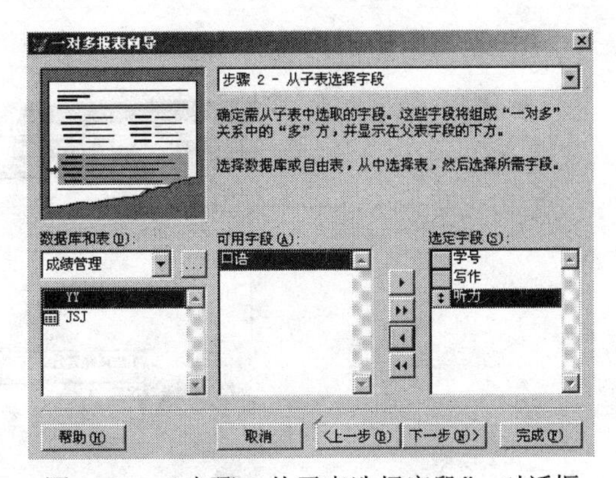

图 11-7　“步骤 2-从子表选择字段”　对话框

（6）单击“下一步”按钮，进入“一对多报表向导”步骤 3，选择两个表之间的关系，如图 11-8 所示。

（7）单击“下一步”按钮，进入“一对多报表向导”步骤 4，选择按“学号”升序排序，如图 11-9 所示。

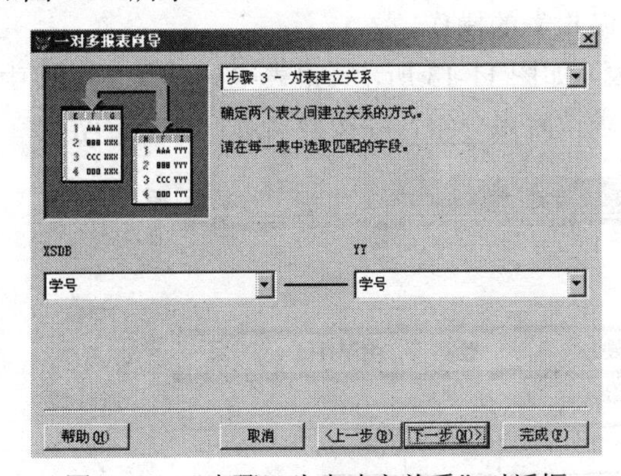

图 11-8　“步骤 3-为表建立关系”对话框

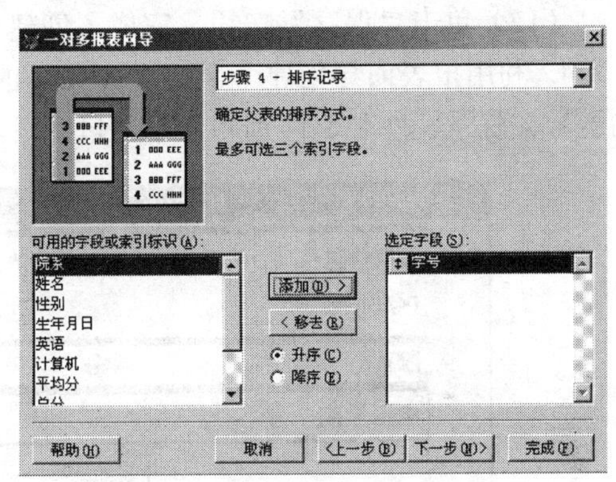

图 11-9　“步骤 4-排序记录”对话框

（8）单击“下一步”按钮，进入“一对多报表向导”步骤 5，选择报表样式为“简报式”，方向为“纵向”，如图 11-10 所示。

（9）单击“下一步”按钮，进入“一对多报表向导”步骤 6，先输入报表标题“学生成绩管理系统”，然后设置其他选项，如图 11-11 所示。

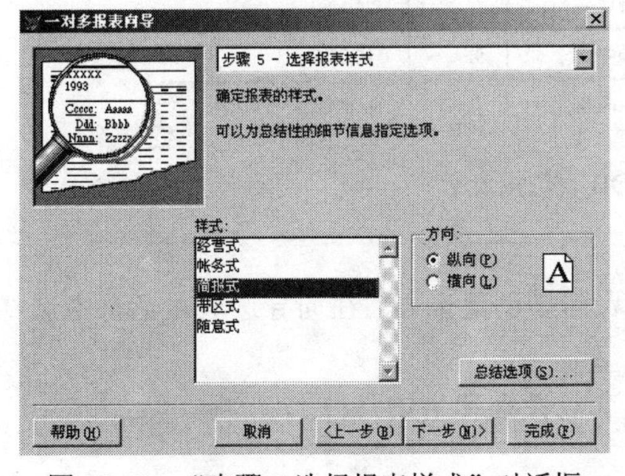

图 11-10　“步骤 5-选择报表样式”对话框

图 11-11　“步骤 6-完成”对话框

（10）在图 11-11 所示对话框中，单击“预览”按钮，则将得到如图 11-4 所示报表。

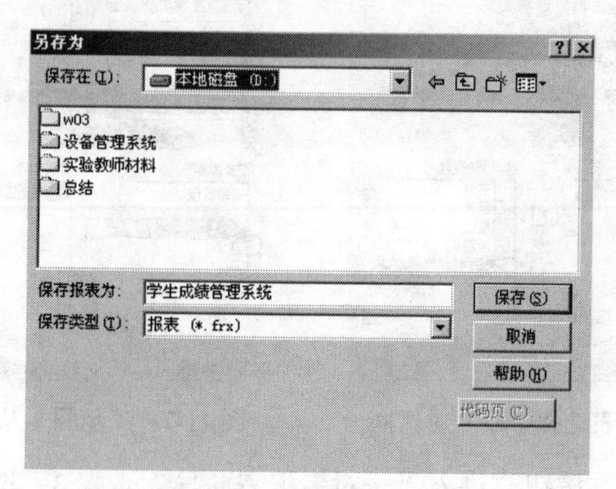

图 11-12 “另存为”对话框

（11）再单击“完成”按钮，弹出“另存为”对话框，输入所创建报表的文件名为学生成绩管理系统.frx，如图 11-12 所示。

（12）单击“保存”按钮，完成了创建一对多报表的操作。

4. 利用报表向导创建一个基于 XSDB 的报表，如图 11-13 所示，报表中只包含 XSDB 中的学号、院系、姓名、性别和生年月日字段，要求按院系分组，并按姓名进行细节总结。

报表设计器 - 报表5 - 页面 1

XSDB

04/19/08

院系	学号	姓名	性别	生年月日
电工学院				
	98414002	王涛	男	05/30/78
	97414003	周艳丽	女	07/20/78
	97414012	李雪梅	女	10/03/78
	97414006	徐秋颖	女	12/02/78
	98414004	杨燕	女	03/10/79
	98414005	刘宇	女	03/12/79
	99414025	孙红芳	女	02/01/80
	98414019	孙中坚	男	04/23/80
	99414024	徐晶晶	女	04/27/80

图 11-13 基于 XSDB 表的报表

操作步骤如下：

（1）打开项目管理器学生成绩管理，利用报表向导创建报表。在向导选取对话框中选择“报表向导”。

（2）选取订单表中的字段：学号、院系、姓名、性别和生年月日。

（3）分组记录选择“院系”。

（4）在“选项总结”对话框中，按姓名字段计数。

（5）选择报表样式：财务式。

（6）定义报表布局：列布局，方向选择“纵向”。

（7）排序记录：按性别排序。

（8）预览创建的报表，以文件名“报表 5.frx”保存。

5．利用报表向导，创建一个一对多报表，如图 11-14 所示。父表为 xsdb 表，取学号和院系两个字段，子表为 yy 表，取口语、听力、写作字段，要求总结选项按口语求平均。

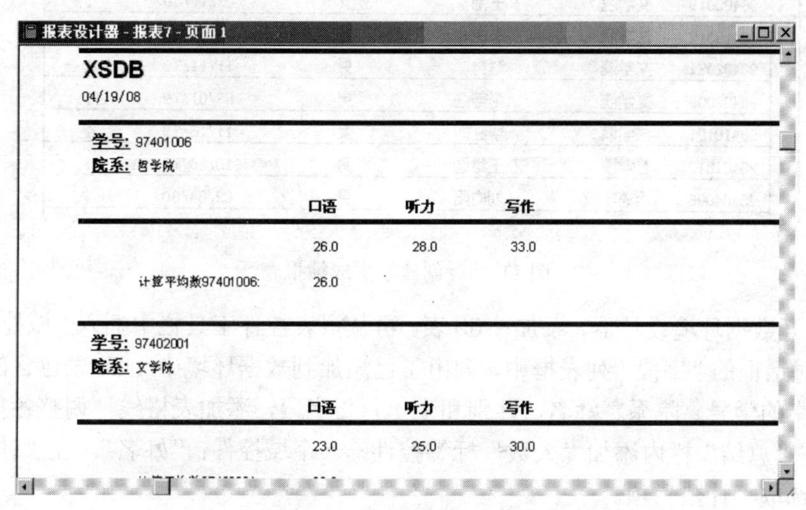

图 11-14　创建的一对多报表

（1）打开“向导选取”对话框，选择“一对多报表向导”，打开“从父表选择字段”对话框，选择父表 xsdb 表，选取字段：学号和院系。

（2）从子表 yy 表中选取字段：口语、听力、写作。

（3）以学号为关键字确立 xsdb 表和 yy 表的关系。

（4）按学号升序排序输出。

（5）在“总结选项”对话框中，按口语字段求平均。

（6）选择报表样式：简报式。

（7）定义报表布局：横向输出。

（8）预览创建的报表，以文件名“报表 7.frx”保存。

6．使用报表设计器创建一个基于 xsdb 表的学生成绩报表，如图 11-15 所示。

分析：该报表中页标题为“学生成绩报表”，表中选取了 xsdb 表中的学号、院系、姓名、性别和生年月日 5 个字段，在总结带区栏添加了“人数”项，“数量”为姓名字段的计数。

操作步骤如下：

（1）新建报表，打开一个空白报表设计器。

（2）在报表设计器窗口中添加“标题带区”和“总结带区”。

（3）打开报表控件工具栏，选中标签控件，把光标定位在标题栏，输入“学生成绩报表”，同时用“格式”菜单栏中的字体进行修饰，选取黑体、三号字。再在页标头栏分别添加标签控件：学号、院系、姓名、性别和生年月日，调整好各控件的间距，再用线条控件添加表格线，选择“格式”→“绘图笔”命令设置为 2 磅粗线。

报表设计器 - 学生成绩报表.frx - 页面 1

学生成绩报表 04/19/08

学号	院系	姓名	性别	生年月日	党员否
98402017	文学院	陈超群	男	12/18/79	.F.
98404062	西语学院	曲歌	男	10/01/80	.F.
97410025	法学院	刘铁男	男	12/10/78	.F.
98402019	文学院	王艳	女	01/19/80	.F.
98410012	法学院	李侠	女	07/07/80	.F.
98402021	文学院	赵勇	男	11/11/79	.T.
98402006	文学院	彭德强	男	09/01/79	.F.
98410101	法学院	毕红霞	女	11/16/79	.F.
98401012	哲学院	王维国	男	10/26/79	.F.
98404006	西语学院	刘向阳	男	02/04/80	.F.

图 11-15　创建学生成绩报表

（4）打开数据环境设计器，添加 xsdb 表。再从报表控件工具栏中插入“域控件”，在“报表表达式”对话框的“字段”列表框中，列出了已添加到数据环境中 xsdb 表包含的各个字段，分别选取其中的学号、院系、姓名、性别和生年月日字段，添加表格线，调整各控件的间距。

（5）在“总结”栏内添加“人数”标签控件，一个域控件：“姓名”，在“计算字段”对话框中分别选取“计数”项。

（6）对该报表设计进行整体修饰，表格边框用 2 磅线，其他部分用 1 磅线，再分别添加两域控件：日期 DATE()和页码_Pageno。

（7）以文件名“学生成绩报表.frx”保存该报表布局，如图 11-16 所示。打印预览该报表，观察运行结果。

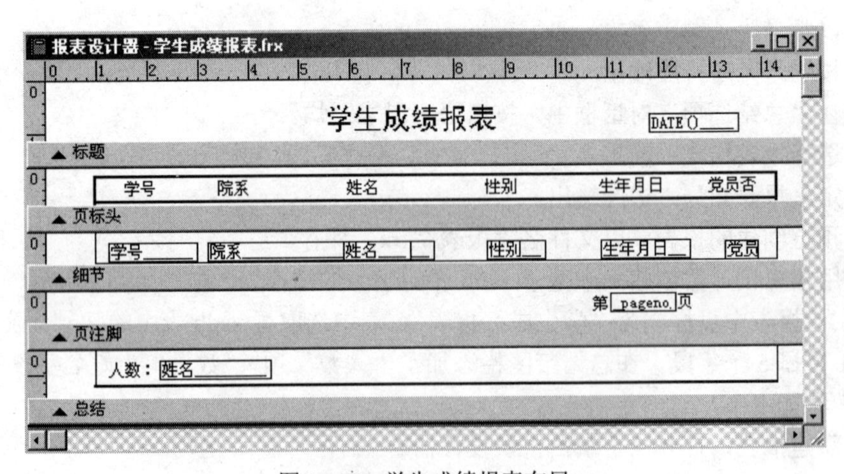

图 11-16　学生成绩报表布局

7．首先选择“客户表”为当前表，然后使用报表设计器中的快速报表功能为“客户表”创建一个文件名为 P_S 的报表。快速报表建立操作过程均为默认。最后，给快速报表增加一个标题，标题为“客户表一览表”。

操作步骤如下：

（1）选择“客户表”为当前表。

（2）在命令窗口输入建立报表命令。

```
CREATE REPORT p_s
```

（3）选择“报表”→“快速报表”命令，在“打开”对话框中选择表“客户表”并单击“确定”按钮。

（4）在“快速报表”对话框中，单击“确定”按钮。

（5）选择“报表”→“标题/总结”命令，选中“标题/总结”对话框的“报表标题”框中的“标题带区”复选框，再单击“确定”按钮。

（6）如果“报表控件”工具栏没显示，选择“显示”→“报表控件工具栏”命令，在“标题”区添加一个标签，用于存放标题“客户表一览表”。

（7）按Ctrl+W组合键，关闭保存该报表。

8．用报表向导为score表创建报表：报表中包括score表中全部字段，报表样式用“经营式”，报表中数据按学号升序排列，报表文件名report_a.frx。其余按默认设置。

操作步骤如下：

（1）选择“工具”→“向导”→“报表”命令，弹出“向导选取”对话框。

（2）在“向导选取”对话框中选择“报表向导”选项，并单击“确定”按钮，弹出“报表向导”对话框。

（3）在“报表向导”对话框的“步骤1-字段选取”中，首先在“数据库和表”列表框中选择表score，接着在“可用字段”列表框中显示表score的所有字段名，并选定所有字段名至“选定字段”列表框中，单击“下一步”按钮。

（4）在“报表向导”对话框的“步骤2-分组记录”中，单击“下一步”按钮。

（5）在“报表向导”对话框的“步骤3-选择报表样式”中，在“样式”中选择“经营式”，单击“下一步”按钮。

（6）在“报表向导”对话框的“步骤4-定义报表布局”中，单击“下一步”按钮。

（7）在“报表向导”对话框的“步骤5-排序次序”中，选定“学号”字段并选择“升序”单选按钮，再单击“添加”按钮，单击“完成”按钮。

（8）在“报表向导”对话框的“步骤6-完成”中，单击“完成”按钮。

（9）在“另存为”对话框中输入保存报表名“report_a”，单击“保存”按钮进行保存。

9．使用报表向导建立一个简单报表。要求选择student中所有字段；记录不分组；报表样式为随意式；列数为1，字段布局为“列”，方向为“横向”；排序字段为学号，按升序排序；报表标题为“学生情况一览表”；报表文件名为P_ONE。

操作步骤如下：

（1）选择“工具”→“向导”→“报表”命令，弹出“向导选取”对话框。

（2）在“向导选取”对话框中选择“报表向导”选项，单击“确定”按钮，弹出“报表向导”对话框。

（3）在“报表向导”对话框的“步骤1-字段选取”中，首先在“数据库和表”列表框中选择表student，接着在“可用字段”列表框中显示表student的所有字段名，并选定所有字段名至“选定字段”列表框中，单击“下一步”按钮。

（4）在“报表向导”对话框的“步骤 2-分组记录”中，单击“下一步”按钮。

（5）在“报表向导”对话框的“步骤 3-选择报表样式”中，在“样式”中选择“随意式”，单击“下一步”按钮。

（6）在“报表向导”对话框的“步骤 4-定义报表布局”中，在“列数”处选择为“1”，在“方向”处选择“横向”，在“字段布局”处选择“列”，单击“下一步”按钮。

（7）在“报表向导”对话框的“步骤 5-排序次序”中，选定“学号”字段并选择“升序”排序，再单击“添加”按钮，单击“完成”按钮。

（8）在“报表向导”对话框的“步骤 6-完成”中，在“报表标题”文本框中输入“学生情况一览表”，单击“完成”按钮。

（9）在“另存为”对话框中输入保存报表名“p_one”，单击“保存”按钮进行保存。

10．创建一个快速报表 app_report，报表中包含了 score 表中的所有字段。

操作步骤如下：

（1）在命令窗口输入建立报表命令。

```
CREATE REPORT app_report
```

（2）选择“报表”→“快速报表”命令，在“打开”对话框中选择表 score，单击“确定”按钮。

（3）在“快速报表”对话框中单击“确定”按钮。

（4）按 Ctrl+W 组合键，关闭保存该报表。

第 12 章　应用程序的生成和发布

12.1　选择题

1．表 XSDB.DBF 中的内容，在连编后的应用程序中应该不能被修改，为此应在连编以前将其设置为（　　）。

A．包含　　　　B．排除

C．更改　　　　D．主文件

【答案】A

2．把一个项目连编成可执行.EXE 应用程序时，下面的叙述正确的是（　　）。

A．所有的项目文件将组合为一个单一的应用程序文件

B．所有项目的包含文件将组合一个单一的应用程序文件

C．所有项目排除的文件将组合一个单一的应用程序文件

D．由用户选定的项目文件将组合一个单一的应用程序文件

【答案】B

3．下面关于运行应用程序的说法，正确的是（　　）。

A．app 应用程序可以在 Visual FoxPro 和 Windows 环境下运行

B．exe 只能在 Windows 环境下运行

C．exe 应用程序可以在 Visual FoxPro 和 Windows 环境下运行

D．app 应用程序只能在 Windows 环境下运行

【答案】C

4．作为整个应用程序入口点的主程序，至少应具有以下功能（　　）。

A．初始化环境

B．初始化环境、显示初始用户界面

C．初始化环境、显示初始用户界面、控制事件循环

D．初始化环境、显示初始用户界面、控制事件循环、退出时恢复环境

【答案】C

5．开发一个应用系统时，首先进行的工作是（　　）。

A．系统的测试与调试　　　　B．编程

C．系统规划与设计　　　　D．系统的优化

【答案】C

6．有关连编应用程序，下面的描述正确的是（　　）。

A．项目连编以后应将主文件视作只读文件

B．一个项目中可以有多个主文件

C．数据库文件可以被指定为主文件

D．在项目管理器中文件名左侧带有符号?的文件在项目连编以后是只读文件

【答案】A

7．连编后可以脱离开 Visual FoxPro 独立运行的程序是（　　）。

A．APP 程序　　B．EXE 程序
C．FXP 程序　　D．PRG 程序

【答案】B

8．在应用程序生成器的“数据”选项卡中可以（　　）。

A．为表生成一个表单和报表，并可以选择样式
B．为多个表生成的表单必须有相同的样式
C．为多个表生成的报表必须有相同的样式
D．只能选择数据源，不能创建它

【答案】A

9．如果添加到项目中的文件标识为“排除”，表示（　　）。

A．此类文件不是应用程序的一部分
B．生成应用程序时不包括此类文件
C．生成应用程序时包括此类文件，用户可以修改
D．生成应用程序时包括此类文件，用户不能修改

【答案】C

10．根据“职工”项目文件生成 emp_sys.exe 应用程序的命令是（　　）。

A．BUILD EXE emp_sys FORM 职工
B．BUILD APP emp_sys.exe FORM 职工
C．LINE EXE emp_sys FORM 职工
D．LINE APP emp_sys.exe FORM 职工

【答案】A

11．通过连编可以生成多种类型的文件，但是却不能生成（　　）。

A．PRG 文件　　B．APP 文件
C．DLL 文件　　D．EXE

【答案】A

12.2 填空题

1．在一个项目中，只有一个文件的文件名为黑体，表明该文件为________。

【答案】主文件

2．如果项目不是用“应用程序向导”创建的，应用程序生成器只有________、“表单”和“报表”3 个选项卡可用。

【答案】“数据”

3．根据项目文件 mysub 连编生成 APP 应用程序的命令是：

BUILD APP mycom ________ mysub

【答案】FROM

4．连编应用程序时，如果选择连编生成可执行程序，则生成的文件扩展名是________。

【答案】EXE

12.3　简答题

数据库应用系统开发的一般步骤是什么？

【答案】（1）可行性研究阶段。

（2）需求分析阶段。

（3）系统设计阶段。

（4）系统实现阶段。

（5）应用软件测试。

（6）应用程序发布。

12.4　上机操作题

1．开发一个考试成绩查询系统，包括进行浏览考试成绩、查询成绩、增加与删除成绩等操作。

（1）启动 Visual FoxPro，进入程序主界面，选择“文件”→“新建”命令，在弹出的“新建”对话框中选择“项目”单选按钮，如图 12-1 所示。

（2）单击“新建文件”按钮，在弹出的“保存文件”对话框中设置一个文件名，单击“保存”按钮后即弹出“项目管理器”对话框，如图 12-2 所示。

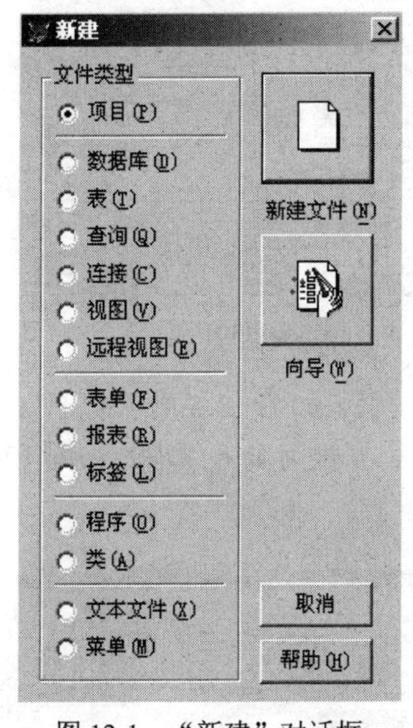

图 12-1　“新建”对话框

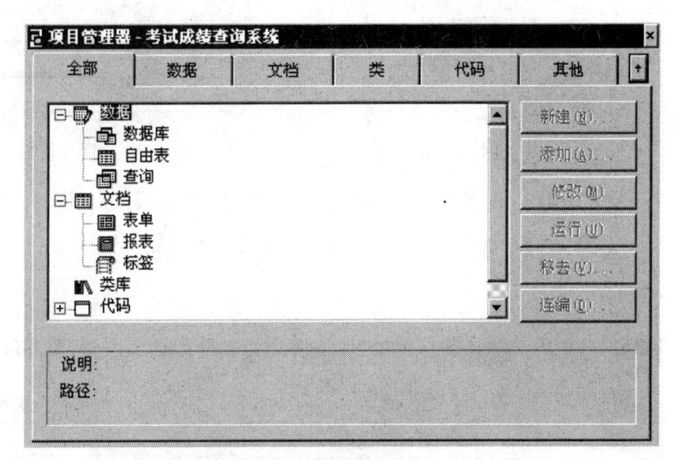

图 12-2　“项目管理器”对话框

（3）选择“数据”选项卡，选择“数据库”，单击“新建”按钮，这时会弹出“新建数据库”对话框，如图 12-3 所示。

（4）单击“新建数据库”按钮，弹出保存文件对话框，保存后出现一个空白的数据库窗口，在其中右击，在弹出的快捷菜单上选择“新建表”命令，如图 12-4 所示。

（5）在弹出的保存文件对话框中设置一个文件名，单击“保存”按钮后即弹出“表设计器”对话框，如图 12-5 所示，在这里可以设计表的结构。

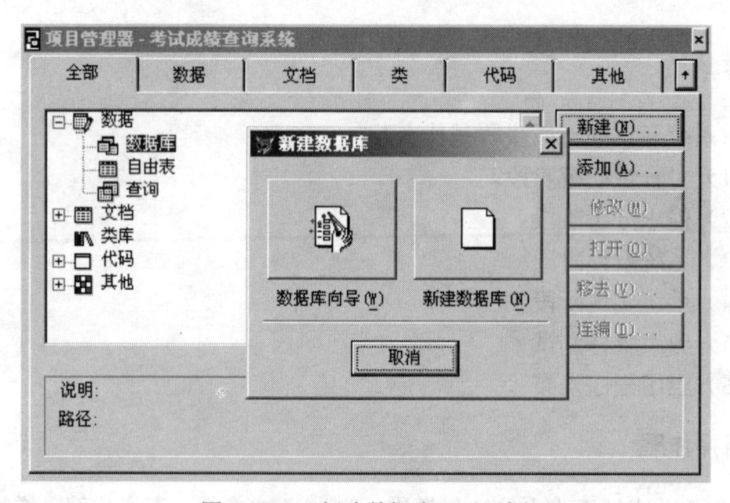

图 12-3 “新建数据库”对话框

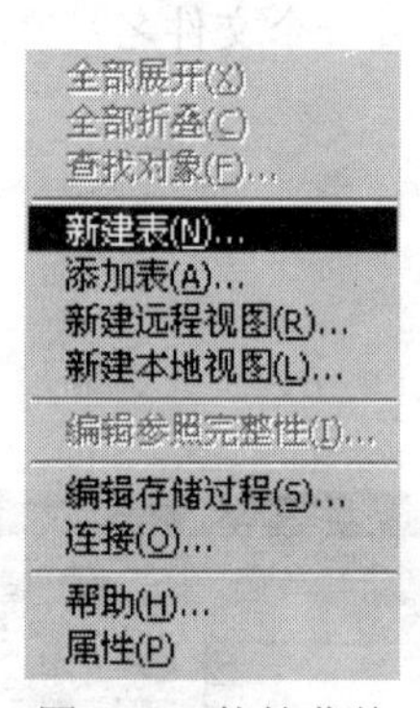

图 12-4 快捷菜单

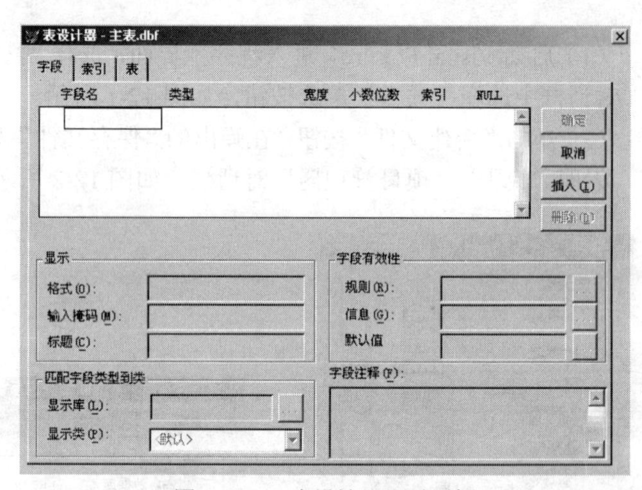

图 12-5 “表设计器”对话框

（6）设计表的结构时要注意在“准考证号”字段上设置索引，如图 12-6 所示。

（7）切换至“索引”选项卡页面，设置“准考证”的索引属性为唯一索引，如图 12-7 所示。

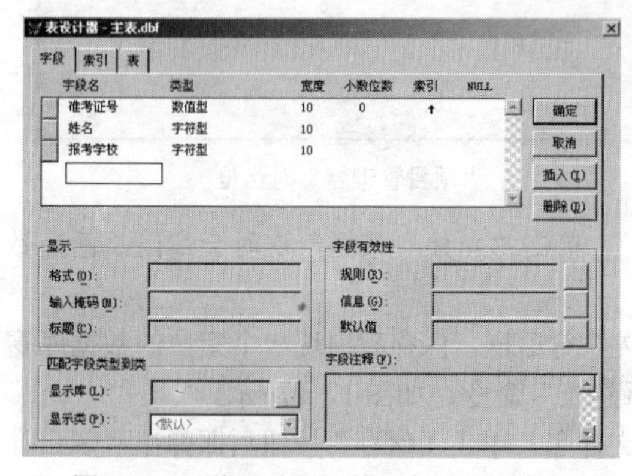

图 12-6 “表设计器”的“字段”选项卡

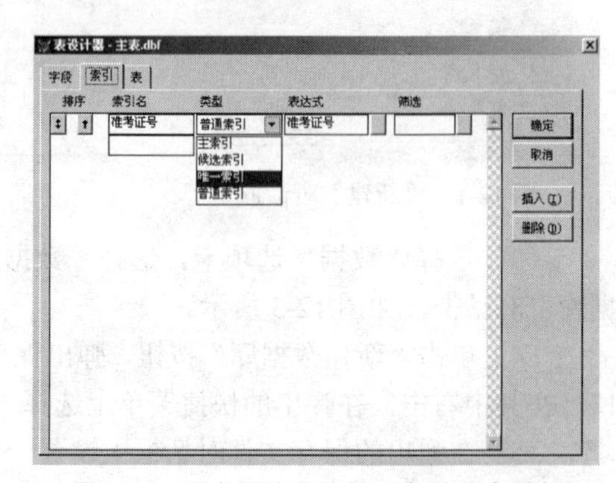

图 12-7 “表设计器”的“索引”选项卡

（8）表的结构设计完成之后，系统会提示是否立即输入数据，这里输入几条数据以供演示，如图 12-8 所示。

（9）同样，再创建一个从表，提供相应各门课程的具体成绩。

注意，因为这里要设置关联数据库，所以必须在从表中设置“科目编号”字段作为唯一索引字段，按升序排列，另外，还需要设置“准考证号”为普通索引，作为第二索引，如图 12-9 和图 12-10 所示。

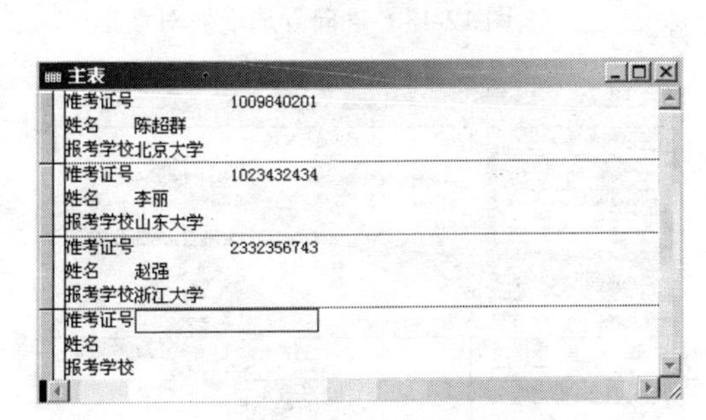

图 12-8　主表

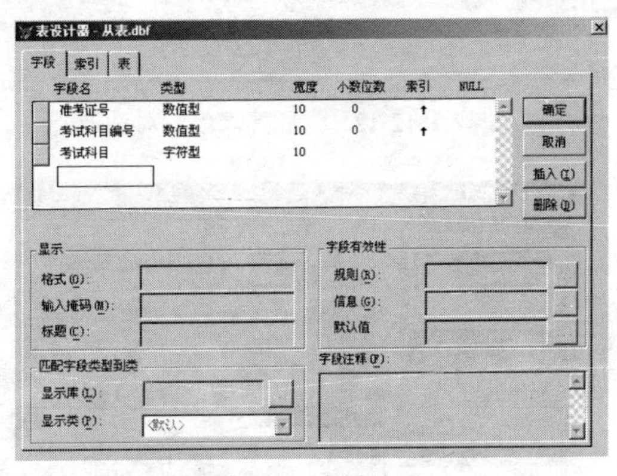

图 12-9　表设计器

（10）输入几条数据以供演示。注意，此处字段“准考证号”数据应与主表中相关数据一致，以便关联，如图 12-11 所示。

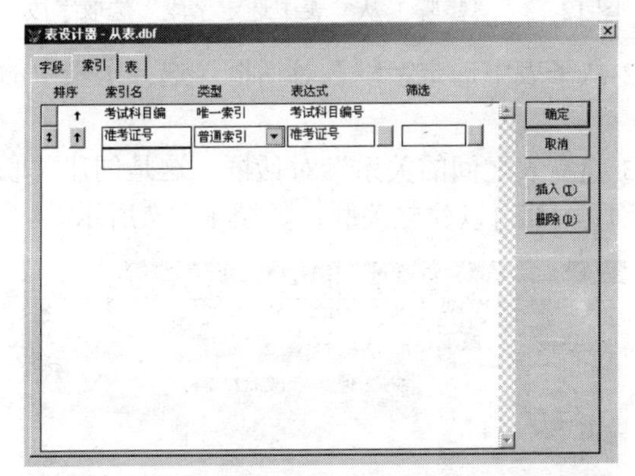

图 12-10　“表设计器”的“索引”选项卡

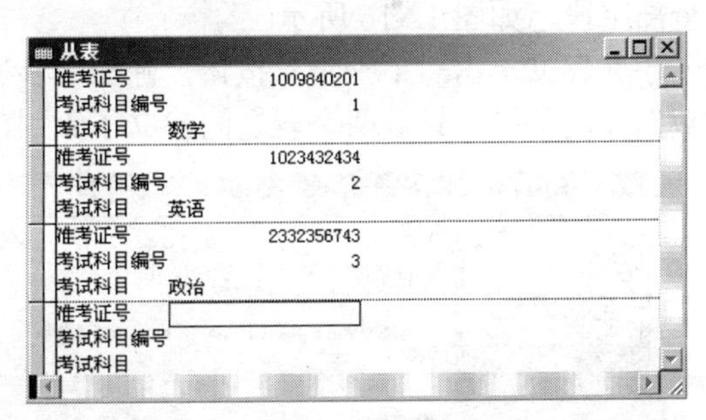

图 12-11　从表

（11）接下来设计表单，在项目管理器中单击“文档”选项卡，选择“表单”，并单击“新建”按钮，弹出“新建表单”对话框，如图 12-12 所示。

（12）单击“表单向导”按钮，弹出“向导选取”对话框，如图 12-13 所示。因为设计关联数据库系统，所以选择“一对多表单向导”模式。

（13）单击“确定”按钮，弹出“一对多表单向导”中的“步骤 1-从父表中选定字段”对话框，如图 12-14 所示。

（14）在一对多表单中只能设置一个父表，可以选择一个或多个子表，这里选择父表中全部字段，如图 12-15 所示。

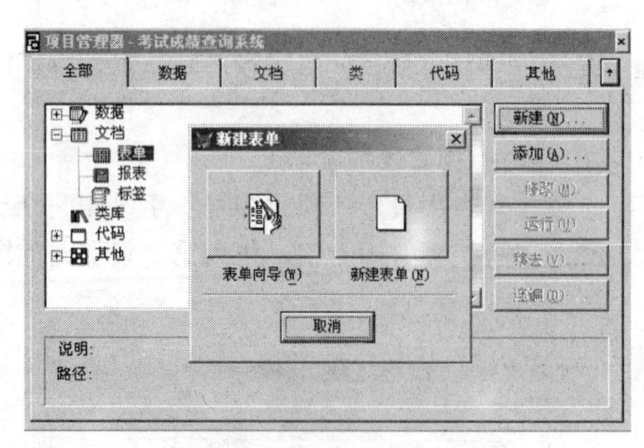

图 12-12　“新建表单”对话框

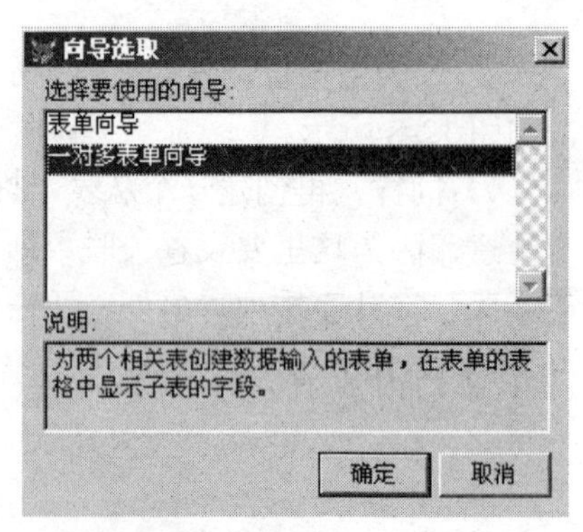

图 12-13　“向导选取”对话框

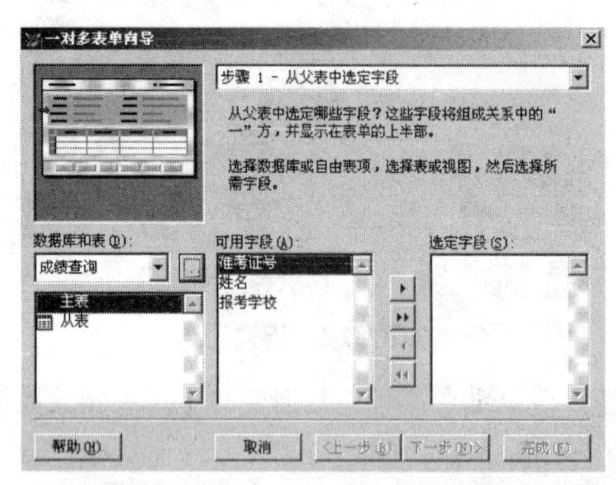

图 12-14　“步骤 1-从父表中选定字段”对话框

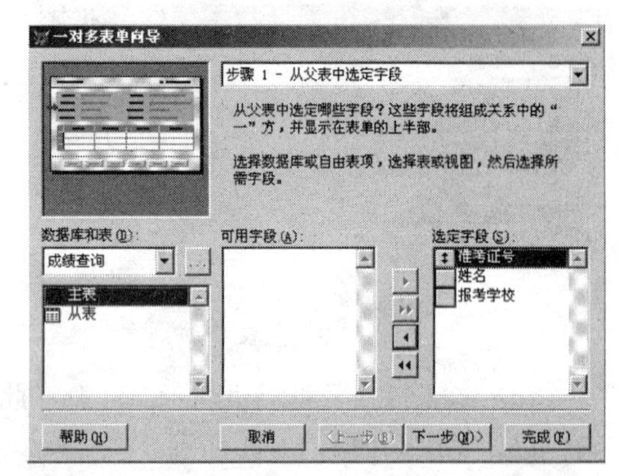

图 12-15　“步骤 1-从父表中选定字段”选取字段

（15）单击“下一步”按钮，弹出“步骤 2-从子表中选定字段”对话框，选择子表中的全部字段，如图 12-16 所示。

（16）单击“下一步”按钮，弹出“步骤 3-建立表之间的关系”对话框，这是创建关联数据库的关键，只要两个表之间建立了索引的字段，都可以建立关联，如图 12-17 所示。

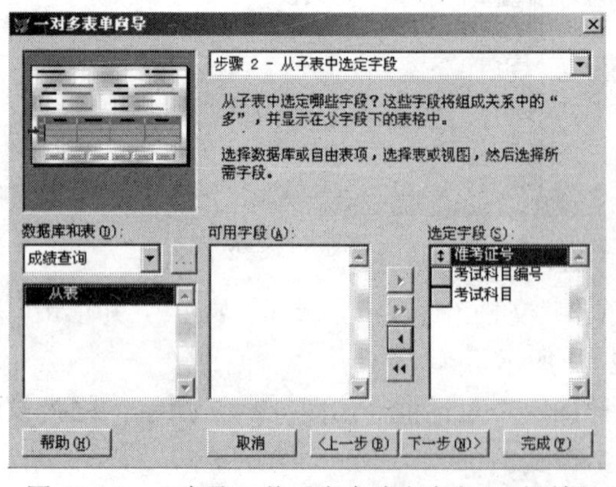

图 12-16　“步骤 2-从子表中选定字段”对话框

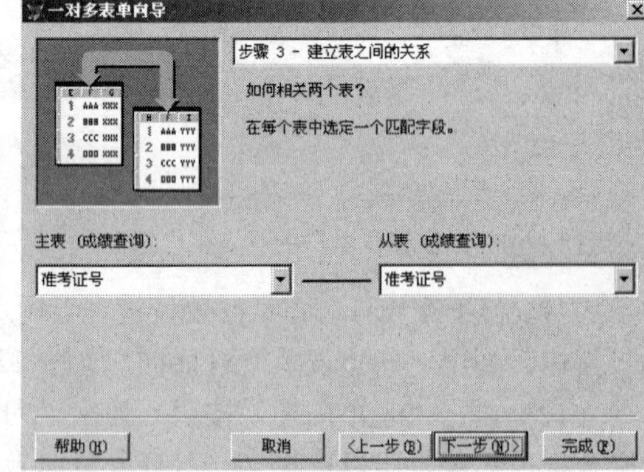

图 12-17　“步骤 3-建立表之间的关系”对话框

（17）单击“下一步”按钮，设置表单样式，如图 12-18 所示。

（18）单击“下一步”按钮，设置排序次序，选择以“姓名”排序，如图 12-19 所示。

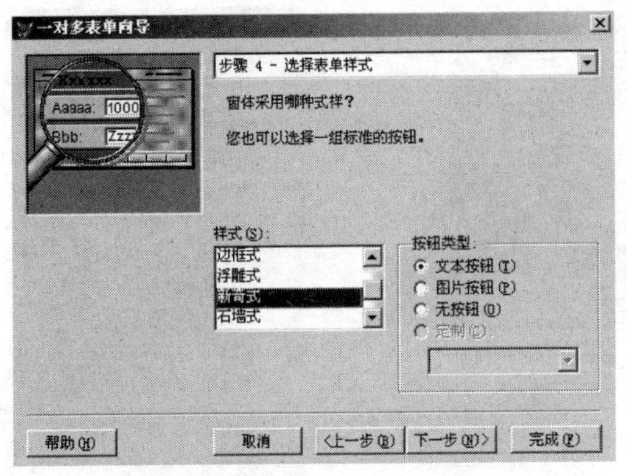

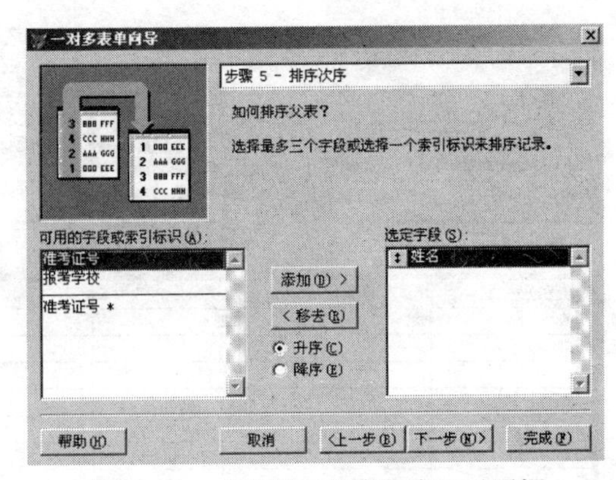

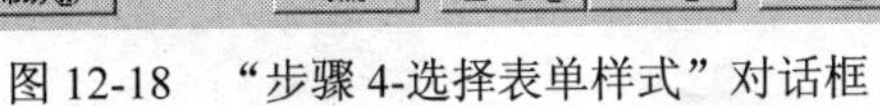
图 12-18　“步骤 4-选择表单样式”对话框

图 12-19　“步骤 5-排序次序”对话框

（19）单击“下一步”按钮，设置表单的有关属性，如图 12-20 所示。选择“保存表单并用表单设计器修改表单”单选按钮，单击“完成”按钮，保存表单。

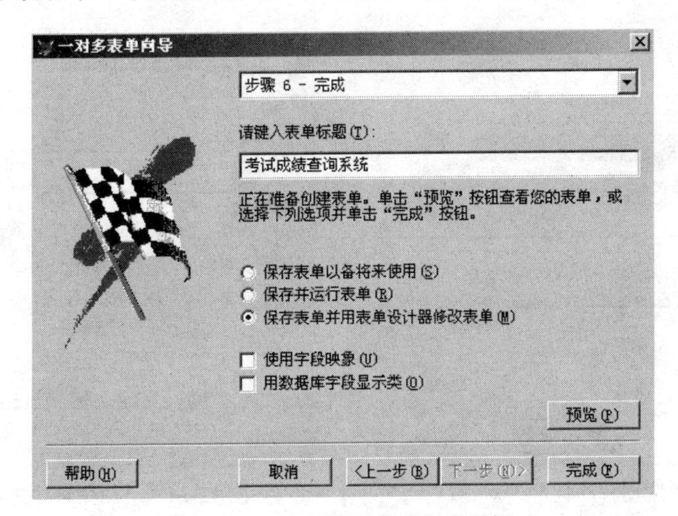

图 12-20　“步骤 6-完成”对话框

（20）保存后会直接在编辑窗口中打开表单，在这里可以进一步调整表单布局。完成后的表单界面如图 12-21 所示。

2．开发一个设备管理系统，包括设备登记、浏览、参数修改、组合查询、报表打印等功能。

（1）启动 Visual FoxPro，进入程序主界面，选择菜单“文件”→“新建”命令，在弹出的“新建”对话框中选择“项目”单选按钮，如图 12-22 所示。

（2）单击“向导”按钮，在弹出的“应用程序向导”对话框中设置一个项目名及保存路径，并选中“创建项目目录结构”复选框，此项会在项目文件夹内设置整个项目所需的各种文件夹，如图 12-23 所示。

（3）单击“确定”按钮，弹出“应用程序生成器”窗口，在“应用程序生成器”窗口中可以设置项目涉及的主要问题，如图 12-24 所示。

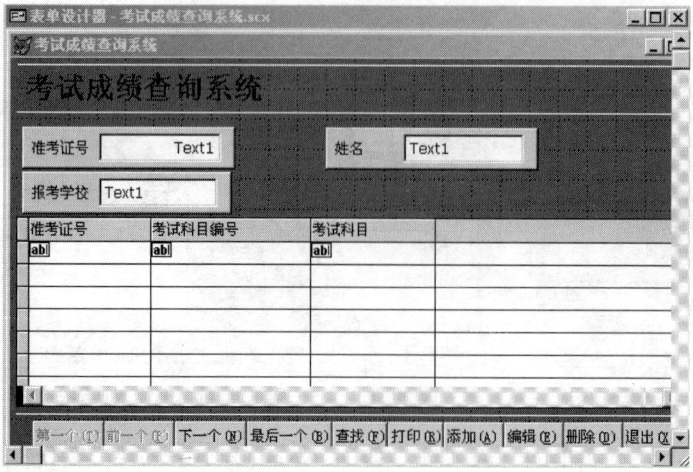

图 12-21 表单界面

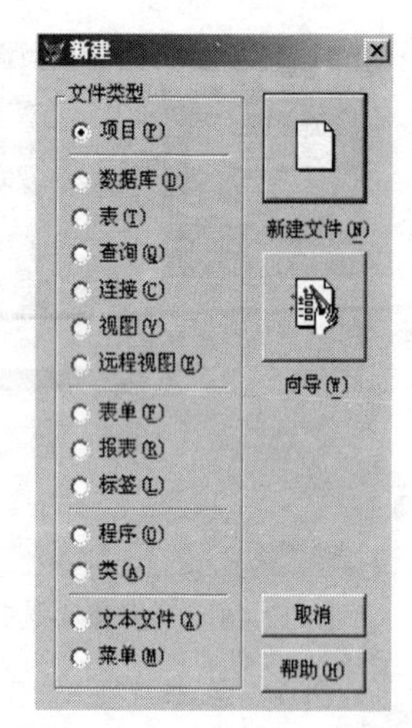

图 12-22 “新建”对话框

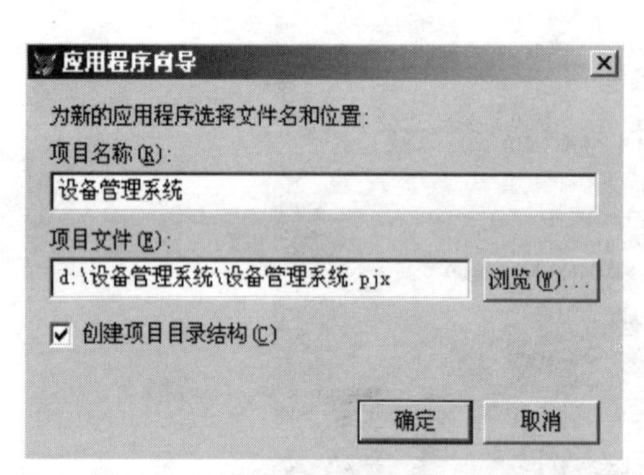

图 12-23 “应用程序向导”对话框

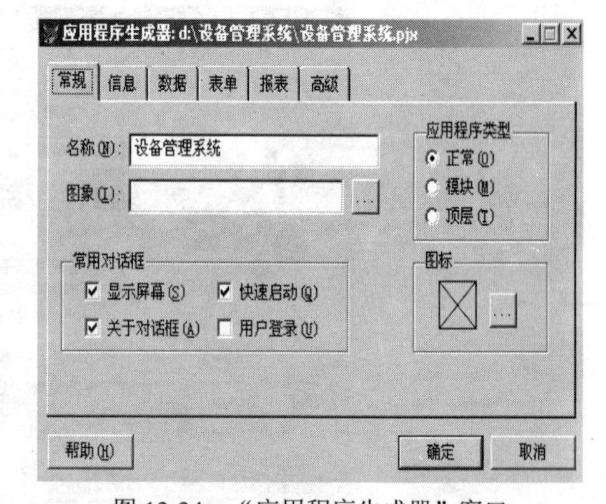

图 12-24 “应用程序生成器”窗口

（4）单击“确定”按钮，完成项目文件的创建，弹出如图 12-25 所示的“项目管理器”对话框。

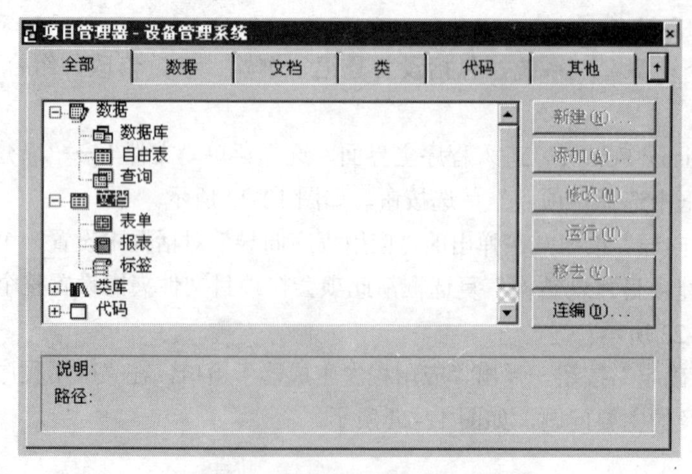

图 12-25 “项目管理器”对话框

（5）接下来，在项目管理器中创建需要的数据库文件及相应的前台功能窗口。单击“数据”选项卡，选择“自由表”，并单击“新建”按钮。

（6）在弹出的“保存文件”对话框中设置一个文件名，单击“保存”按钮后即弹出“表设计器”对话框，如图 12-26 所示，在这里可以设计表的结构。

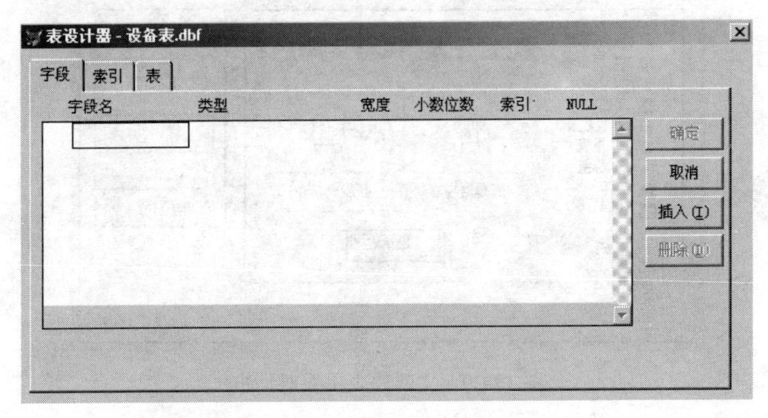

图 12-26　“表设计器”对话框

（7）根据实际需要设计表的结构，如图 12-27 所示。表的结构设计完成之后，系统会提示是否立即输入数据，这里输入几条数据以供演示，如图 12-28 所示。

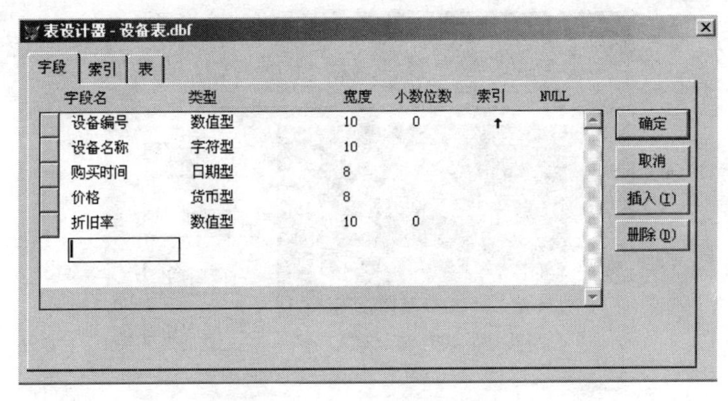

图 12-27　“设备表”表结构

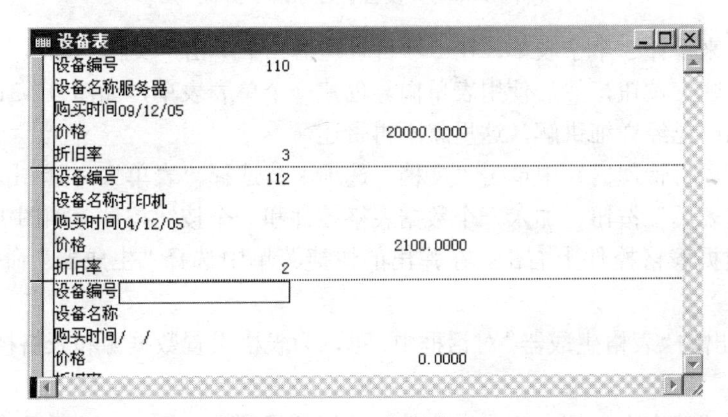

图 12-28　设备表

（8）接下来设计表单，在“项目管理器”中单击“文档”选项中，选择“表单”，并单击“新建”按钮，弹出“新建表单”对话框，如图 12-29 所示。

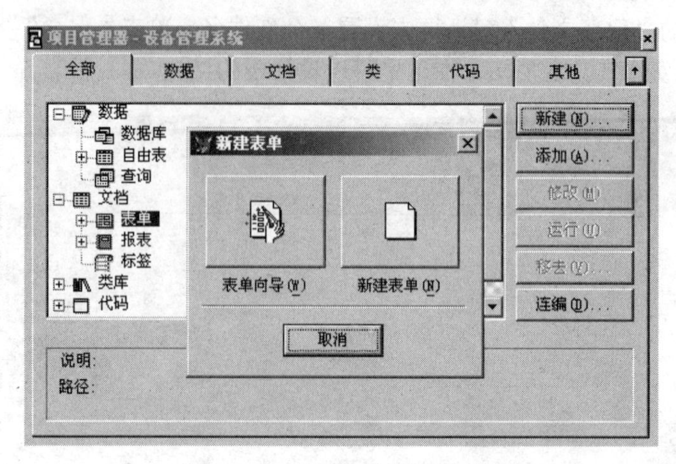

图 12-29 “新建表单”对话框

（9）单击“新建表单”按钮，出现一个空的表单，将其 Caption 属性设置为“设备管理系统”，在其上放置 4 个按钮控件、两个标签控件、两个线条控件、一个图片框控件，设置相关属性，如图 12-30 所示。

图 12-30 “设备管理系统”界面

（10）接下来设计 3 个子表单，在“项目管理器”中单击“文档”选项卡，选择“表单”项，并单击“新建”按钮，然后使用表单向导创建一个单表表单，如图 12-31 所示，具体过程在前边的实例中已经详细讲解，这里就不再赘述。

（11）在“项目管理器”中单击“文档”选项卡，选择“表单”，并单击“新建”按钮，然后单击“新建表单”按钮，加入一个数据表格控件和一个按钮控件，如图 12-32 所示。

（12）在数据表格控件上右击，在弹出的快捷菜单中选择“生成器”命令，如图 12-33 所示。

（13）在弹出的“表格生成器”对话框中，可以为表格设置数据源和表格样式，如图 12-34 所示。

（14）单击“确定”按钮，完成表格数据环境的设置，如图 12-35 所示。

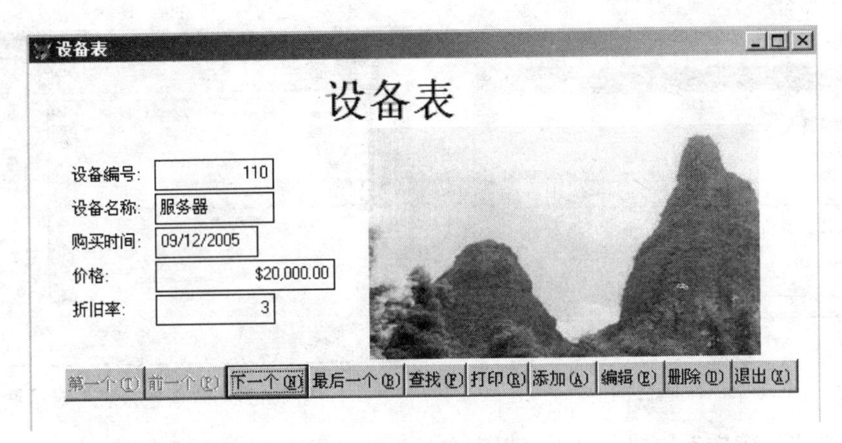

图 12-31　设备表单

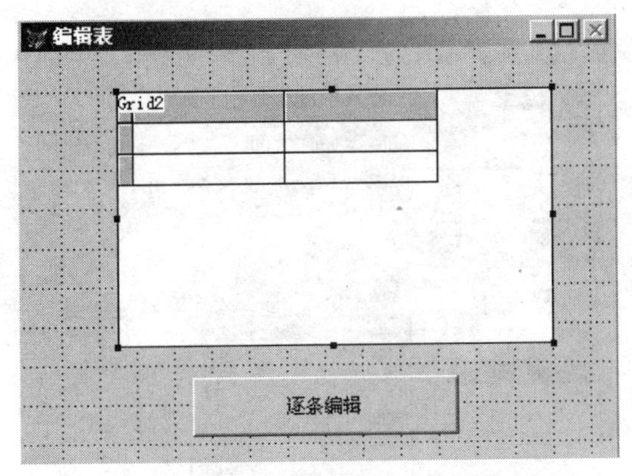

图 12-32　编辑表单设计界面

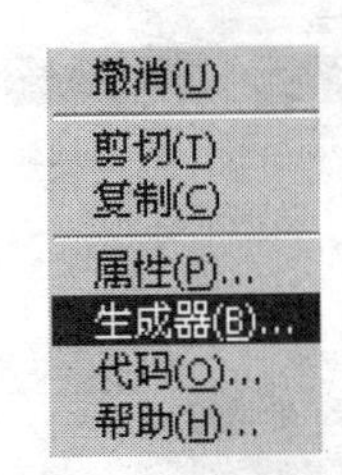

图 12-33　快捷菜单

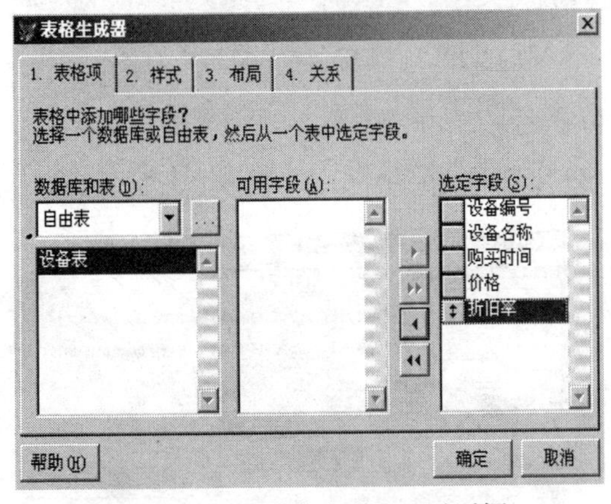

图 12-34　“表格生成器”对话框

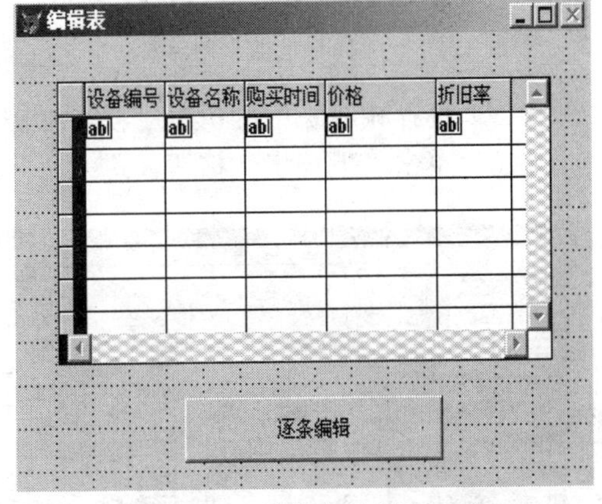

图 12-35　编辑表单设计界面

（15）双击“逐条编辑”按钮，在其代码页写入命令 edit，设置另一种形式的编辑方式，单击“逐条编辑”按钮运行时效果如图 12-36 所示。

（16）接下来创建报表，在“项目管理器”对话框中，单击“文档”选项卡，选择“报表”，并单击“新建”按钮，这时会弹出“新建报表”对话框，如图 12-37 所示。

（17）单击“报表向导”按钮，弹出“向导选取”对话框，如图 12-38 所示。

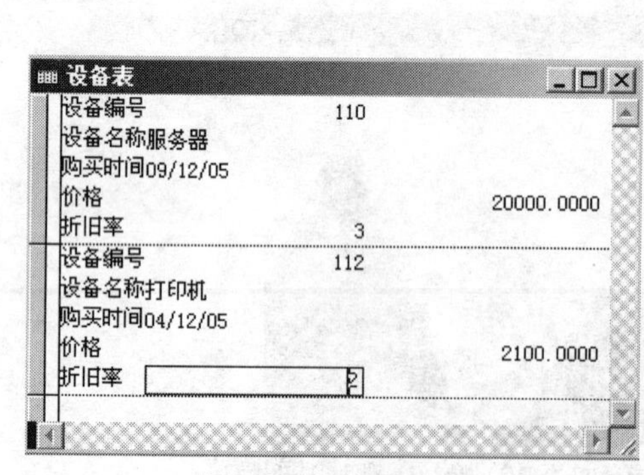

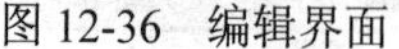
图 12-36 编辑界面

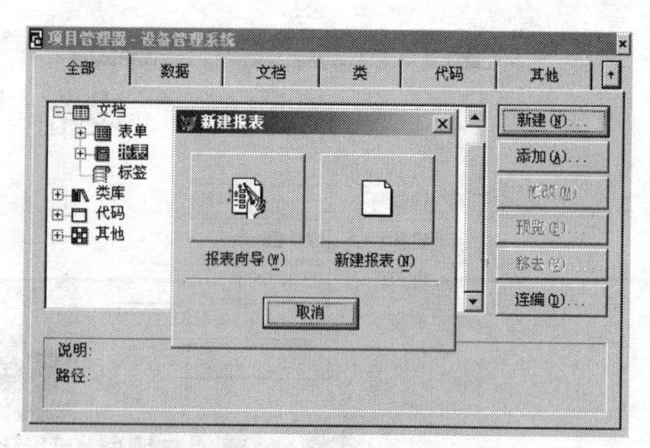

图 12-37 “新建报表”对话框

（18）单击“确定”按钮，进入“报表向导”的“步骤 1-字段选取”对话框，如图 12-39 所示。

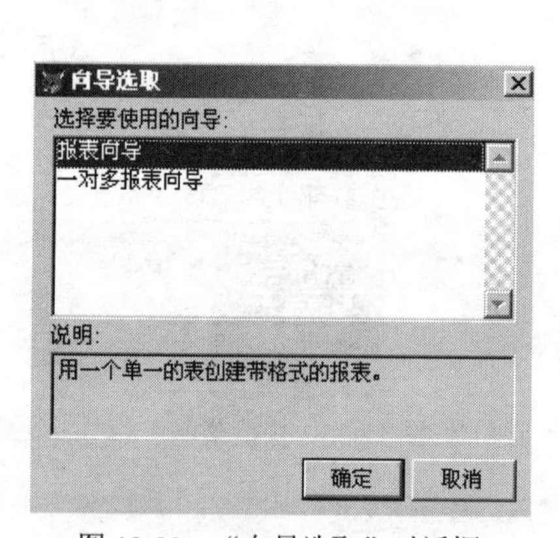

图 12-38 “向导选取”对话框

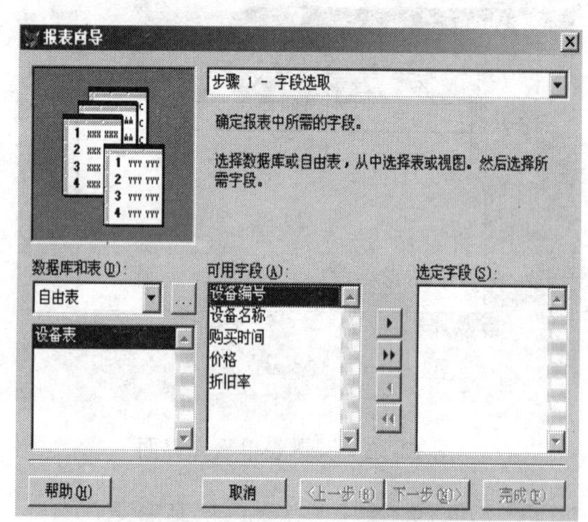

图 12-39 “步骤 1-字段选取”对话框

（19）选择相应表中的所有字段，如图 12-40 所示。

（20）单击“下一步”按钮，进入“步骤 2-分组记录”对话框，如图 12-41 所示。

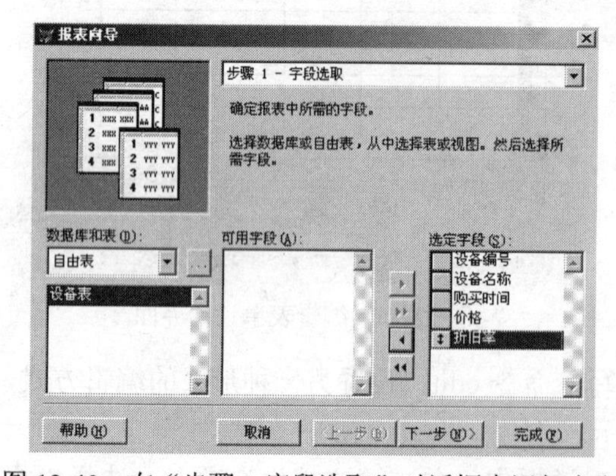

图 12-40 在“步骤 1-字段选取”对话框中添加字段

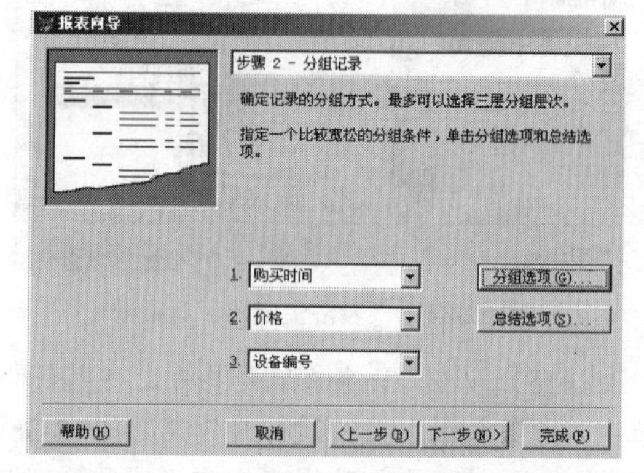

图 12-41 “步骤 2-分组记录”对话框

（21）单击“下一步”按钮，进入“步骤 3-选择报表样式”对话框，如图 12-42 所示。

（22）单击“下一步”按钮，进入“步骤 4-定义报表布局”对话框，如图 12-43 所示。

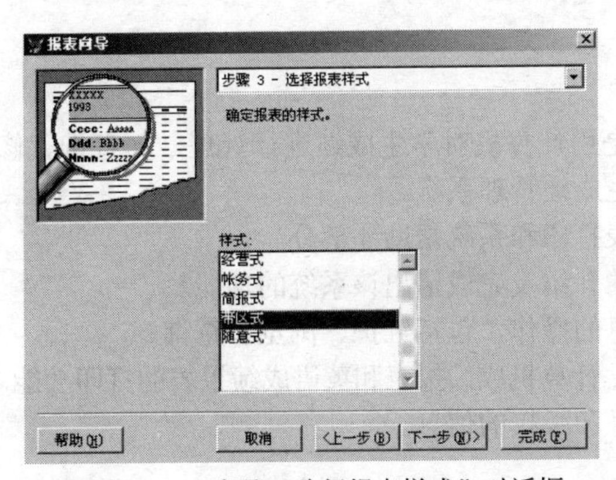

图 12-42　“步骤 3-选择报表样式”对话框

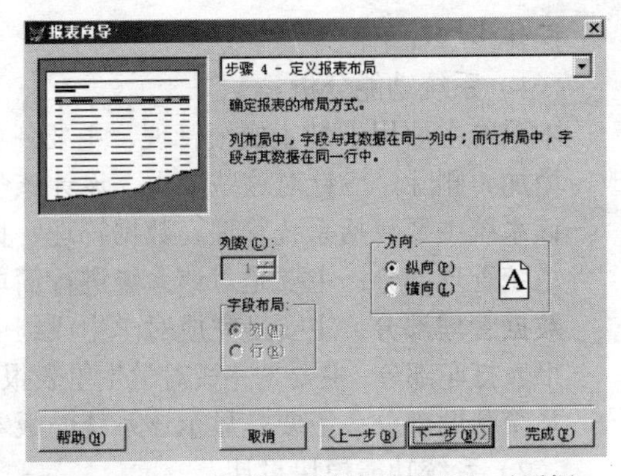

图 12-43　“步骤 4-定义报表布局”对话框

（23）单击“完成”按钮，完成有关设置，单击“预览”按钮，预览报表，如图 12-44 所示。

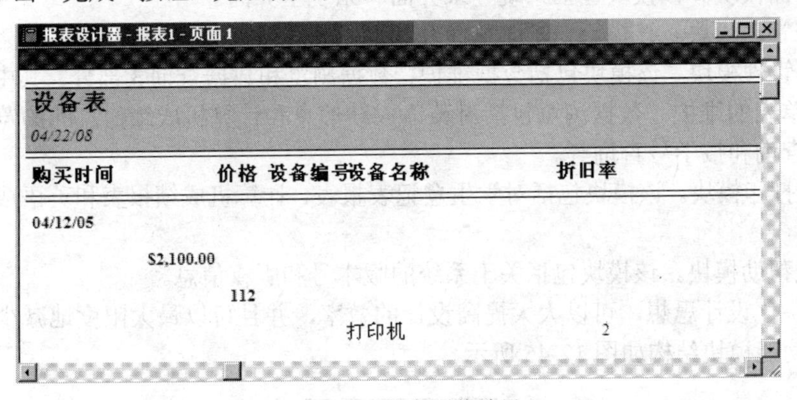

图 12-44　报表预览结果

（24）上面已经将一个主表单、3 个功能模块表单创建完成。下面将它们连接起来，在主表单中双击“录入”按钮，在其代码页写入命令：

```
DO Form d:\设备管理系统\录入.scx
```

同样，在主表单中双击“编辑”按钮，在其代码页写入命令：

```
DO Form d:\设备管理系统\编辑.scx
```

在主表单中双击“报表”按钮，在其代码页写入命令：

```
set print on
DO Form d:\设备管理系统\报表.frx PREV
set print off
```

3．开发一个“学生成绩管理系统”的应用系统，其系统功能如下：

- 系统功能分析与模块设计
- 数据库设计
- 系统表单设计
- 系统主菜单设计
- 主程序设计
- 系统部件组装
- 系统运行
- 创建发布磁盘

操作步骤如下：

（1）系统功能分析。

本系统主要用于学生成绩管理，主要任务是用计算机对学生成绩进行管理，如查询、修改、增加、删除，应针对这些要求，设计该学生成绩管理系统。

该系统主要包括系统管理、数据管理、报表打印和系统帮助 4 部分。

系统管理部分：主要是对该系统进行简单的介绍及完成退出该系统的功能。

数据管理部分：主要是完成对学生成绩信息的操作，包括维护、浏览和查询。

报表打印部分：主要是完成对学生单表报表、计算机成绩报表和英语成绩报表的打印功能。

系统帮助部分：主要是显示该系统的版本号和版权的信息。

（2）系统功能模块设计。

根据系统功能分析，本系统的功能分为以下 5 大模块：

1）主界面模块。该模块包括系统登录界面和系统主界面。

2）系统管理模块。该模块包括系统简介和退出系统两部分。

3）数据管理模块。该模块包括数据维护、数据浏览和数据查询 3 部分。其中，数据维护包括对学生单表的维护；数据浏览包括对英语成绩信息和计算机成绩信息的浏览；数据查询包括按院系查询和按学号查询等。

4）报表打印模块。该模块包括对学生登记表报表、计算机成绩报表和英语成绩报表的打印 3 部分。

5）系统帮助模块。该模块包括关于系统的版本号和版权信息。

采用模块化设计思想，可以大大提高设计的效率，并且可以最大限度地减少不必要的错误。其系统功能模块结构如图 12-45 所示。

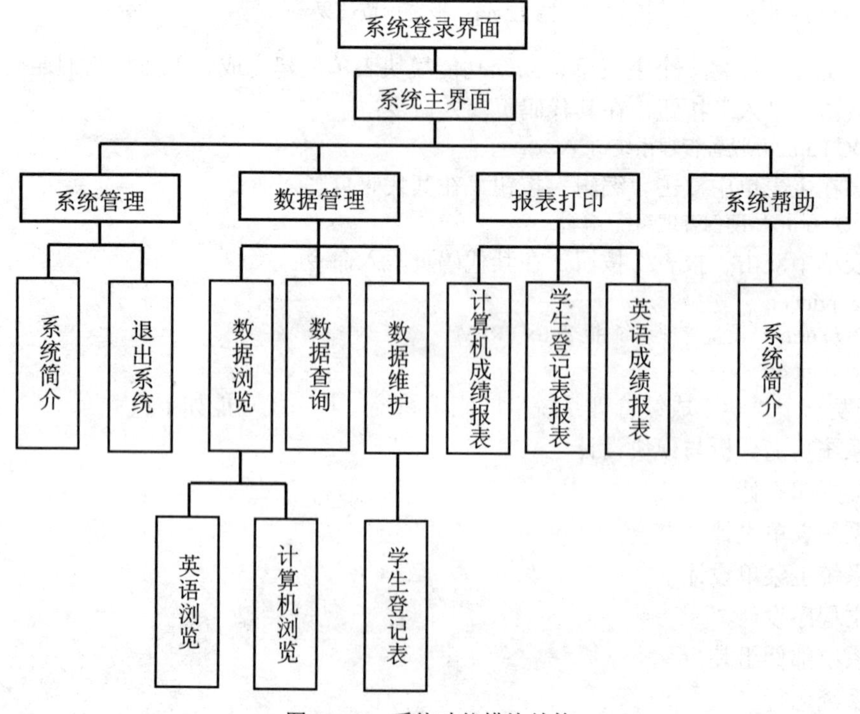

图 12-45 系统功能模块结构

（3）系统数据库设计。

在数据库应用系统的开发过程中，数据库的设计是一个重要的环节。数据库设计得好坏直接影响到应用程序的设计效率和应用效果。通过分析，该系统的数据库（成绩管理.dbc）包含以下 3 个表，每个表表示在数据库中的一个数据表。

表 12-1 所示为学生登记表，表 12-2 所示为学生计算机成绩表，表 12-3 所示为学生英语成绩表。

表 12-1　xsdb.dbf

字段名	字段类型	字段宽度	小数位数
学号	字符型	8	—
院系	字符型	10	—
姓名	字符型	6	—
性别	字符型	2	—
生年月日	日期型	8	—
英语	数值型	5	1
计算机	数值型	5	1
平均分	数值型	5	1
总分	数值型	5	1
奖学金	数值型	4	1
党员否	逻辑型	1	—
备注	备注型	4	—

表 12-2　jsj.dbf

字段名	字段类型	字段宽度	小数位数
学号	字符型	8	—
上机	数值型	6	2
笔试	数值型	6	2

表 12-3　yy.dbf

字段名	字段类型	字段宽度	小数位数
学号	字符型	8	—
口语	数值型	6	2
写作	数值型	6	2
听力	数值型	6	2

（4）系统表单设计。

“学生成绩管理系统”的主要工作窗口是由具有不同功能的表单提供的，主要表单如下：

1）系统主界面的设计。系统主界面的主要任务是引导用户进入系统操作，它由主程序启动，当表单运行 5 秒钟或用户按任意键或单击鼠标时，打开系统登录表单。系统主界面如图 12-46 所示。

在 Form1 的 Click 事件中输入下列代码：

```
thisform.release
close all
do form d:\学生成绩管理\forms\系统登录.scx
```

2）“系统登录”表单的设计。“系统登录”表单的主要任务是输入用户名和密码，如果用户名和密码正确，则调用系统主菜单，使用户进入数据库应用系统环境。“系统登录”表单如图 12-47 所示。

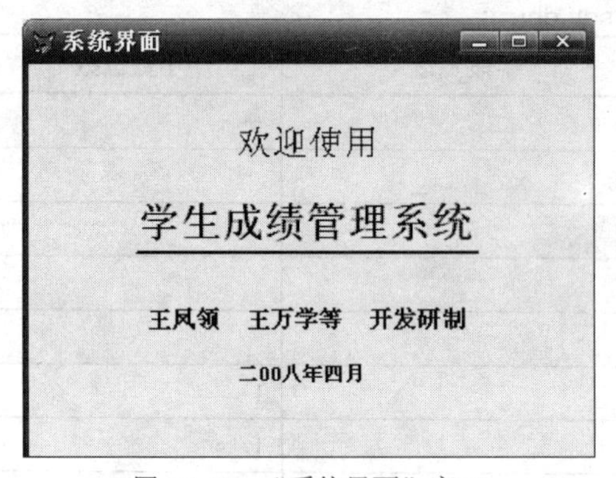

图 12-46　“系统界面”窗口

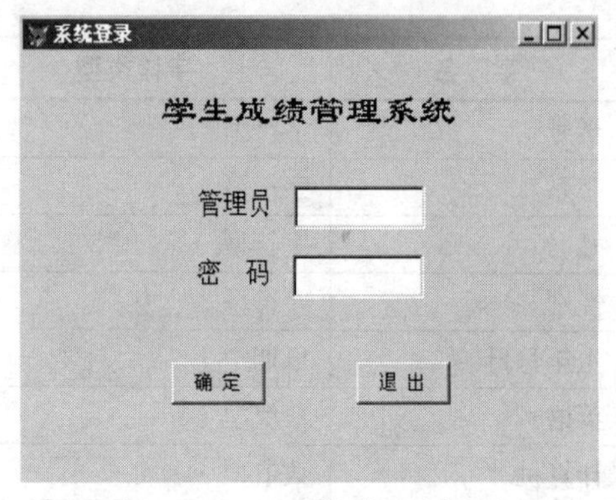

图 12-47　“系统登录”界面

3）“系统简介”表单的设计。“系统简介”表单主要是对该系统进行简单的介绍，它由系统菜单中的“系统简介”菜单项启动。“系统简介”表单如图 12-48 所示。

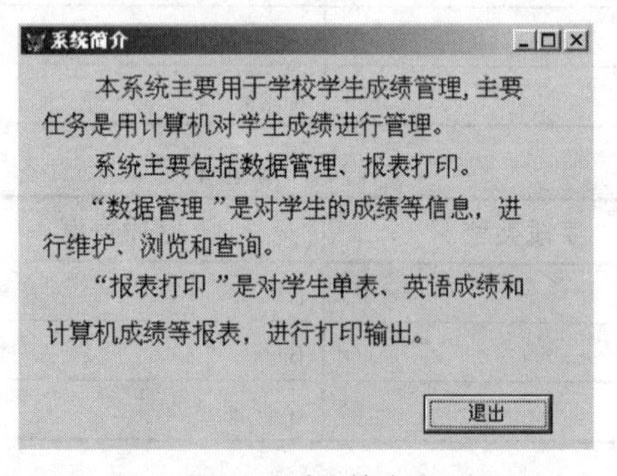

图 12-48　“系统简介”界面

4）“退出系统”表单的设计。“退出系统”表单主要是完成系统的退出功能，它由系统菜单中的“退出系统”菜单项启动。“退出系统”命令如图 12-49 所示。

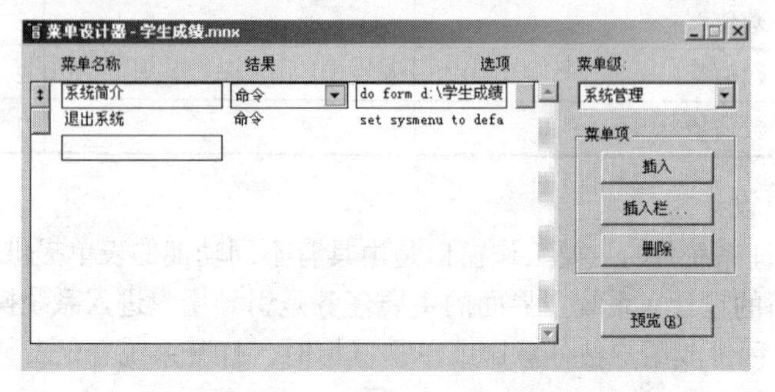

图 12-49　“菜单设计器”窗口

5)“关于系统”表单的设计。“关于系统”表单主要是显示该系统的版本号和版权信息，它由系统菜单中的“系统帮助”菜单项启动。“关于系统”表单如图 12-50 所示。

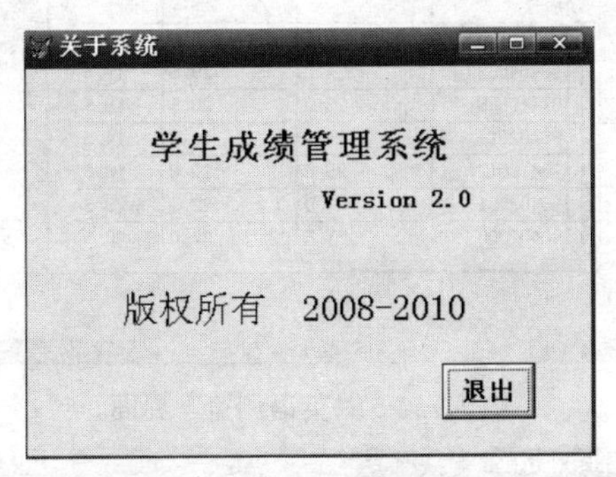

图 12-50　“关于系统”界面

6)“数据维护”表单的设计。“数据维护”表单主要是完成对学生成绩信息等原始数据进行维护的窗口，包括增、删、改等功能，它由系统菜单中的“数据维护”菜单项启动，然后再由“数据维护”子菜单调用学生单表表单。

“学生登记表.dbf”表的数据维护表单如图 12-51 所示。

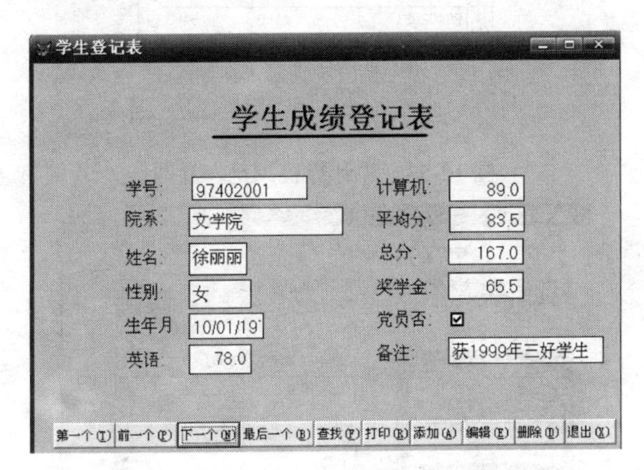

图 12-51　“学生登记表”界面

7)“数据浏览”表单的设计。“数据浏览”表单主要是完成对学生英语成绩和计算机成绩信息等原始数据、数据查询结果进行显示，它由系统菜单中的“数据浏览”菜单下的相应菜单项启动。如果“数据浏览”表单的功能全面实用，将会使数据库中的数据资源得到最好的利用。

“英语成绩表.dbf”表的数据浏览表单如图 12-52 所示。

“计算机成绩表.dbf”表的数据浏览表单如图 12-53 所示。

8)“数据查询”表单的设计。“数据查询”表单主要是完成对学生成绩信息等原始数据进行检索、排序、分类、重新组织等操作，它由系统菜单中的“数据查询”菜单下的相应菜单项启动。

“数据查询”表单设计往往形式各异，可以充分展现数据库应用系统开发者的不同构思。本例采用一对多表单向导完成设计，并添加一条直线和一个表格控件，在 jsj.dbf 表中右击生成器进行设置，如图 12-54 所示。

对表“xsdb.dbf”的数据按“学号”或“院系”进行数据查询的表单如图 12-55 所示。

英语浏览

英语成绩表

学号	写作	听力	口语
98402017	20.5	15.0	13.5
98404062	24.0	19.5	17.5
97410025	25.0	20.5	18.5
98402019	21.0	16.5	14.5
98410012	25.0	20.0	18.0
98402021	27.0	22.5	20.5
98402006	27.5	22.0	20.5

退出

图 12-52 “英语浏览”界面

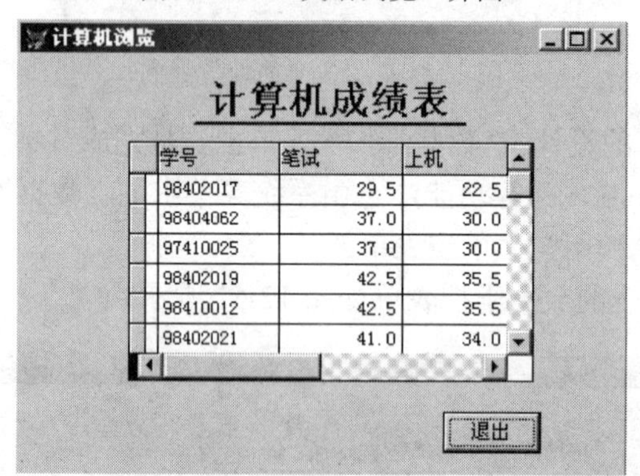

学号	笔试	上机
98402017	29.5	22.5
98404062	37.0	30.0
97410025	37.0	30.0
98402019	42.5	35.5
98410012	42.5	35.5
98402021	41.0	34.0

图 12-53 “计算机浏览”界面

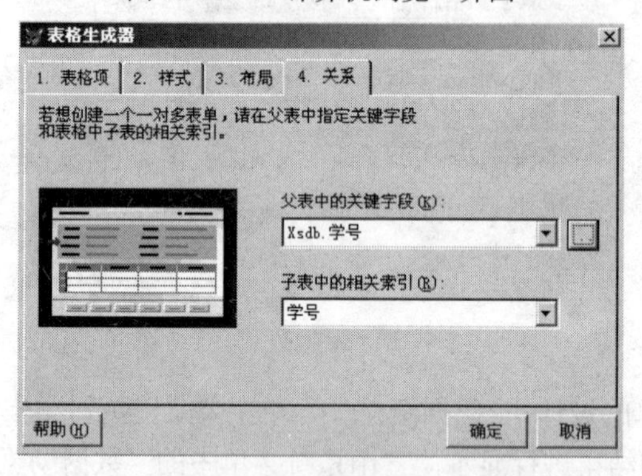

图 12-54 “表格生成器”对话框

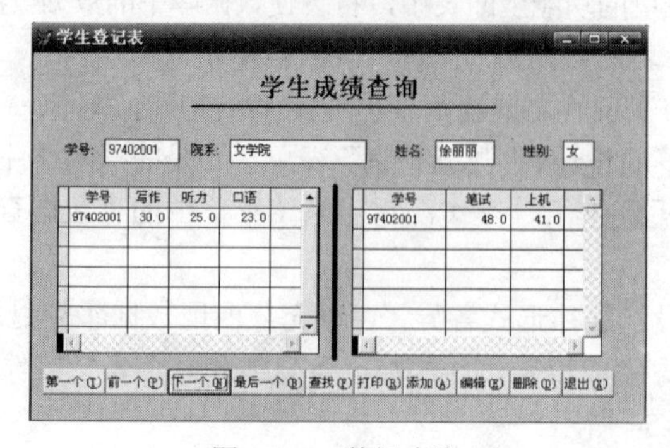

图 12-55 数据查询

9）数据报表设计，如图 12-56 至图 12-58 所示。

报表设计器 - 计算机成绩表.frx - 页面 1

计算机成绩表

学号	笔试	上机
98402017	29.5	22.5
98404062	37.0	30.0
97410025	37.0	30.0
98402019	42.5	35.5
98410012	42.5	35.5
98402021	41.0	34.0
98402006	42.5	35.5
98410101	37.0	30.0

图 12-56　“计算机成绩表”报表

报表设计器 - 学生登记表.frx - 页面 1

学生登记表　12/20/09

学号	院系	姓名	性别	生年月日	英语	计算机	平均分	总分	奖学金	党员否
97401006	哲学院	孙铁昕	男	06/08/79	87.0	90.0	88.5	177.0	72.5	Y
97402001	文学院	徐丽丽	女	10/01/78	78.0	89.0	83.5	167.0	65.5	Y
97402015	文学院	朱建华	男	08/17/77	85.0	78.0	81.5	163.0	68.5	N
97404007	西语学院	何薇	女	10/12/78	78.0	69.0	73.5	147.0	50.0	N
97404008	西语学院	史秋实	女	09/23/78	96.0	92.0	94.0	188.0	71.5	N
97404026	西语学院	梁山	男	01/12/78	66.0	91.0	78.5	157.0	65.0	N
97404027	西语学院	蔡玲	女	12/03/79	90.0	91.0	90.5	181.0	68.5	N
97405001	东语学院	孟庆玉	女	12/20/78	79.0	68.0	73.5	147.0	65.5	N
97405028	东语学院	张彩凤	女	11/05/78	70.0	95.0	0.0	0.0	62.5	N
97410020	法学院	刘春明	男	10/04/79	82.0	86.0	0.0	0.0	63.5	N
97410025	法学院	刘铁男	男	12/10/78	64.0	67.0	0.0	0.0	60.5	N
97410123	法学院	黄兵兵	男	07/20/77	96.0	92.0	0.0	0.0	71.5	Y

图 12-57　“学生登记表”报表

报表设计器 - 英语成绩表.frx - 页面 1

英语成绩表　12/20/09

学号	写作	听力	口语
97401006	33.0	28.0	26.0
97402001	30.0	25.0	23.0
97402015	32.5	27.5	25.0
97404007	30.0	25.0	23.0
97404008	36.0	31.0	29.0
97404026	26.0	21.0	19.0
97404027	34.0	29.0	27.0

图 12-58　“英语成绩表”报表

（5）系统主菜单的设计。

系统主菜单是用来控制数据库应用系统的各功能模块的操作。“学生成绩管理系统”的主菜单是通过系统登录表单调用的，其调用方法如下：

```
do 学生成绩.frx
```

“学生成绩管理系统”的主菜单学生成绩的功能如表 12-4 所示。

表 12-4 学生成绩管理系统菜单的功能

菜单名称	结果	菜单名称	结果	菜单名称	结果
系统管理（\<S）	子菜单	系统简介（\<S）	命令		
		退出系统（\<Q）	命令		
数据管理（\<D）	子菜单	数据维护（\<S）	子菜单	学生登记表（\<D）	命令
		数据浏览（\<G）	子菜单	英语浏览（\<E）	命令
			子菜单	计算机浏览（\<C）	命令
		数据查询（\<Q）	命令		
报表打印（\<P）	子菜单	学生登记表报表（\<D）	命令		
		计算机成绩表报表（\<C）	命令		
		英语成绩表报表（\<E）	命令		
系统帮助（\<H）	子菜单	关于系统（\<A）	命令		

“学生成绩管理系统”的主菜单界面如图 12-59 所示。

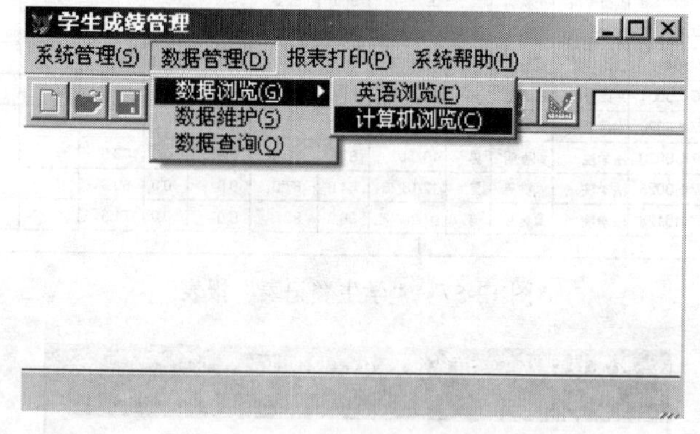

图 12-59 “学生成绩管理”窗口

（6）系统主程序设计。

主程序是一个数据库应用系统的总控部分，是系统首先要执行的程序。

“学生成绩管理系统”的主程序（学生成绩.prg）如下：

```
set talk off
set defa to d:\学生成绩管理        &&设置文件默认路径
close all
do form forms\系统界面
modi wind screen titl '学生成绩管理系统'
clea
```

```
do 学生成绩.mpr                    &&菜单文件名定为学生成绩管理
read events                        &&建立事件循环
quit                               &&退出 Visual FoxPro
```

（7）系统部件组装。

1）选择“文件”→“新建”命令，弹出“新建”对话框。

2）在“新建”对话框中，选中“项目”单选按钮，再单击“向导”按钮，在“应用程序向导”对话框中输入要创建的项目的文件名“学生成绩管理.pjx”，如图 12-60 所示。单击“保存”按钮，进入“项目管理器”对话框。

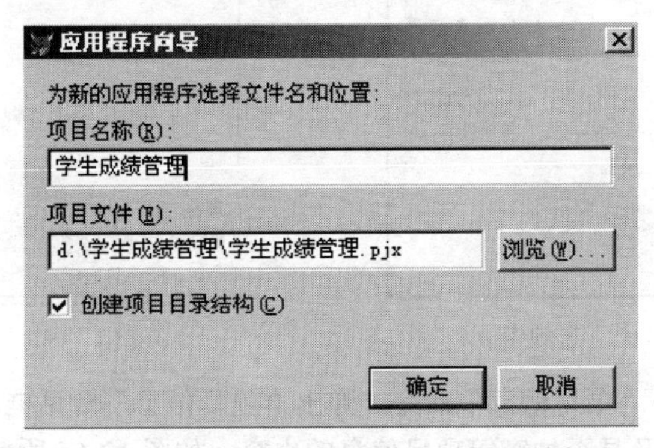

图 12-60　“应用程序向导”对话框

3）在“项目管理器”对话框中选择“数据”选项卡，再选中“数据库”选项。

4）单击“添加”按钮，进入“打开”对话框，选择“成绩管理.dbc”文件。

5）单击“确定”按钮，则把数据库“成绩管理.dbc”添加到“项目管理器”中，如图 12-61 所示。

6）选择“文档”选项卡，将表单“关于系统.scx”、“计算机浏览.scx”、“数据查询.scx”、“系统登录.scx”、“系统简介.scx”、“系统界面.scx”、“学生登记表.scx”、“英语浏览.scx”及报表“计算机成绩表.frx”、“英语成绩表.frx”、“学生登记表.frx”添加到“项目管理器”中，如图 12-62 所示。

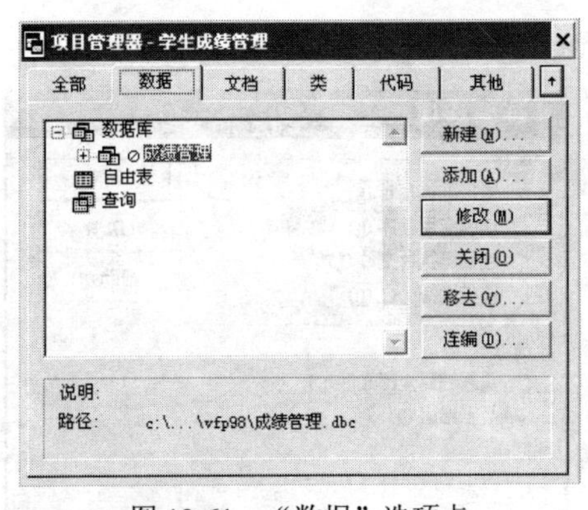

图 12-61　“数据”选项卡

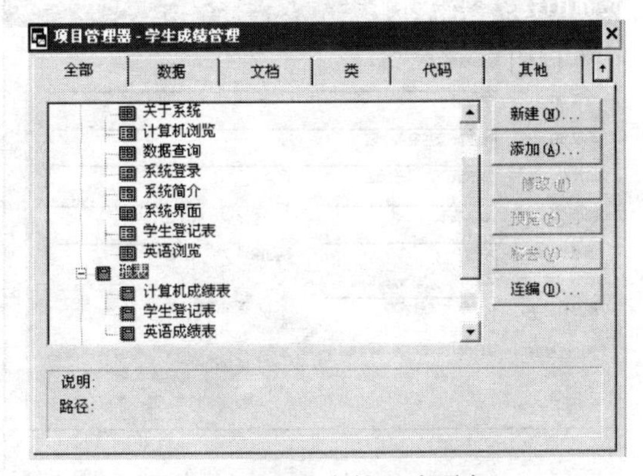

图 12-62　“文档”选项卡

7）选择“代码”选项卡，将程序文件“学生成绩.prg”添加到“项目管理器”中，然后选中“学生成绩”并右击，在弹出的快捷菜单中选择“设置主文件”命令，将程序文件“学生成绩.prg”设置为主文件，如图 12-63 所示。

8）选择“其他”选项卡，将菜单“学生成绩.mnx”添加到“项目管理器”中，如图 12-64 所示。

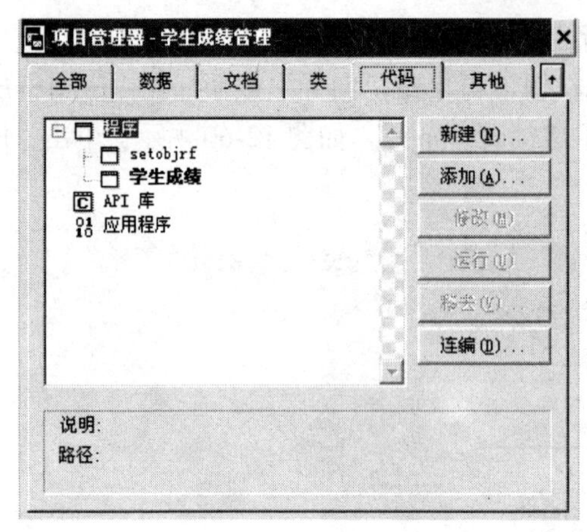

图 12-63　“代码”选项卡

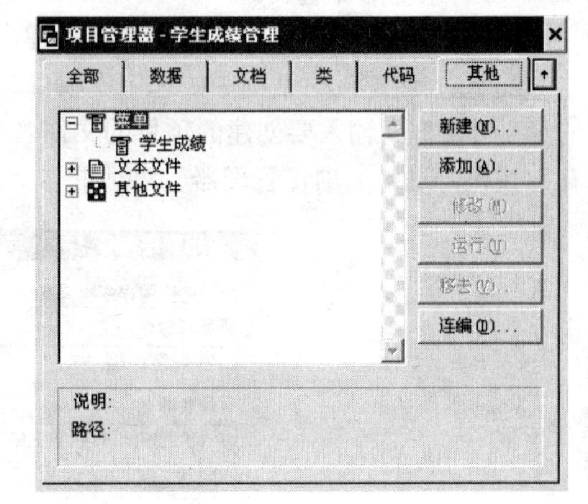

图 12-64　“其他”选项卡

9）选择“项目”→“项目信息”命令，弹出“项目信息”对话框，设置系统开发者的相关信息、系统桌面图标及是否加密等项目信息的内容，如图 12-65 所示。

10）单击“确定”按钮，退出“项目信息”对话框，再单击“连编”按钮，进入“连编选项”对话框，选中“重新连编项目”单选按钮及“显示错误”复选框，如图 12-66 所示。

11）单击“确定”按钮，则完成了连编项目的操作。

12）再单击“连编”按钮，进入“连编选项”对话框，选中“连编可执行文件”单选按钮及“显示错误”复选框，如图 12-67 所示。

13）单击“确定”按钮，打开“另存为”对话框，输入可执行文件名“学生成绩管理.exe”，即编译成一个可独立运行的“学生成绩管理.exe”文件。

（8）系统运行。

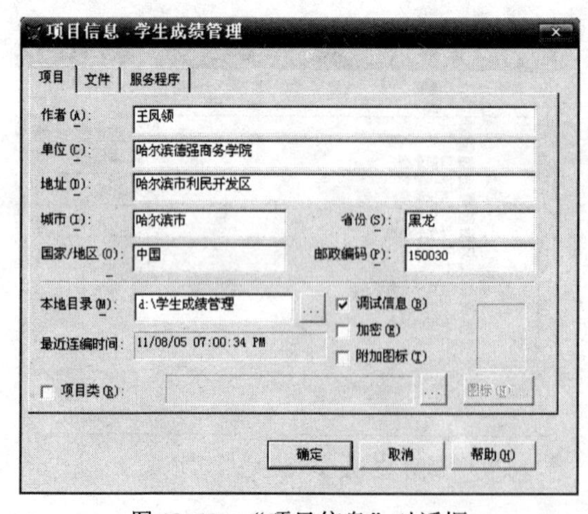

图 12-65　“项目信息”对话框

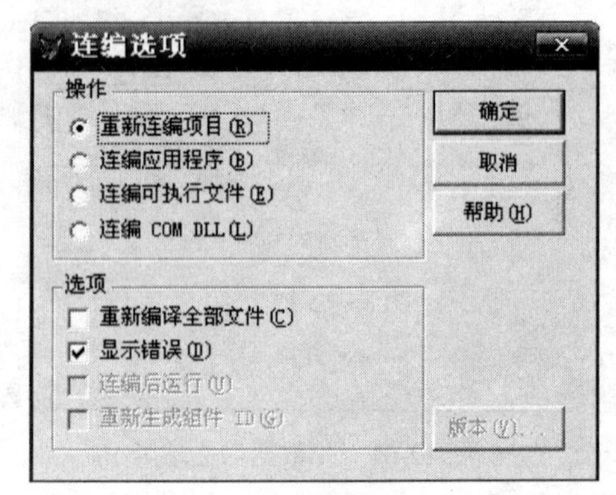

图 12-66　“连编选项”对话框

1）退出 Visual FoxPro 6.0 系统，将“c:\windows\system”文件夹下的“vfp6r.dll”、“vfp6renu.dll”文件（如果系统中没有安装 Visual FoxPro 6.0 则不用）复制到“学生成绩管理.exe”文件所在的文件夹中，然后双击“学生成绩管理.exe”文件，即开始执行“学生成绩管理系统”，如图 12-68 所示。

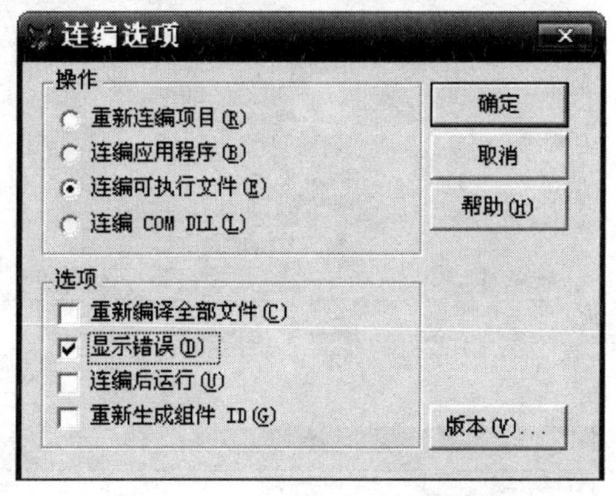

图 12-67　“连编选项”对话框

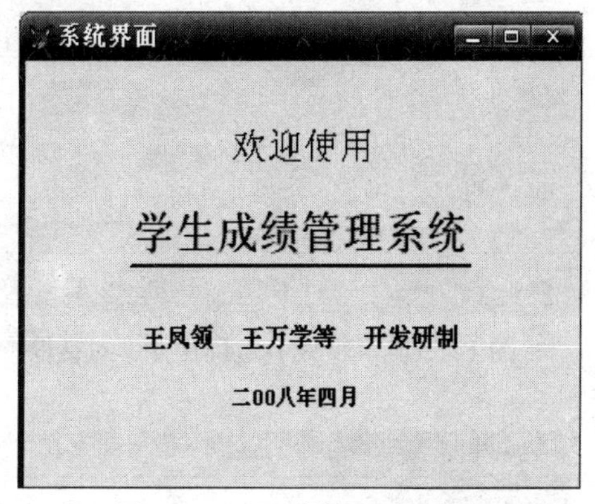

图 12-68　“系统界面”窗口

2）当窗体运行 5 秒钟后或在窗体上单击鼠标或按任意键，则进入“系统登录”窗体，选择管理员为“user”，并输入密码“user”（即管理员和密码相同为正确登录），如图 12-69 所示。

3）单击“确定”按钮，进入系统主菜单界面，如图 12-70 所示。

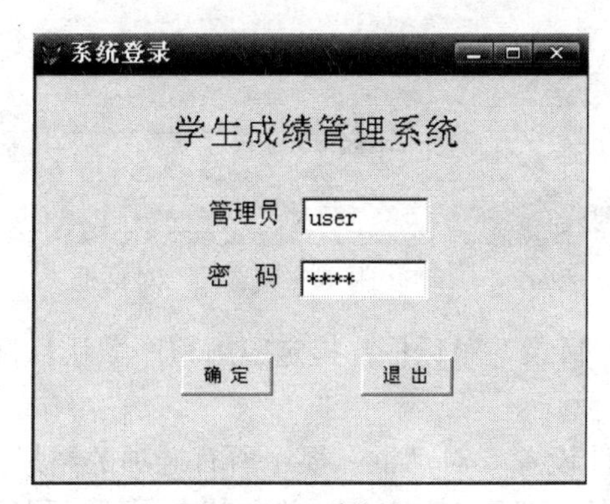

图 12-69　系统登录

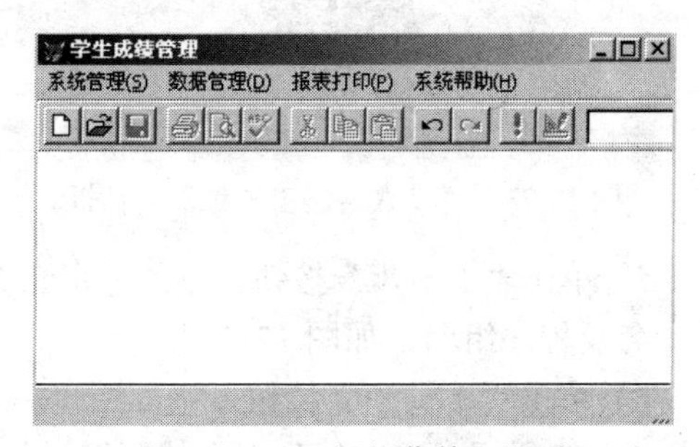

图 12-70　“运行菜单”界面

（9）创建发布磁盘。

1）在 Visual FoxPro 6.0 系统主菜单下，选择“工具”→“向导”→“安装”命令，启动“安装向导”，进入“步骤 1-定位文件”对话框，即建立发布树目录，如图 12-71 所示。

2）单击“下一步”按钮，进入“步骤 2-指定组件”对话框，指定应用程序使用或支持的可选组件，如图 12-72 所示。

3）单击“下一步”按钮，进入“步骤 3-磁盘映像”对话框，为应用程序指定不同的安装磁盘类型及磁盘映像目录，如图 12-73 所示。

4）单击“下一步”按钮，进入“步骤 4-安装选项”对话框，指定安装程序对话框标题及版权信息等内容，如图 12-74 所示。

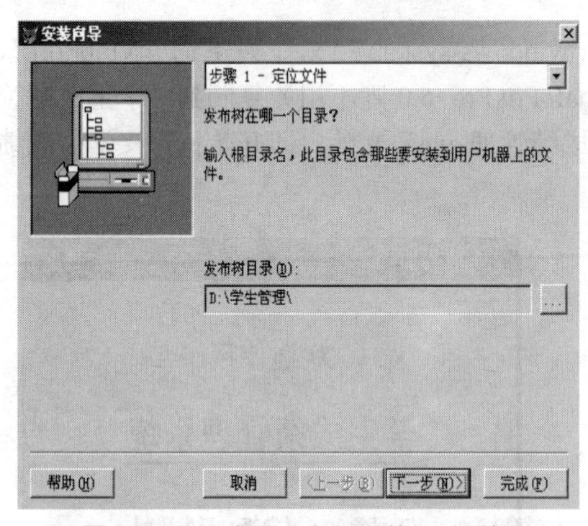

图 12-71　“步骤 1-定位文件”对话框

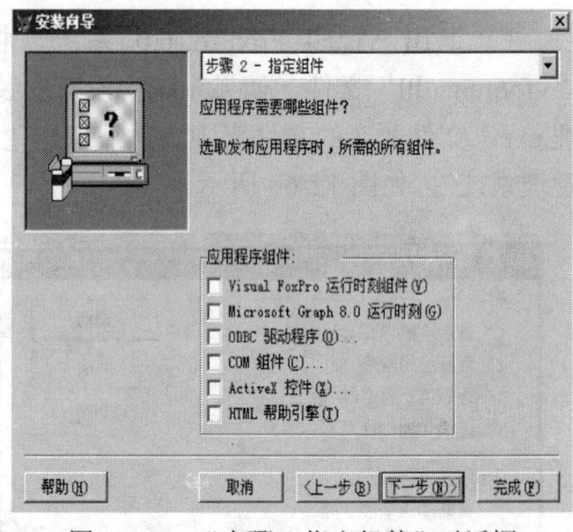

图 12-72　“步骤 2-指定组件”对话框

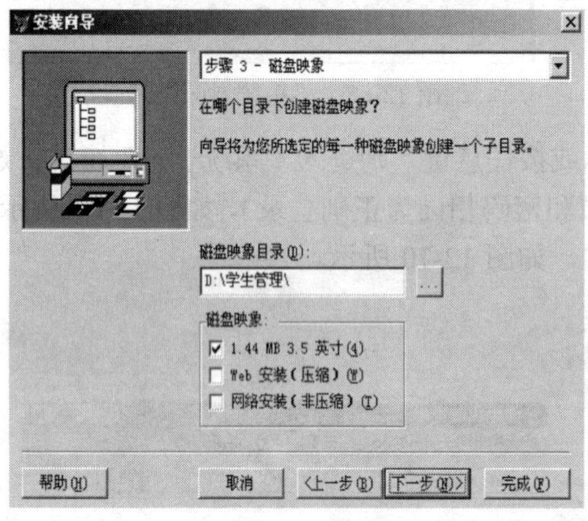

图 12-73　“步骤 3-磁盘映像”对话框

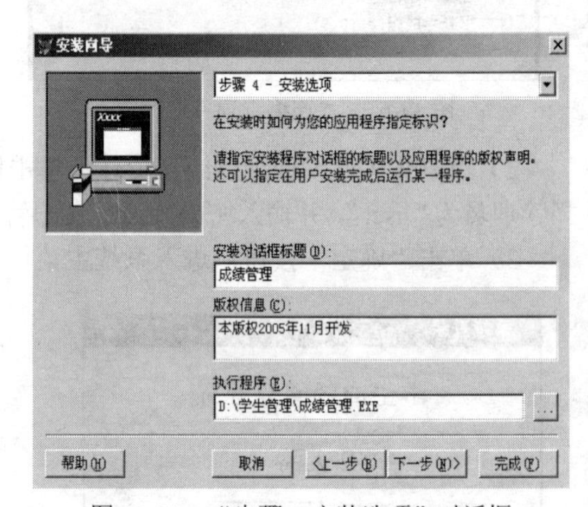

图 12-74　“步骤 4-安装选项”对话框

5）单击“下一步”按钮，进入“步骤 5-默认目标目录”对话框，指定应用程序默认目标目录名及程序组名，如图 12-75 所示。

6）单击“下一步”按钮，进入“步骤 6-改变文件设置”对话框，显示所有选项的结果，如图 12-76 所示，在文件列表中找到编译的“学生成绩管理.exe”文件，单击其右面的“程序管理器”项的小方框，则弹出“程序组菜单项”对话框，在“说明”中输入“开始”菜单中启动该软件的图标说明“学生成绩管理”，在命令行中输入“%\学生成绩管理.exe”，再单击“图标”按钮，选择一个图标，再单击“确定”按钮。

7）单击“下一步”按钮，进入“步骤 7-完成”对话框，如图 12-77 所示。

8）单击“完成”按钮，“安装向导”用 4 步完成创建工作，并给出“安装向导磁盘统计信息”对话框。

9）单击“完成”按钮，结束应用程序的磁盘发布操作，安装向导进展情况如图 12-78 和图 12-79 所示。系统在“d:\成绩管理”文件夹下会生成 disk144 文件夹，即为该系统的发布磁盘，分别把 disk144 文件夹下的子文件夹 disk1、disk2、disk3 复制到 3 张软盘上，安装时从第一张盘开始，运行 setup.exe 文件即可。

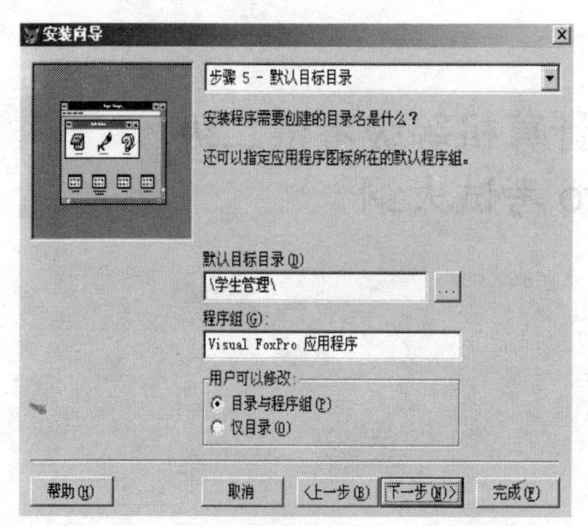

图 12-75　“步骤 5-默认目标目录”对话框

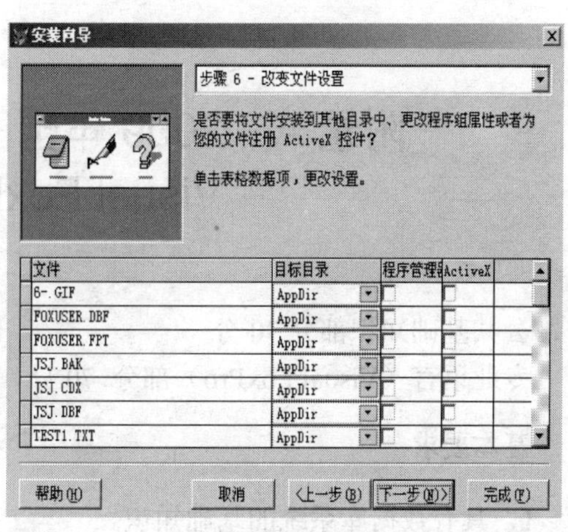

图 12-76　“步骤 6-改变文件设置”对话框

图 12-77　“步骤 7-完成”对话框

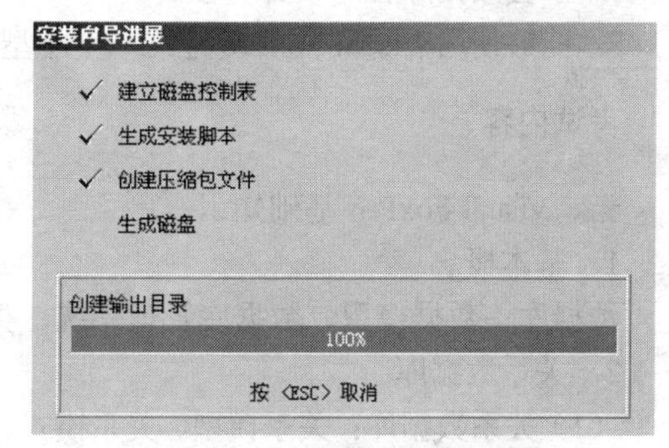

图 12-78　“安装向导进展”窗口

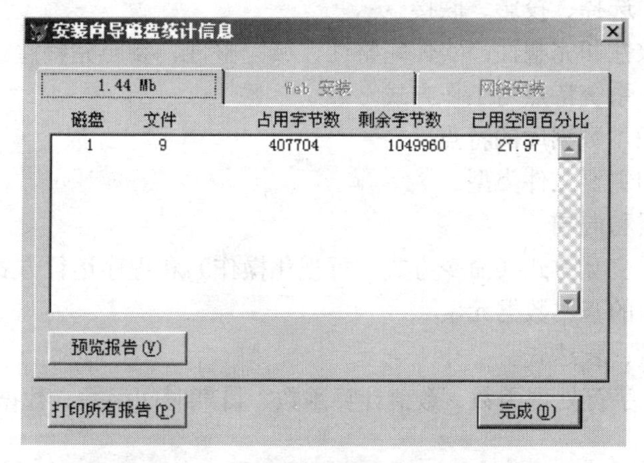

图 12-79　“安装向导磁盘统计信息”对话框

附录A 2009年全国计算机等级考试二级 Visual FoxPro考试大纲

公共基础知识部分30分

专业语言（Visual FoxPro）部分 70分

基本要求

1．具有数据库系统的基础知识。

2．基本了解面向对象的概念。

3．掌握关系数据库的基本原理。

4．掌握数据库程序设计方法。

5．能够使用Visual FoxPro建立一个小型数据库应用系统。

考试内容

一、Visual FoxPro基础知识

1．基本概念

数据库、数据模型、数据库管理系统、类和对象、事件、方法。

2．关系数据库

（1）关系数据库：关系模型、关系模式、关系、元组、属性、域、主关键字和外部关键字。

（2）关系运算：选择、投影、联接。

（3）数据的一致性和完整性：实体完整性、域完整性、参照完整性。

3．Visual FoxPro系统特点与工作方式

（1）Windows版本数据库的特点。

（2）数据类型和主要文件类型。

（3）各种设计器和向导

（4）工作方式：交互方式（命令方式、可视化操作）和程序运行方式。

4．Visual FoxPro的基本数据元素

（1）常量、变量、表达式。

（2）常用函数：字符处理函数、数值计算函数、日期时间函数、数据类型转换函数、测试函数。

二、Visual FoxPro数据库的基本操作

1．数据库和表的建立、修改与有效性检验

（1）表结构的建立与修改。

（2）表记录的浏览、增加、删除与修改。

（3）创建数据库，向数据库添加或从数据库删除表。

（4）设定字段级规则和记录规则。

（5）表的索引：主索引、候选索引、普通索引、唯一索引。

2．多表操作

（1）选择工作区。

（2）建立表之间的关联：一对一的关联；一对多的关联。

（3）设置参照完整性。

（4）建立表间临时关联。

3．建立视图与数据查询

（1）查询文件的建立、执行与修改。

（2）视图文件的建立、查看与修改。

（3）建立多表查询。

（4）建立多表视图。

三、关系数据库标准语言SQL

1．SQL的数据定义功能

（1）CREATE TABLE -SQL

（2）ALTER TABLE -SQL

2．SQL的数据修改功能

（1）DELETE -SQL

（2）INSERT -SQL

（3）UPDATE -SQL

3．SQL的数据查询功能

（1）简单查询。

（2）嵌套查询。

（3）联接查询。

内连接

外连接：左连接，右连接，完全连接。

（4）分组与计算查询。

（5）集合的并运算。

四、项目管理器、设计器和向导的使用

1．使用项目管理器

（1）使用“数据”选项卡。

（2）使用“文档”选项卡。

2．使用表单设计器

（1）在表单中加入和修改控件对象。

（2）设定数据环境。

3．使用菜单设计器

（1）建立主选项。

（2）设计子菜单。

（3）设定菜单选项程序代码。

4．使用报表设计器

（1）生成快速报表。

（2）修改报表布局。

（3）设计分组报表。

（4）设计多栏报表。

5．使用应用程序向导

6．应用程序生成器与连编应用程序

五、Visual FoxPro 程序设计

1．命令文件的建立与运行

（1）程序文件的建立。

（2）简单的交互式输入、输出命令。

（3）应用程序的调试与执行。

2．结构化程序设计

（1）顺序结构程序设计。

（2）选择结构程序设计。

（3）循环结构程序设计。

3．过程与过程调用

（1）子程序设计与调用。

（2）过程与过程文件。

（3）局部变量和全局变量、过程调用中的参数传递。

4．用户定义对话框（MESSAGEBOX）的使用

考试方式

1．笔试：90 分钟。

2．上机操作：90 分钟。

上机操作包括：基本操作；简单应用；综合应用。

附录 B　历年笔试题

2009 年 9 月全国计算机等级考试二级 Visual FoxPro 笔试试卷

一、选择题（每小题 2 分，共 70 分）

下列各题 A、B、C、D 四个选项中，只有一个选项是正确的。请将正确选项涂写在答题卡相应位置上，答在试卷上不得分。

1．下列数据结构中，属于非线性结构的是（　　）。

A．循环队列　　B．带链队列　　C．二叉树　　D．带链栈

2．下列数据结构中，能够按照“先进后出”原则存取数据的是（　　）。

A．循环队列　　B．栈　　C．队列　　D．二叉树

3．对于循环队列，下列叙述中正确的是（　　）。

A．队头指针是固定不变的

B．队头指针一定大于队尾指针

C．队头指针一定小于队尾指针

D．队头指针可以大于队尾指针，也可以小于队尾指针

4．算法的空间复杂度是指（　　）。

A．算法在执行过程中所需要的计算机存储空间

B．算法所处理的数据量

C．算法程序中的语句或指令条数

D．算法在执行过程中所需要的临时工作单元数

5．软件设计中划分模块的一个准则是（　　）。

A．低内聚低耦合　　B．高内聚低耦合

C．低内聚高耦合　　D．高内聚高耦合

6．下列选项中不属于结构化程序设计原则的是（　　）。

A．可封装　　B．自顶向下　　C．模块化　　D．逐步求精

7．软件详细设计产生的图如下：

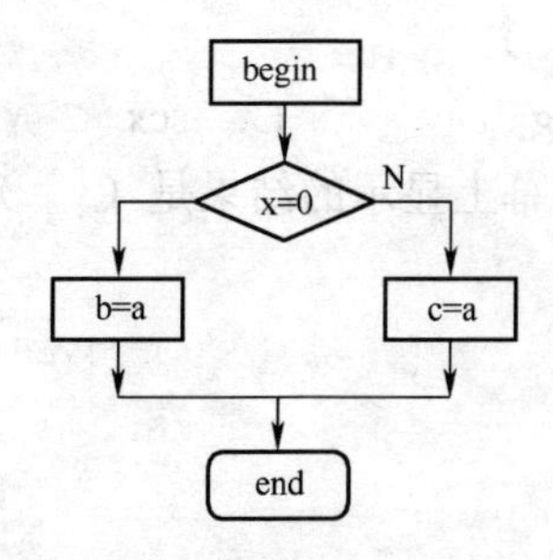

该图是（　　）。

A．N-S 图　　B．PAD 图　　C．程序流程图　　D．E-R 图

8．数据库管理系统是（　　）。

A．操作系统的一部分　　B．在操作系统支持下的系统软件

C．一种编译系统　　D．一种操作系统

9．在 E-R 图中，用来表示实体联系的图形是（　　）。

A．椭圆形　　B．矩形　　C．菱形　　D．三角形

10．有 3 个关系 R、S、T 如下：

R

A	B	C
a	1	2
b	2	1
c	3	1

S

A	B	C
d	3	2

T

A	B	C
a	1	2
b	2	1
c	3	1
d	3	2

其中关系 T 由关系 R 和 S 通过某种操作得到，该操作称为（　　）。

A．选择　　B．投影　　C．交　　D．并

11．设置文本框显示内容的属性是（　　）。

A．VALUE　　B．CAPTION　　C．NAME　　D．INPUTMASK

12．语句 LIST MEMORY LIKE a*能够显示的变量，不包括（　　）。

A．a　　B．a1　　C．ab2　　D．ba3

13．计算结果不是字符串"Teacher"的语句是（　　）。

A．at("MyTecaher",3,7)　　B．substr("MyTecaher",3,7)

C．right("MyTecaher",7)　　D．left("Tecaher",7)

14．学生表中有学号、姓名和年龄 3 个字段，SQL 语句“SELECT 学号 FROM 学生”完成的操作称为（　　）。

A．选择　　B．投影　　C．连接　　D．并

15．报表的数据源不包括（　　）。

A．视图　　B．自由表　　C．数据库表　　D．文本文件

16．使用索引的主要目的是（　　）。

A．提高查询速度　　B．节省存储空间

C．防止数据丢失　　D．方便管理

17．表单文件的扩展名是（　　）。

A．.frm　　B．.prg　　C．.scx　　D．.vcx

18．下列程序段执行时，在屏幕上显示的结果是（　　）。

```
DIME A(6)
A(1)=1
A(2)=1
```

```
FOR I=3 TO 6
A(I)=A(I-1)+A(I-2)
NEXT
?A(6)
```

A．5　　B．6　　C．7　　D．8

19．下列程序段执行时在屏幕上显示的结果是（　　）。

```
X1=20
X2=30
SET UDFPARMS TO VALUE
DO test with X1,X2
?X1,X2
PROCEDURE test
PARAMETERS a,b
x=a
a=b
b=x
ENDPRO
```

A．30　30　　B．30　20　　C．20　20　　D．20　30

20．以下关于“查询”的正确描述是（　　）。

A．查询文件的扩展名为 PRG　　B．查询保存在数据库文件中

C．查询保存在表文件中　　D．查询保存在查询文件中

21．以下关于“视图”的正确描述是（　　）。

A．视图独立于表文件　　B．视图不可更新

C．视图只能从一个表派生出来　　D．视图可以删除

22．为了隐藏在文本框中输入的信息，用占位符代替显示用户输入的字符，需要设置的属性是（　　）。

A．Value　　B．ControlSource　　C．InputMask　　D．PasswordChar

23．假设某表单的 Visible 属性的初值是.F.，能将其设置为.T.的方法是（　　）。

A．Hide　　B．Show　　C．Release　　D．SetFocus

24．在数据库中建立表的命令是（　　）。

A．CREATE　　B．CREATE DATABASE

C．CREATE QUERY　　D．CREATE FORM

25．让隐藏的 MeForm 表单显示在屏幕上的命令是（　　）。

A．MeForn.Display　　B．MeForm.Show

C．Meforn.List　　D．MeForm.See

26．在表设计器的字段选项卡中，字段有效性的设置中不包括（　　）。

A．规则　　B．信息　　C．默认值　　D．标题

27．若 SQL 语句中的 ORDER BY 短语指定了多个字段，则（　　）。

A．依次按自右至左的字段顺序排序　　B．只按第一个字段排序

C．依次按自左至右的字段顺序排序　　D．无法排序

28．在 Visual FoxPro 中，下面关于属性、方法和事件的叙述，错误的是（　　）。

A．属性用于描述对象的状态，方法用于表示对象的行为

B．基于同一个类产生的两个对象可以分别设置自己的属性值

C．事件代码也可以像方法一样被显示调用

D．在创建一个表单时，可以添加新的属性、方法和事件

29．下列函数返回类型为数值型的是（　　）。

A．STR　　B．VAL

C．DTOC　　D．TTOC

30．与“SELECT * FROM 教师表 INTO DBF A”等价的语句是（　　）。

A．SELECT * FROM 教师表 TO DBF A

B．SELECT * FROM 教师表 TO TABLE A

C．SELECT * FROM 教师表 INTO TABLE A

D．SELECT * FROM 教师表 INTO A

31．查询“教师表”的全部记录并存储于临时文件 one.dbf 的命令是（　　）。

A．SELECT * FROM　教师表 INTO CURSOR one

B．SELECT * FROM　教师表 TO CURSOR one

C．SELECT * FROM　教师表 INTO CURSOR DBF one

D．SELECT * FROM　教师表 TO CURSOR DBF one

32．“教师表”中有“职工号”，“姓名”和“工龄”字段，其中“职工号”为主关键字，建立“教师表”的 SQL 命令是（　　）。

A．CREATE TABLE 教师表(职工号 C(10) PRIMARY, 姓名 C(20),工龄 I)

B．CREATE TABLE 教师表(职工号 C(10) FOREIGN, 姓名 C(20),工龄 I)

C．CREATE TABLE 教师表(职工号 C(10) FOREIGN KEY，姓名 C(20),工龄 I)

D．CREATE TABLE 教师表(职工号 C(10) PRIMARY KEY，姓名 C(20),工龄 I)

33．创建一个名为 student 的新类，保存新类的类库名称是 mylib，新类的父类是 Person，正确的命令是（　　）。

A．CREATE CLASS mylib OF student As Person

B．CREATE CLASS student OF Person As mylib

C．CREATE CLASS student OF mylib As Person

D．CREATE CLASS Person OF mylib As student

34．“教师表”中有“职工号”、“姓名”、“工龄”和“系号”等字段，“学院表”中有“系名”和“系号”等字段。计算“计算机”系老师总数的命令是（　　）。

A．SELECT COUNT(*) FROM 老师表 INNER JOIN 学院表;
　ON 教师表.系号=学院表.系号 WHERE 系名="计算机"

B．SELECT COUNT(*) FROM 老师表 INNER JOIN 学院表;
　ON 教师表.系号=学院表.系号 ORDER BY 教师表.系号;
　HAVING 学院表.系名="计算机"

C．SELECT COUNT(*) FROM 老师表 INNER JOIN 学院表;
　ON 教师表.系号=学院表.系号 GROUP BY 教师表.系号;
　HAVING 学院表.系名="计算机"

D．SELECT SUM(*) FROM 老师表 INNER JOIN 学院表;
ON 教师表.系号=学院表.系号 ORDER BY 教师表.系号;
HAVING 学院表.系名="计算机"

35．“教师表”中有“职工号”、“姓名”、“工龄”和“系号”等字段，“学院表”中有“系名”和“系号”等字段。求教师总数最多的系的教师人数，正确的命令是（ ）。

A．SELECT 教师表.系号,COUNT(*)AS 人数 FROM 教师表,学院表;
GROUP BY 教师表.系号 INTO DBF TEMP
SELECT MAX(人数)FROM TEMP

B．SELECT 教师表.系号,COUNT(*)FROM 教师表,学院表;
WHERE 教师表.系号=学院表.系号 GROUP BY 教师表.系号 INTO DBF TEMP
SELECT MAX(人数)FROM TEMP

C．SELECT 教师表.系号,COUNT(*)AS 人数 FROM 教师表,学院表;
WHERE 教师表.系号=学院表.系号 GROUP BY 教师表.系号 TO FILE TEMP
SELECT MAX(人数)FROM TEMP

D．SELECT 教师表.系号,COUNT(*)AS 人数 FROM 教师表,学院表;
WHERE 教师表.系号=学院表.系号 GROUP BY 教师表.系号 INTO DBF TEMP
SELECT MAX(人数)FROM TEMP

二、填空题（每空2分，共30分）

请将每一个空的正确答案写在答题卡【1】～【15】序号的横线上，答在试卷上不得分。

注意：以命令关键字填空的必须拼写完整。

1．某二叉树有5个度为2的结点以及3个度为1的结点，则该二叉树中共有__【1】__个结点。

2．程序流程图的菱形框表示的是__【2】__。

3．软件开发过程主要分为需求分析、设计、编码与测试4个阶段，其中__【3】__阶段产生“软件需求规格说明书”。

4．在数据库技术中，实体集之间的联系可以是一对一或一对多或多对多的，那么“学生”和“可选课程”的联系为__【4】__。

5．人员基本信息一般包括身份证号、姓名、性别、年龄等，其中可以作为主关键字的是__【5】__。

6．命令按钮的Cancel属性的默认值是__【6】__。

7．在关系操作中，从表中取出满足条件的元组的操作称为__【7】__。

8．在Visual FoxPro中，表示时间2009年3月3日的常量应写为__【8】__。

9．在Visual FoxPro中的“参照完整性”中，“插入规则”包括的选择是“限制”和__【9】__。

10．删除视图MyView的命令是__【10】__。

11．查询设计器中的“分组依据”选项卡与SQL语句的__【11】__短语对应。

12．项目管理器的数据选项卡用于显示和管理数据库、查询、视图和__【12】__。

13．可以使编辑框的内容处于只读状态的两个属性是ReadOnly和__【13】__。

14．为“成绩”表中“总分”字段增加有效性规则：“总分必须大于等于0并且小于等于

750”，正确的SQL语句是：【14】TABLE 成绩 ALTER 总分【15】总分>=0 AND 总分<=750

2009年9月二级Visual FoxPro参考答案

一、选择题

1. C	2. B	3. D	4. A	5. B	6. A	7. C	8. B
9. C	10. D	11. A	12. D	13. A	14. B	15. D	16. A
17. C	18. D	19. B	20. D	21. D	22. D	23. B	24. A
25. B	26. D	27. C	28. D	29. B	30. C	31. A	32. D
33. C	34. A	35. D					

二、填空题

1. 14	2. 逻辑条件	3. 需求分析
4. 多对多	5. 身份证号	6. .F.
7. 选择	8. {^2009-03-03}	9. 忽略
10. GROUP BY	11. DROP VIEW MYVIEW	12. 自由表
13. ENABLED	14. ALTER	15. SET CHECK

2009年3月全国计算机等级考试二级 Visual FoxPro笔试试卷

一、选择题（每小题2分，共70分）

下列各题A、B、C、D四个选项中，只有一个选项是正确的。请将正确选项涂写在答题卡相应位置上，答在试卷上不得分。

1. 下列叙述中，正确的是（　　）。

A. 栈是“先进先出”的线性表

B. 队列是“先进先出”的线性表

C. 循环队列是非线性结构

D. 有序线性表既可以采用顺序存储结构，也可以采用链式存储结构

2. 支持子程序调用的数据结构是（　　）。

A. 栈　　B. 树　　C. 队列　　D. 二叉树

3. 某二叉树有5个度为2的结点，则该二叉树中的叶子结点数是（　　）。

A. 10　　B. 8　　C. 6　　D. 4

4. 下列排序方法中，最坏情况下比较次数最少的是（　　）。

A. 冒泡排序　　B. 简单选择排序　　C. 直接插入排序　　D. 堆排序

5. 软件按功能可以分为应用软件、系统软件和支撑软件（或工具软件）。下面属于应用软件的是（　　）。

A. 编译软件　　B. 操作系统　　C. 教务管理系统　　D. 汇编程序

6. 下面叙述中，错误的是（　）。

A. 软件测试的目的是发现错误并改正错误

B. 对被调试的程序进行“错误定位”是程序调试的必要步骤

C. 程序调试通常也称为Debug

D. 软件测试应严格执行测试计划，排除测试的随意性

7. 耦合性和内聚性是对模块独立性度量的两个标准，下列叙述中正确的是（　）。

A. 提高耦合性降低内聚性有利于提高模块的独立性

B. 降低耦合性提高内聚性有利于提高模块的独立性

C. 耦合性是指一个模块内部各个元素间彼此结合的紧密程度

D. 内聚性是指模块间互相连接的紧密程度

8. 数据库应用系统中的核心问题是（　）。

A. 数据库设计　　B. 数据库系统设计

C. 数据库维护　　D. 数据库管理员培训

9. 有两个关系R、S如下：

R

A	B	C
a	3	2
b	0	1
c	2	1

S

A	B
a	3
b	0
c	2

由关系R通过运算得到关系S，则所使用的运算为（　）。

A. 选择　　B. 投影　　C. 插入　　D. 连接

10. 将E-R图转换为关系模式时，实体和联系都可以表示为（　）。

A. 属性　　B. 键　　C. 关系　　D. 域

11. 数据库（DB）、数据库系统（DBS）和数据库管理系统（DBMS）三者之间的关系是（　）。

A. DBS包括DB和DBMS　　B. DBMS包括DB和DBS

C. DB包括DBS和DBMS　　D. DBS就是DB，也就是DBMS

12. SQL语言的查询语句是（　）。

A. INSERT　　B. UPDATE　　C. DELETE　　D. SELECT

13. 下列与修改表结构相关的命令是（　）。

A. INSERT　　B. ALTER　　C. UPDATE　　D. CREATE

14. 对表SC(学号 C(8),课程号 C(2),成绩 N(3),备注 C(20))，可以插入的记录是（　）。

A. ('20080101', 'c1', '90',NULL)　　B. ('20080101', 'c1', 90, '成绩优秀')

C. ('20080101', 'c1', '90', '成绩优秀')　　D. ('20080101', 'c1', '79', '成绩优秀')

15. 在表单中为表格控件指定数据源的属性是（　）。

A. DataSource　　B. DataForm　　C. RecordSource　　D. RecordForm

16．在 Visual FoxPro 中，下列关于 SQL 表定义语句（CREATE TABLE）的说法中，错误的是（　）。

A．可以定义一个新的基本表结构

B．可以定义表中的主关键字

C．可以定义表的域完整性、有效性规则等信息的设置

D．对自由表，同样可以实现其完整性、有效性规则等信息的设置

17．在 Visual FoxPro 中，若所建立索引的字段值不允许重复，并且一个表中只能创建一个，这种索引应该是（　）。

A．主索引　　B．唯一索引　　C．候选索引　　D．普通索引

18．在 Visual FoxPro 中，用于建立或修改程序文件的命令是（　）。

A．MODIFY<文件名>

B．MODIFY COMMAND <文件名>

C．MODIFY PROCEDURE <文件名>

D．上面 B 和 C 都对

19．在 Visual FoxPro 中，程序中不需要用 PUBLIC 等命令明确声明和建立，可直接使用的内存变量是（　）。

A．局部变量　　B．私有变量　　C．公告变量　　D．全局变量

20．以下关于空值（NULL 值）的叙述，正确的是（　）。

A．空值等于空字符串

B．空值等同于数值 0

C．空值表示字段或变量还没有确定的值

D．Visual FoxPro 不支持空值

21．执行 USE sc IN 0 命令的结果是（　）。

A．选择 0 号工作区打开 sc 表

B．选择空闲的最小号的工作区打开 sc 表

C．选择第 1 号工作区打开 sc 表

D．显示出错信息

22．在 Visual FoxPro 中，关系数据库管理系统所管理的关系是（　）。

A．一个 DBF 文件　　B．若干个二维表

C．一个 DBC 文件　　D．若干个 DBC 文件

23．在 Visual FoxPro 中，下面描述正确的是（　）。

A．数据库表允许对字段设置默认值

B．自由表允许对字段设置默认值

C．自由表或数据库表都允许对字段设置默认值

D．自由表或数据库表都不允许对字段设置默认值

24．SQL 的 SELECT 语句中，“HAVING<条件表达式>”用来筛选满足条件的（　）。

A．列　　B．行　　C．关系　　D．分组

25．在 Visual FoxPro 中，假设表单上有一个选项组：O 男 O 女，初始时该选项组的 Value 属性值为 1。若选项按钮“女”被选中，该选项组的 Value 属性值是（　）。

A．1　　　　　　B．2　　　　　　C.“女”　　　　　D.“男”

26．在 Visual FoxPro 中，假设教师表 T(教师号,姓名,性别,职称,研究生导师)中，性别是 C 型字段，研究生导师是 L 型字段。若要查询“是研究生导师的女老师”信息，那么 SQL 语句“SELECT * FROM T WHERE <逻辑表达式>”中的<逻辑表达式>应是（　）。

A．研究生导师 AND 性别= "女"　B．研究生导师 OR 性别= "女"

C．性别= "女" AND 研究生导师=.F.　D．研究生导师=.T. OR 性别=女

27．在 Visual FoxPro 中，有以下程序，函数 IIF()返回值是（　）。

```
*程序
PRIVATE X,Y
STORE "男" TO X
Y=LEN(X)+2
?IIF(Y<4, "男", "女")
RETURN
```

A．"女"　　　　B．"男"　　　　C．.T.　　　　D．.F.

28．在 Visual FoxPro 中，每一个工作区中最多能打开数据库表的数量是（　）。

A．1 个　　　　　　　　　　　　B．2 个

C．任意个，根据内存资源而确定　D．35535 个

29．在 Visual FoxPro 中，有关参照完整性的删除规则，正确的描述是（　）。

A．如果删除规则选择的是“限制”，则当用户删除父表中的记录时，系统将自动删除子表中的所有相关记录

B．如果删除规则选择的是“级联”，则当用户删除父表中的记录时，系统将禁止删除与子表相关的父表中的记录

C．如果删除规则选择的是“忽略”，则当用户删除父表中的记录时，系统不负责检查子表中是否有相关记录

D．上面 3 种说法都不对

30．在 Visual FoxPro 中，报表的数据源不包括（　）。

A．视图　　　　B．自由表　　　　C．查询　　　　D．文本文件

第 31 到第 35 题基于学生表 S 和学生选课表 SC 两个数据库表，它们的结构如下：

S(学号，姓名，性别，年龄)其中学号、姓名和性别为 C 型字段，年龄为 N 型字段

SC(学号，课程号，成绩)，其中学号和课程号为 C 型字段，成绩为 N 型字段（初始为空值）

31．查询学生选修课程成绩小于 60 分的学号，正确的 SQL 语句是（　）。

A．SELECT DISTINCT 学号 FROM SC WHERE "成绩" <60

B．SELECT DISTINCT 学号 FROM SC WHERE 成绩 < "60"

C．SELECT DISTINCT 学号 FROM SC WHERE 成绩 <60

D．SELECT DISTINCT "学号" FROM SC WHERE "成绩" <60

32．查询学生表 S 的全部记录并存储于临时表文件 one 中的 SQL 命令是（　）。

A．SELECT * FROM 学生表 INTO CURSOR one

B．SELECT * FROM 学生表 TO CURSOR one

C．SELECT * FROM 学生表 INTO CURSOR DBF one

D．SELECT * FROM 学生表 TO CURSOR DBF one

33．查询成绩在 70～85 分之间学生的学号、课程号和成绩，正确的 SQL 语句是（　　）。

A．SELECT 学号,课程号,成绩 FROM sc WHERE 成绩 BETWEEN 70 AND 85

B．SELECT 学号,课程号,成绩 FROM sc WHERE 成绩 >=70 OR 成绩 <=85

C．SELECT 学号,课程号,成绩 FROM sc WHERE 成绩 >=70 OR <=85

D．SELECT 学号,课程号,成绩 FROM sc WHERE 成绩 >=70 AND <=85

34．查询有选课记录，但没有考试成绩的学生的学号和课程号，正确的 SQL 语句是（　　）。

A．SELECT 学号,课程号 FROM sc WHERE 成绩 = ""

B．SELECT 学号,课程号 FROM sc WHERE 成绩 = NULL

C．SELECT 学号,课程号 FROM sc WHERE 成绩 IS NULL

D．SELECT 学号,课程号 FROM sc WHERE 成绩

35．查询选修 C2 课程号的学生姓名，下列 SQL 语句中错误的是（　　）。

A．SELECT 姓名 FROM S WHERE EXISTS;
(SELECT * FROM SC WHERE 学号=S.学号 AND 课程号='C2')

B．SELECT 姓名 FROM S WHERE 学号 IN;
(SELECT * FROM SC WHERE 课程号='C2')

C．SELECT 姓名 FROM S JOIN ON S.学号=SC.学号 WHERE 课程号='C2'

D．SELECT 姓名 FROM S WHERE 学号=;
(SELECT * FROM SC WHERE 课程号='C2')

二、填空题(每空 2 分，共 30 分)

请将每一个空的正确答案写在答题卡【1】～【15】序号的横线上，答在试卷上不得分。

注意：以命令关键字填空的必须拼写完整。

1．假设一个长度为 50 的数组（数组元素的下标从 0～49）作为栈的存储空间，栈底指针 bottom 指向栈底元素，栈顶指针 top 指向栈顶元素，如果 bottom=49，top=30（数组下标），则栈中具有__【1】__个元素。

2．软件测试可分为白盒测试和黑盒测试。基本路径测试属于__【2】__测试。

3．符合结构化原则的 3 种基本控制结构是选择结构、循环结构和__【3】__。

4．数据库系统的核心是__【4】__

5．在 E-R 图中，图形包括矩形框、菱形框、椭圆框。其中表示实体联系的是__【5】__框。

6．所谓自由表就是那些不属于任何__【6】__的表。

7．常量{^2009-10-01,15:30:00}的数据类型是__【7】__。

8．利用 SQL 语句的定义功能建立一个课程表，并且为课程号建立主索引，语句格式为：

CREATE TABLE 课程表(课程号 C(5) __【8】__，课程名 C(30))

9．在 Visual FoxPro 中，程序文件的扩展名是__【9】__。

10．在 Visual FoxPro 中，SELECT 语句能够实现投影、选择和__【10】__3 种专门的关系运算。

11．在 Visual FoxPro 中，LOCATE ALL 命令按条件对某个表中的记录进行查找，若查找不到满足条件的记录，函数 EOF()的返回值应是__【11】__。

12．在 Visual FoxPro 中，设有一个学生表 STUDENT，其中有学号、姓名、年龄、性别

等字段，用户可以用命令“ 【12】 年龄 WITH 年龄+1”将表中所有学生的年龄增加一岁。

13．在 Visual FoxPro 中，有以下程序：

```
*程序名：TEST.PRG
SET TALK OFF
PRIVATE X,Y
X= "数据库"
Y= "管理系统"
DO sub1
? X+Y
RETURN
*子程序：sub1
LOCAL X
X= "应用"
Y= "系统"
X= X+Y
RETURN
```

执行命令 DO TEST 后，屏幕显示的结果应是 【13】 。

14．使用 SQL 语言的 SELECT 语句进行分组查询时，如果希望去掉不满足条件的分组，应当在 GROUP BY 中使用 【14】 子句。

15．设有 SC(学号,课程号,成绩)表，下面 SQL 的 SELECT 语句检索成绩高于或等于平均成绩的学生的学号。

```
SELECT 学号 FROM sc;
WHERE 成绩>=(SELECT 【15】 FROM sc)
```

2009 年 3 月二级 Visual FoxPro 参考答案

一、选择题

1．D	2．D	3．C	4．D	5．C	6．A	7．B	8．A
9．A	10．C	11．A	12．D	13．B	14．B	15．C	16．D
17．A	18．B	19．B	20．C	21．B	22．B	23．A	24．D
25．B	26．A	27．A	28．A	29．C	30．D	31．C	32．A
33．A	34．C	35．D					

二、填空题

1．20	2．白盒	3．顺序结构
4．数据库管理系统	5．菱形	6．数据库
7．日期时间型	8．primary key	9．.prg
10．联接	11．.T.	12．Replace all
13．数据库系统	14．Having	15．avg(成绩)

2008 年 9 月全国计算机等级考试二级 Visual FoxPro 笔试试卷

一、选择题(每小题 2 分，共 70 分)

下列各题 A、B、C、D 四个选项中，只有一个选项是正确的。请将正确选项涂写在答题卡相应位置上，答在试卷上不得分。

1．一个栈的初始状态为空。现将元素 1、2、3、4、5、A、B、C、D、E 依次入栈，然后再依次出栈，则元素出栈的顺序是（　）。

A．12345ABCDE　　B．EDCBA54321

C．ABCDE12345　　D．54321EDCBA

2．下列叙述中，正确的是（　）。

A．循环队列有队头和队尾两个指针，因此，循环队列是非线性结构

B．在循环队列中，只需要队头指针就能反映队列中元素的动态变化情况

C．在循环队列中，只需要队尾指针就能反映队列中元素的动态变化情况

D．循环队列中元素的个数是由队头和队尾指针共同决定的

3．在长度为 n 的有序线性表中进行二分查找，最坏情况下需要比较的次数是（　）。

A．O(N)　　B．$O(n^2)$

C．O(log2n)　　D．O(n log2n)

4．下列叙述中，正确的是（　）。

A．顺序存储结构的存储一定是连续的，链式存储结构的存储空间不一定是连续的

B．顺序存储结构只针对线性结构，链式存储结构只针对非线性结构

C．顺序存储结构能存储有序表，链式存储结构不能存储有序表

D．链式存储结构比顺序存储结构节省存储空间

5．数据流图中带有箭头的线段表示的是（　）。

A．控制流　　B．事件驱动

C．模块调用　　D．数据流

6．在软件开发中，需求分析阶段可以使用的工具是（　）。

A．N-S 图　　B．DFD 图

C．PAD 图　　D．程序流程图

7．在面向对象方法中，不属于“对象”基本特点的是（　）。

A．一致性　　B．分类性　　C．多态性　　D．标识唯一性

8．一间宿舍可住多个学生，则实体宿舍和学生之间的联系是（　）。

A．一对一　　B．一对多　　C．多对一　　D．多对多

9．在数据管理技术发展的 3 个阶段中，数据共享最好的是（　）。

A．人工管理阶段　　B．文件系统阶段

C．数据库系统阶段　　D．3 个阶段相同

10．有 3 个关系 R、S 和 T 如下：

R

A	B
m	1
n	2

S

B	C
1	3
3	5

T

A	B	C
m	1	3

由关系R和S通过运算得到关系T，则所使用的运算为（　　）。

A．笛卡儿积　　B．交　　C．并　　D．自然连接

11．设置表单标题的属性是（　　）。

A．Title　　B．Text　　C．Biaoti　　D．Caption

12．释放和关闭表单的方法是（　　）。

A．Release　　B．Delete　　C．LostFocus　　D．Destory

13．从表中选择字段形成新关系的操作是（　　）。

A．选择　　B．连接　　C．投影　　D．并

14．Modify Command命令建立的文件的默认扩展名是（　　）。

A．prg　　B．app　　C．cmd　　D．exe

15．说明数组后，数组元素的初值是（　　）。

A．整数0　　B．不定值　　C．逻辑真　　D．逻辑假

16．扩展名为mpr的文件是（　　）。

A．菜单文件　　B．菜单程序文件

C．菜单备注文件　　D．菜单参数文件

17．下列程序段执行以后，内存变量y的值是（　　）。

```
x=76543
y=0
DO WHILE x>0
  y=x%10+y*10
  x=int(x/10)
ENDDO
```

A．3456　　B．34567　　C．7654　　D．76543

18．在SQL SELECT查询中，为了使查询结果排序，应该使用（　　）短语。

A．ASC　　B．DESC

C．GROUP BY　　D．ORDER BY

19．设a="计算机等级考试"，结果为"考试"的表达式是（　　）。

A．Left(a,4)　　B．Right(a,4)

C．Left(a,2)　　D．Right(a,2)

20．关于视图和查询，以下叙述正确的是（　　）。

A．视图和查询都只能在数据库中建立

B．视图和查询都不能在数据库中建立

C．视图只能在数据库中建立

D．查询只能在数据库中建立

21．在SQL SELECT语句中，与INTO TABLE等价的短语是（　　）。

A．INTO DBF　　　　B．TO TABLE

C．TO FOEM　　　　D．INTO FILE

22．CREATE DATABASE 命令用来建立（　　）。

A．数据库　　　　B．关系

C．表　　　　D．数据文件

23．欲执行程序 temp.prg，应该执行的命令是（　　）。

A．DO PRG temp.prg　　　　B．DO temp.prg

C．DO CMD temp.prg　　　　D．DO FORM temp.prg

24．执行命令 MyForm=CreateObject("Form")可以建立一个表单，为了让该表单在屏幕上显示，应该执行（　　）命令。

A．MyForm.List　　　　B．MyForm.Display

C．MyForm.Show　　　　D．MyForm.ShowForm

25．假设有 student 表，可以正确添加字段“平均分数”的命令是（　　）。

A．ALTER TABLE student ADD 平均分数 F(6,2)

B．ALTER DBF student ADD 平均分数 F 6,2

C．CHANGE TABLE student ADD 平均分数 F(6,2)

D．CHANGE TABLE student INSERT 平均分数 6,2

26．页框控件也称为选项卡控件，在一个页框中可以有多个页面，页面个数的属性是（　　）。

A．Count　　B．Page　　C．Num　　D．PageCount

27．打开已经存在的表单文件的命令是（　　）。

A．MODIFY FORM　　　　B．EDIT FORM

C．OPEN FORM　　　　D．READ FORM

28．在菜单设计中，可以在定义菜单名称时为菜单项指定一个访问键。规定了菜单项的访问键为“x”的菜单名称定义是（　　）。

A．综合查询\<(x)　　　　B．综合查询/<(x)

C．综合查询(\<x)　　　　D．综合查询(/<x)

29．假定一个表单里有一个文本框 Text1 和一个命令按钮组 CommandGroup1。命令按钮组是一个容器对象，其中包含 Command1 和 Command2 两个命令按钮。如果要在 Command1 命令按钮的某个方法中访问文本框的 Value 属性值，正确的表达式是（　　）。

A．This.ThisForm.Text1.Value　　　　B．This.Parent.Parent.Text1.Value

C．Parent.Parent.Text1.Value　　　　D．This.Parent.Text1.Value

30．下面关于数据环境和数据环境中两个表之间关联的陈述中，正确的是（　　）。

A．数据环境是对象，关系不是对象

B．数据环境不是对象，关系是对象

C．数据环境是对象，关系是数据环境中的对象

D．数据环境和关系都不是对象

31～35 使用以下关系：

客户(客户号,名称,联系人,邮政编码,电话号码)

产品(产品号,名称,规格说明,单价)

订购单(订单号,客户号,订购日期)

订购单名细(订单号,序号,产品号,数量)

31．查询单价在600元以上的主机板和硬盘的正确命令是（ ）。

A．SELECT * FROM 产品 WHERE 单价>600 AND (名称='主机板' AND 名称='硬盘')

B．SELECT * FROM 产品 WHERE 单价>600 AND (名称='主机板' OR 名称='硬盘')

C．SELECT * FROM 产品 FOR 单价>600 AND (名称='主机板' AND 名称='硬盘')

D．SELECT * FROM 产品 FOR 单价>600 AND (名称='主机板' OR 名称='硬盘')

32．查询客户名称中有“网络”二字的客户信息的正确命令是（ ）。

A．SELECT * FROM 客户 FOR 名称 LIKE "%网络%"

B．SELECT * FROM 客户 FOR 名称 ="%网络%"

C．SELECT * FROM 客户 WHERE 名称 ="%网络%"

D．SELECT * FROM 客户 WHERE 名称 LIKE "%网络%"

33．查询尚未最后确定订购单的有关信息的正确命令是（ ）。

A．SELECT 名称,联系人,电话号码,订单号 FROM 客户,订购单;
WHERE 客户.客户号=订购单.客户号 AND 订购日期 IS NULL

B．SELECT 名称,联系人,电话号码,订单号 FROM 客户,订购单;
WHERE 客户.客户号=订购单.客户号 AND 订购日期 = NULL

C．SELECT 名称,联系人,电话号码,订单号 FROM 客户,订购单;
FOR 客户.客户号=订购单.客户号 AND 订购日期 IS NULL

D．SELECT 名称,联系人,电话号码,订单号 FROM 客户,订购单;
FOR 客户.客户号=订购单.客户号 AND 订购日期 = NULL

34．查询订购单的数量和所有订购单平均金额的正确命令是（ ）。

A．SELECT COUNT(DISTINCT 订单号),AVG(数量*单价);
FROM 产品 JOIN 订购单名细 ON 产品.产品号=订购单名细.产品号

B．SELECT COUNT(订单号),AVG(数量*单价);
FROM 产品 JOIN 订购单名细 ON 产品.产品号=订购单名细.产品号

C．SELECT COUNT(DISTINCT 订单号),AVG(数量*单价);
FROM 产品,订购单名细 ON 产品.产品号=订购单名细.产品号

D．SELECT COUNT(订单号)，AVG(数量*单价);
FROM 产品,订购单名细 ON 产品.产品号=订购单名细.产品号

35. 假设客户表中有客户号（关键字）C1~C10共10条客户记录，订购单表有订单号（关键字）OR1~OR8共8条订购单记录，并且订购单表参照客户表。以下命令可以正确执行的是（ ）。

A．INSERT INTO 订购单 VALUES('OR5','C5',{^2008/10/10})

B．INSERT INTO 订购单 VALUES('OR5','C11',{^2008/10/10})

C．INSERT INTO 订购单 VALUES('OR9','C11',{^2008/10/10})

D．INSERT INTO 订购单 VALUES('OR9','C5',{^2008/10/10})

二、填空题(每空 2 分，共 30 分)

请将每一个空的正确答案写在答题卡【1】～【15】序号的横线上，答在试卷上不得分。

注意：以命令关键字填空的必须拼写完整。

1．对下列二叉树进行中序遍历的结果是__【1】__。

2．按照软件测试的一般步骤，集成测试应在__【2】__测试之后进行。

3．软件工程三要素包括方法、工具和过程，其中，__【3】__支持软件开发的各个环节的控制和管理。

4．数据库设计包括概念设计、__【4】__和物理设计。

5．在二维表中，元组的__【5】__不能再分成更小的数据项。

6．SELECT * FROM student __【6】__FILE student 命令将查询结果存储在 student.txt 文本文件中。

7．LEFT("12345.6789",LEN("子串"))的计算结果是__【7】__。

8．不带条件的 SQL DELETE 命令将删除指定表的__【8】__记录。

9．在 SQL SELECT 语句中为了将查询结果存储到临时表中，应该使用__【9】__短语。

10．每个数据库表可以建立多个索引，但是__【10】__索引只能建立 1 个。

11．在数据库中可以设计视图和查询，其中__【11】__不能独立存储为文件（存储在数据库中）。

12．在表单中设计一组复选框（CheckBox）控件是为了可以选择__【12】__个或__【13】__个选项。

13．为了在文本框输入时隐藏信息（如显示"*"），需要设置该控件的__【14】__属性。

14．将一个项目编译成一个应用程序时，如果应用程序中包含需要用户修改的文件，必须将该文件标为__【15】__。

2008 年 9 月二级 Visual FoxPro 参考答案

一、选择题

1．B	2．D	3．C	4．A	5．D	6．B	7．A	8．B
9．C	10．D	11．D	12．A	13．C	14．A	15．D	16．B
17．B	18．D	19．B	20．C	21．A	22．A	23．B	24．C
25．A	26．D	27．A	28．C	29．B	30．C	31．B	32．D
33．A	34．A	35．C					

二、填空

1．DBXEAYFZC	2．单元	3．过程
4．逻辑设计	5．分量	6．To
7．1234	8．全部	9．Into cursor
10．主	11．视图	12．零
13．多	14．passwordchar	15．排除

2008年4月全国计算机等级考试二级 Visual FoxPro笔试试卷

一、选择题(每小题2分，共70分)

下列各题A、B、C、D四个选项中，只有一个选项是正确的。请将正确选项涂写在答题卡相应位置上，答在试卷上不得分。

1．程序流程图中带有箭头的线段表示的是（　　）。

A．图元关系　　B．数据流　　C．控制流　　D．调用关系

2．结构化程序设计的基本原则不包括（　　）。

A．多态性　　B．自顶向下　　C．模块化　　D．逐步求精

3．软件设计中模块划分应遵循的准则是（　　）。

A．低内聚低耦合　　B．高内聚低耦合

C．低内聚高耦合　　D．高内聚高耦合

4．在软件开发中，需求分析阶段产生的主要文档是（　　）。

A．可行性分析报告　　B．软件需求规格说明书

C．概要设计说明书　　D．集成测试计划

5．算法的有穷性是指（　　）。

A．算法程序的运行时间是有限的　　B．算法程序所处理的数据量是有限的

C．算法程序的长度是有限的　　D．算法只能被有限的用户使用

6. 对长度为n的线性表排序，在最坏情况下，比较次数不是n(n-1)/2的排序方法是（　　）。

A．快速排序　　B．冒泡排序　　C．直线插入排序　　D．堆排序

7．下列关于栈的叙述，正确的是（　　）。

A．栈按“先进先出”组织数据　　B．栈按“先进后出”组织数据

C．只能在栈底插入数据　　D．不能删除数据

8．在数据库设计中，将E-R图转换成关系数据模型的过程属于（　　）。

A．需求分析阶段　　B．概念设计阶段

C．逻辑设计阶段　　D．物理设计阶段

9．有3个关系R、S和T如下：

R

B	C	D
a	0	k1
b	1	n1

S

B	C	D
f	3	h2
a	0	K1
n	2	x1

T

B	C	D
a	0	k1

由关系R和S通过运算得到关系T，则所使用的运算为（　　）。

A．并　　B．自然连接　　C．笛卡儿积　　D．交

10．设有表示学生选课的3张表，学生S(学号,姓名,性别,年龄,身份证号)，课程C(课号,

课名)，选课 SC(学号,课号,成绩)，则表 SC 的关键字（键或码）为（ ）。

A．课号,成绩 B．学号,成绩

C．学号,课号 D．学号,姓名,成绩

11．在超市营业过程中，每个时段要安排一个班组上岗值班，每个收款口要配备两名收款员配合工作，共同使用一套收款设备为顾客服务，在超市数据库中，实体之间属于一对一关系的是（ ）。

A．“顾客”与“收款口”的关系 B．“收款口”与“收款员”的关系

C．“班组”与“收款口”的关系 D．“收款口”与“设备”的关系

12．在教师表中，如果要找出职称为“教授”的教师，所采用的关系运算是（ ）。

A．选择 B．投影 C．连接 D．自然连接

13．在 SELECT 语句中使用 ORDER BY 是为了指定（ ）。

A．查询的表 B．查询结果的顺序

C．查询的条件 D．查询的字段

14．有以下程序，请选择最后在屏幕显示的结果（ ）。

```
SET EXACT ON
s="ni"+SPACE(2)
IF s=="ni"
IF s="ni"
    ?"one"
ELSE
    ?"two"
ENDIF
ELSE
IF s="ni"
    ?"three"
ELSE
    ?"four"
ENDIF
ENDIF
RETURN
```

A．one B．two C．three D．four

15．如果内存变量和字段变量均有变量名“姓名”，那么引用内存的正确方法是（ ）。

A．M.姓名 B．M->姓名

C．姓名 D．A 和 B 都可以

16．要为当前表所有性别为“女”的职工增加 100 元工资，应使用命令（ ）。

A．REPLACE ALL 工资 WITH 工资+100

B．REPLACE 工资 WITH 工资+100 FOR 性别="女"

C．REPLACE ALL 工资 WITH 工资+100

D．REPLACE ALL 工资 WITH 工资+100 FOR 性别="女"

17．MODIFY STRUCTURE 命令的功能是（ ）。

A．修改记录值 B．修改表结构

C．修改数据库结构　　D．修改数据库或表结构

18．可以运行查询文件的命令是（　　）。

A．DO　　B．BROWSE

C．DO QUERY　　D．CREATE QUERY

19．SQL 语句中删除视图的命令是（　　）。

A．DROP TABLE　　B．DROP VIEW

C．ERASE TABLE　　D．ERASE VIEW

20．设有订单表 order（其中包括字段：订单号,客户号,职员号,签订日期,金额），查询 2007 年所签订单的信息，并按金额降序排序，正确的 SQL 命令是（　　）。

A．SELECT * FROM order WHERE YEAR(签订日期)=2007 ORDER BY 金额 DESC

B．SELECT * FROM order WHILE YEAR(签订日期)=2007 ORDER BY 金额 ASC

C．SELECT * FROM order WHERE YEAR(签订日期)=2007 ORDER BY 金额 ASC

D．SELECT * FROM order WHILE YEAR(签订日期)=2007 ORDER BY 金额 DESC

21．设有订单表 order（其中包括字段：订单号,客户号,职员号,签订日期,金额），删除 2002 年 1 月 1 日以前签订的订单记录，正确的 SQL 命令是（　　）。

A．DELETE TABLE order WHERE 签订日期<{^2002-1-1}

B．DELETE TABLE order WHILE 签订日期>{^2002-1-1}

C．DELETE FROM order WHERE 签订日期<{^2002-1-1}

D．DELETE FROM order WHILE 签订日期>{^2002-1-1}

22．下面属于表单方法名（非事件名）的是（　　）。

A．Init　　B．Release　　C．Destroy　　D．Caption

23．下列表单的（　　）属性设置为真时，表单运行时将自动居中。

A．AutoCenter　　B．AlwaysOnTop

C．ShowCenter　　D．FormCenter

24．下面关于命令 DO FORM XX NAME YY LINKED 的陈述中，正确的是（　　）。

A．产生表单对象引用变量 XX，在释放变量 XX 时自动关闭表单

B．产生表单对象引用变量 XX，在释放变量 XX 时并不关闭表单

C．产生表单对象引用变量 YY，在释放变量 YY 时自动关闭表单

D．产生表单对象引用变量 YY，在释放变量 YY 时并不关闭表单

25．表单里有一个选项按钮组，包含两个选项按钮 Option1 和 Option2，假设 Option2 没有设置 Click 事件代码，而 Option1 以及选项按钮和表单都设置了 Click 事件代码，那么当表单运行时，如果用户单击 Option2，系统将（　　）。

A．执行表单的 Click 事件代码　　B．执行选项按钮组的 Click 事件代码

C．执行 Option1 的 Click 事件代码　　D．不会有反应

26．下列程序段执行以后，内存变量 X 和 Y 的值是（　　）。

```
CLEAR
STORE 3 TO X
STORE 5 TO Y
PLUS((X),Y)
```

```
?X,Y
PROCEDURE PLUS
PARAMETERS A1,A2
A1=A1+A2
A2=A1+A2
ENDPROC
```

A．8　13　　　B．3　13　　　C．3　5　　　D．8　5

27．下列程序段执行以后，内存标量 y 的值是（　　）。

```
CLEAR
X=12345
Y=0
DO WHILE X>0
y=y+x%10
x=int(x/10)
ENDDO
?y
```

A．54321　　　B．12345　　　C．51　　　D．15

28．下列程序段执行后，内存变量 s1 的值是（　　）。

```
s1="network"
s1=stuff(s1,4,4,"BIOS")
```

A．network　　　B．NetBIOS

C．net　　　D．BIOS

29．参照完整性规则的更新规则中“级联”的含义是（　　）。

A．更新父表中连接字段值时，用新的连接字段自动修改子表中的所有相关记录

B．若子表中有与父表相关的记录，则禁止修改父表中连接字段值

C．父表中的连接字段值可以随意更新，不会影响子表中的记录

D．父表中的连接字段值在任何情况下都不允许更新

30．在查询设计器环境中，“查询”菜单下的“查询去向”命令指定了查询结果的输出去向，输出去向不包括（　　）。

A．临时表　　　B．表

C．文本文件　　　D．屏幕

31．表单名为 myForm 的表单中有一个页框 myPageFrame，将该页框的第 3 页（Page3）的标题设置为“修改”，可以使用代码（　　）。

A．myForm.Page3.myPageFrame.Caption="修改"

B．myForm.myPageFrame.Caption.Page3="修改"

C．Thisform.myPageFrame.Page3.Caption="修改"

D．Thisform.myPageFrame.Caption.Page3="修改"

32．向一个项目中添加一个数据库，应该使用项目管理器的（　　）。

A．“代码”选项卡　　　B．“类”选项卡

C．“文档”选项卡　　　D．“数据”选项卡

下表是用 list 命令显示的“运动员”表的内容和结构，33～35 题使用该表：

记录号	运动员号	投中2分球	投中3分球	罚球
1	1	3	4	5
2	2	2	1	3
3	3	0	0	0
4	4	5	6	7

33．为“运动员”表增加一个字段“得分”的SQL语句是（　）。

A．CHANGE TABLE 运动员 ADD 得分 I

B．ALTER DATA 运动员 ADD 得分 I

C．ALTER TABLE 运动员 ADD 得分 I

D．CHANGE TABLE 运动员 INSERT 得分 I

34．计算每名运动员的“得分”（33题增加的字段）的正确SQL语句是（　）。

A．UPDATE 运动员 FIELD 得分=2*投中2分球+3*投中3分球+罚球

B．UPDATE 运动员 FIELD 得分 WITH 2*投中2分球+3*投中3分球+罚球

C．UPDATE 运动员 SET 得分 WITH 2*投中2分球+3*投中3分球+罚球

D．UPDATE 运动员 SET 得分=2*投中2分球+3*投中3分球+罚球

35．检索“投中3分球”小于等于5个的运动员中“得分”最高的运动员的“得分”，正确的SQL语句是（　）。

A．SELECT MAX(得分) 得分 FROM 运动员 WHERE 投中3分球<=5

B．SELECT MAX(得分) 得分 FROM 运动员 WHEN 投中3分球<=5

C．SELECT 得分=MAX(得分) FROM 运动员 WHERE 投中3分球<=5

D．SELECT 得分=MAX(得分) FROM 运动员 WHEN 投中3分球<=5

二、填空题（每空2分，共30分）

请将每一个空的正确答案写在答题卡【1】～【15】序号的横线上，答在试卷上不得分。

注意：*以命令关键字填空的必须拼写完整。*

1．测试用例包括输入值集和__【1】__值集。

2．深度为5的满二叉树有__【2】__个叶子结点。

3．设某循环队列的容量为50，头指针front=5（指向队头元素的前一位置），尾指针rear=29（指向对尾元素），则该循环队列中共有__【3】__个元素。

4．在关系数据库中，用来表示实体之间联系的是__【4】__。

5．在数据库管理系统提供的数据定义语言、数据操纵语言和数据控制语言中，__【5】__负责数据的模式定义与数据的物理存取构建。

6．在基本表中，要求字段名__【6】__重复。

7．SQL的SELECT语句中，使用__【7】__子句可以消除结果中的重复记录。

8．在SQL的WHERE子句的条件表达式中，字符串匹配（模糊查询）的运算符是__【8】__。

9．数据库系统中对数据库进行管理的核心软件是__【9】__。

10．使用SQL的CREATE TABLE语句定义表结构时，用__【10】__短语说明关键字（主索引）。

11．在 SQL 语句中要查询表 s 在 AGE 字段上取空值的记录，正确的 SQL 语句为：SELECT * FROM s WHERE 【11】。

12．在 Visual FoxPro 中，使用 LOCATE ALL 命令按条件对表中的记录进行查找，若查不到记录，函数 EOF()的返回值应是 【12】。

13．在 Visual FoxPro 中，假设当前文件夹中有菜单程序文件 mymenu.mpr，运行该菜单程序的命令是 【13】。

14．在 Visual FoxPro 中，如果要在子程序中创建一个只在本程序中使用的变量 X1（不影响上级或下级的程序），应该使用 【14】 说明变量。

15．在 Visual FoxPro 中，在当前打开的表中物理删除带有删除标记记录的命令是 【15】。

2008 年 4 月二级 Visual FoxPro 参考答案

一、选择题

1．C	2．A	3．B	4．B	5．A	6．D	7．B	8．C
9．D	10．C	11．D	12．A	13．B	14．C	15．D	16．B
17．B	18．A	19．B	20．A	21．C	22．B	23．A	24．C
25．B	26．C	27．D	28．B	29．A	30．C	31．C	32．D
33．C	34．D	35．A					

二、填空题

1．输出	2．16	3．24
4．关系	5．数据定义语言	6．不能
7．DISTINCT	8．LIKE	9．数据库管理系统
10．Primary Key	11．AGE IS NULL	12．.T.
13．DO mymenu.mpr	14．LOCAL	15．PACK

2007 年 9 月全国计算机等级考试二级 Visual FoxPro 笔试试卷

一、选择题（每小题 2 分，共 70 分）

下列各题 A、B、C、D 四个选项中，只有一个选项是正确的。请将正确选项涂写在答题卡相应位置上，答在试卷上不得分。

1．软件是指（　）。

A．程序　　B．程序和文档

C．算法加数据结构　　D．程序、数据与相关文档的完整集合

2．软件调试的目的是（　）。

A．发现错误　　B．改正错误
C．改善软件的性能　　D．验证软件的正确性

3．在面向对象方法中，实现信息隐蔽是依靠（　　）。
A．对象的继承　　B．对象的多态
C．对象的封装　　D．对象的分类

4．下列叙述中，不符合良好程序设计风格要求的是（　　）。
A．程序的效率第一，清晰第二　　B．程序的可读性好
C．程序中要有必要的注释　　D．输入数据前要有提示信息

5．下列叙述中，正确的是（　　）。
A．程序执行的效率与数据的存储结构密切相关
B．程序执行的效率只取决于程序的控制结构
C．程序执行的效率只取决于所处理的数据量
D．以上3种说法都不对

6．下列叙述中，正确的是（　　）。
A．数据的逻辑结构与存储结构必定是一一对应的
B．由于计算机存储空间是向量式的存储结构，因此，数据的存储结构一定是线性结构
C．程序设计语言中的数组一般是顺序存储结构，因此，利用数组只能处理线性结构
D．以上3种说法都不对

7．冒泡排序在最坏情况下的比较次数是（　　）。
A．n(n+1)/2　　B．$n\log_2 n$
C．n(n-1)/2　　D．n/2

8．一棵二叉树中共有70个叶子结点与80个度为1的结点，则该二叉树中的总结点数为（　　）。
A．219　　B．221　　C．229　　D．231

9．下列叙述中，正确的是（　　）。
A．数据库系统是一个独立的系统，不需要操作系统的支持
B．数据库技术的根本目标是要解决数据的共享问题
C．数据库管理系统就是数据库系统
D．以上3种说法都不对

10．下列叙述中，正确的是（　　）。
A．为了建立一个关系，首先要构造数据的逻辑关系
B．表示关系的二维表中各元组的每一个分量还可以分成若干数据项
C．一个关系的属性名表称为关系模式
D．一个关系可以包括多个二维表

11．在Visual FoxPro中，通常以窗口形式出现，用以创建和修改表、表单、数据库等应用程序组件的可视化工具称为（　　）。
A．向导　　B．设计器　　C．生成器　　D．项目管理器

12．命令？VARTYPE(TIME())结果是（　　）。
A．C　　B．D　　C．T　　D．出错

13．命令？LEN(SPACE(3)-SPACE(2))的结果是（　　）。

A．1　　B．2　　C．3　　D．5

14．在 Visual FoxPro 中，菜单程序文件的默认扩展名是（　　）。

A．mnx　　B．mnt　　C．mpr　　D．prg

15．想要将日期型或日期时间型数据中的年份用 4 位数字显示，应当使用设置命令（　　）。

A．SET CENTURY ON　　B．SET CENTURY OFF

C．SET CENTURY TO 4　　D．SET CENTURY OF 4

16．已知表中有字符型字段职称和姓别，要建立一个索引，要求首先按职称排序、职称相同时再按性别排序，正确的命令是（　　）。

A．INDEX ON 职称+性别 TO ttt　　B．INDEX ON 性别+职称 TO ttt

C．INDEX ON 职称,性别 TO ttt　　D．INDEX ON 性别,职称 TO ttt

17．在 Visual FoxPro 中，Unload 事件的触发时机是（　　）。

A．释放表单　　B．打开表单

C．创建表单　　D．运行表单

18．命令 SELECT 0 的功能是（　　）。

A．选择编号最小的未使用工作区　　B．选择 0 号工作区

C．关闭当前工作区的表　　D．选择当前工作区

19．下面有关数据库表和自由表的叙述中，错误的是（　　）。

A．数据库表和自由表都可以用表设计器来建立

B．数据库表和自由表都支持表间联系和参照完整性

C．自由表可以添加到数据库中成为数据库表

D．数据库表可以从数据库中移出成为自由表

20．有关 ZAP 命令的描述，正确的是（　　）。

A．ZAP 命令只能删除当前表的当前记录

B．ZAP 命令只能删除当前表的带有删除标记的记录

C．ZAP 命令能删除当前表的全部记录

D．ZAP 命令能删除表的结构和全部记录

21．在视图设计器中有，而在查询设计器中没有的选项卡是（　　）。

A．排序依据　　B．更新条件

C．分组依据　　D．杂项

22．在使用查询设计器创建查询时，为了指定在查询结果中是否包含重复记录（对应于 DISTINCT），应该使用的选项卡是（　　）。

A．排序依据　　B．联接

C．筛选　　D．杂项

23．在 Visual FoxPro 中，过程的返回语句是（　　）。

A．GOBACK　　B．COMEBACK　　C．RETURN　　D．BACK

24．在数据库表上的字段有效性规则是（　　）。

A．逻辑表达式　　B．字符表达式

C．数字表达式　　D．以上 3 种都有可能

25．假设在表单设计器环境下，表单中有一个文本框且已经被选定为当前对象。现在从属性窗口中选择 Value 属性，然后在设置框中输入：={^2001-9-10}-{^2001-8-20}。请问以上操作后，文本框 Value 属性值的数据类型为（ ）。

A．日期型　B．数值型　C．字符型　D．以上操作出错

26．在 SQL SELECT 语句中为了将查询结果存储到临时表，应该使用（ ）短语。

A．TO CURSOR　B．INTO CURSOR

C．INTO DBF　D．TO DBF

27．在表单设计中，经常会用到一些特定的关键字、属性和事件。下列各项中属于属性的是（ ）。

A．This　B．ThisForm　C．Caption　D．Click

28．下面程序计算一个整数的各位数字之和，在下划线处应填写的语句是（ ）。

```
SET TALK OFF
INPUT"x="TO x
s=0
DO WHILE x!=0
  s=s+MOD（x,10）
  ______________
ENDDO
?s
SET TALK ON
```

A．x=int(x/10)　B．x=int(x%10)

C．x=x-int(x/10)　D．x=x-int(x%10)

29．在 SQL 的 ALTER TABLE 语句中，为了增加一个新的字段，应该使用（ ）短语。

A．CREATE　B．APPEND　C．COLUMN　D．ADD

30~35 题使用以下数据表：

学生.DBF：学号（C,8），姓名（C,6），性别（C,2），出生日期（D）

选课.DBF：学号（C,8），课程号（C,3），成绩（N,5,1）

30．查询所有 1982 年 3 月 20 日以后（含）出生、性别为男的学生，正确的 SQL 语句是（ ）。

A．SELECT * FROM 学生 WHERE 出生日期>={^1982-03-20} AND 性别="男"

B．SELECT * FROM 学生 WHERE 出生日期<={^1982-03-20} AND 性别="男"

C．SELECT * FROM 学生 WHERE 出生日期>={^1982-03-20} OR 性别="男"

D．SELECT * FROM 学生 WHERE 出生日期<={^1982-03-20} OR 性别="男"

31．计算刘明同学选修的所有课程的平均成绩，正确的 SQL 语句是（ ）。

A．SELECT AVG(成绩) FROM 选课 WHERE 姓名="刘明"

B．SELECT AVG(成绩) FROM 学生,选课 WHERE 姓名="刘明"

C．SELECT AVG(成绩) FROM 学生,选课 WHERE 学生.姓名="刘明"

D．SELECT AVG(成绩) FROM 学生,选课 WHERE 学生.学号=选课.学号 AND 姓名="刘明"

32．假定学号的第 3、4 位为专业代码。要计算各专业学生选修课程号为“101”课程的

平均成绩，正确的 SQL 语句是（　）。

A. SELECT 专业 AS SUBS(学号,3,2),平均分 AS AVG(成绩) FROM 选课 WHERE 课程号="101" GROUP BY 专业

B. SELECT SUBS(学号,3,2) AS 专业, AVG(成绩) AS 平均分 FROM 选课 WHERE 课程号="101" GROUP BY 1

C. SELECT SUBS(学号,3,2) AS 专业, AVG(成绩) AS 平均分 FROM 选课 WHERE 课程号="101" ORDER BY 专业

D. SELECT 专业 AS SUBS(学号,3,2),平均分 AS AVG(成绩) FROM 选课 WHERE 课程号="101" ORDER BY 1

33．查询选修课程号为“101”课程得分最高的同学，正确的 SQL 语句是（　）。

A. SELECT 学生.学号,姓名 FROM 学生,选课 WHERE 学生.学号=选课.学号 AND 课程号="101" AND 成绩>=ALL(SELECT 成绩 FROM 选课)

B. SELECT 学生.学号,姓名 FROM 学生,选课 WHERE 学生.学号=选课.学号 AND 成绩>=ALL(SELECT 成绩 FROM 选课 WHERE 课程号="101")

C. SELECT 学生.学号,姓名 FROM 学生,选课 WHERE 学生.学号=选课.学号 AND 成绩>=ANY(SELECT 成绩 FROM 选课 WHERE 课程号="101")

D. SELECT 学生.学号,姓名 FROM 学生,选课 WHERE 学生.学号=选课.学号 AND 课程号=”101” AND 成绩>=ALL(SELECT 成绩 FROM 选课 WHERE 课程号="101")

34．插入一条记录到“选课”表中，学号、课程号和成绩分别是“02080111”、“103”和80，正确的 SQL 语句是（　）。

A. INSERT INTO 选课 VALUES("02080111","103",80)

B. INSERT VALUES("02080111","103",80)TO 选课(学号,课程号,成绩)

C. INSERT VALUES("02080111","103",80)INTO 选课(学号,课程号,成绩)

D. INSERT INTO 选课（学号,课程号,成绩） FORM VALUES（"02080111","103",80）

35．将学号为“02080110”、课程号为“102”的选课记录的成绩改为 92，正确的 SQL 语句是（　）。

A. UPDATE 选课 SET 成绩 WITH 92 WHERE 学号="02080110" AND 课程号="102"

B. UPDATE 选课 SET 成绩=92 WHERE 学号="02080110" AND 课程号="102"

C. UPDATE FROM 选课 SET 成绩 WITH 92 WHERE 学号="02080110" AND 课程号="102"

D. UPDATE FROM 选课 SET 成绩=92 WHERE 学号="02080110" AND 课程号="102"

二、填空题(每空 2 分，共 30 分)

请将每一个空的正确答案写在答题卡【1】～【15】序号的横线上，答在试卷上不得分。

注意：*以命令关键字填空的必须拼写完整。*

1．软件需求规格说明书应具有完整性、无歧义性、正确性、可验证性、可修改性等特征，其中最重要的是__【1】__。

2．在两种基本测试方法中，__【2】__测试的原则之一是保证所测模块中每一个独立路径

至少执行一次。

3. 线性表的存储结构主要分为顺序存储结构和链式存储结构。队列是一种特殊的线性表，循环队列是队列的 【3】 存储结构。

4. 对下列二叉树进行中序遍历的结果为 【4】 。

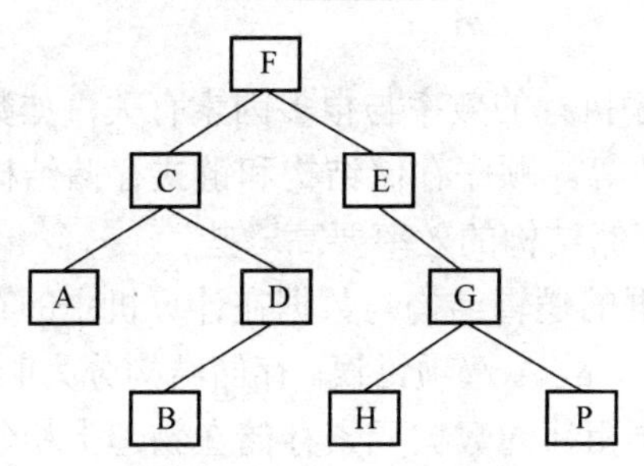

5. 在E-R图中，矩形表示 【5】 。

6. 以下命令查询雇员表中"部门号"字段为空值的记录 SELECT * FROM 雇员 WHERE 部门号 【6】 。

7. 在SQL的SELECT查询中，HAVING字句不可以单独使用，总是跟在 【7】 子句之后一起使用。

8. 在SQL的SELECT 查询时，使用 【8】 子句实现消除查询结果中的重复记录。

9. 在Visual FoxPro 中修改表结构的非SQL命令是 【9】 。

10. 在Visual FoxPro中，在运行表单时最先引发的表单事件是 【10】 事件。

11. 在Visual FoxPro中，使用LOCATE ALL 命令按条件对表中的记录进行查找，若查不到记录，函数EOF()的返回值应是 【11】 。

12. 在Visual FoxPro表单中，当用户使用鼠标单击命令按钮时，会触发命令按钮的 【12】 事件。

13. 在Visual FoxPro中，假设表单上有一选项组：○男 ○女，该选项组的Value属性值赋为0。当其中的第一个选项按钮"男"被选中，该选项组的Value属性值为 【13】 。

14. 在Visual FoxPro表单中，用来确定复选框是否被选中的属性是 【14】 。

15. 在SQL中，插入、删除、更新命令依次是INSERT、DELETE和 【15】 。

试题答案及解析

一、选择题

1. 答案：D。解析：软件是程序、数据与相关文档的集合，相对于计算机硬件而言，软件是逻辑产品而不是物理产品，是计算机的无形部分。

2. 答案：B。解析：软件测试与软件调试是两个不同的概念：软件测试的目的是发现错误，而软件调试的目的是发现错误或导致程序失效的原因，并修改程序以修正错误，调试是测试之后的活动。

3. 答案：C。解析：封装是一种信息屏蔽技术，目的在于将对象的使用者和对象的设计者分开。用户只能见到对象封装界面上的信息，不必知道实现的细节。封装一方面通过数据抽象，把相关的信息结合在一起，另一方面也简化了接口。

4．答案：A。解析：当今主导的程序设计风格是“清晰第一，效率第二”的观点。结构化程序设计思想提出之前，在程序设计中曾强调程序的效率，而实际应用中，人们更重视程序的可理解性。

5．答案：A。解析：程序执行的效率与很多因素有关，如数据的存储结构、程序所处理的数据量、程序所采用的算法等。顺序存储结构和链式存储结构在数据插入和删除操作上的效率就存在差别，其中链式存储结构的效率要高一些。

6．答案：D。解析：数据的逻辑结构与数据在计算机中的存储方式无关，它用来抽象地反映数据元素之间的逻辑关系，故 A 选项错误。存储结构分为顺序存储结构与链式存储结构，其中顺序存储结构是将逻辑上相邻的数据元素存储在物理上相邻的存储单元里，结点之间的关系由存储单元的相邻关系来决定，它主要用于存储线性结构的数据，故 B 选项错误。数组的存储方式连续是指其在计算机中的存储方式，它可以用来处理非线性结构，故 C 选项错误。

7．答案：C。解析：冒泡排序的基本思想是对当前未排序的全部结点自上而下依次进行比较和调整，让键值较大的结点下沉，键值较小的结点往上冒。也就是说，每当两相邻结点比较后发现它们的排列与排序要求相反时，就将它们互换。对 N 个结点的线性表采用冒泡排序，冒泡排序的外循环最多执行 N-1 遍。第一遍最多执行 N-1 次比较，第二遍最多执行 N-2 次比较，依次类推，第 N-1 遍最多执行 1 次比较。因此，整个排序过程最多执行 N（n-1）/2 次比较。

8．答案：A。解析：在任意一棵二叉树中，若终端结点（叶子）的个数为 N_1，度为 2 为 N_1-1 个结点，则二叉树中的总结点数=度为 0 的节点数+度为 1 的节点数+度为 2 节点数=70+80+69=219。

9．答案：B。解析：数据库技术的根本目的是要解决数据的共享问题；数据库需要操作系统的支持；数据库管理系统（Database Management System，DBMS），对数据库进行统一的管理和控制，以保证数据库的安全性和完整性。它是数据库系统的核心软件。

10．答案：C。解析：关系模型的数据结构是一个“二维表”，每个二维表可称为一个关系，每个关系有一个关系名。表中的一行称为一个元组：表中的列称为属性，每一列有一个属性名。表中的每一个元组是属性值的集合，属性是关系二维表中最小的单位，它不能再被划分。关系模式是指一个关系的属性名表，即二维表的表框架。因此，选项 C 的说法是正确的。

11．答案：B。解析：Visual FoxPro 的设计器是创建和修改应用系统各种组件的可视化工具，利用不同的设计器可以创建表、表单、数据库、查询和报表，其中包括表设计器、查询设计器、视图设计器、表单设计器、报表设计器、数据库设计器及数据环境设计器等。所以选项 B 为正确答案。

12．答案：A。解析：函数 VARTYPE()的用法如下：

VARTYPE(<表达式>[,<逻辑表达式>])：测试<表达式>的类型，返回一个大写字母，函数返回值为字符型。字母含义如下表所示。

返回字母	数据类型	返回字母	数据类型
C	字符型或备注型	G	通用塑
N	数值型、整型、浮点型或双精度型	D	日期型

续表

返回字母	数据类型	返回字母	数据类型
Y	货币型	T	日期时
L	逻辑型	X	Null 值
O	对象型	U	未定义

函数 TIME()返回系统当前时间，返回值为字符型，所以?VARTYPE(TIME())的返回值为“C”，选项 A 为正确答案。

13．答案：D。解析：字符表达式由字符串运算符将字符型数据连接起来组成，其运算结果仍为字符型数。字符运算符有两种：

（1）+：前后两个字符串首尾连接形成一个新的字符串。

（2）-：连接前后两个字符串，并将前字符串的尾部空格移到合并后的新字符串尾部。在本题中，SPACE(3)产生一个具有 3 个空格的字符串，而 SPACE(2)产生具有 2 个空格的字符串，两个字符串相减，根据运算规则，产生一个具有 5 个空格的字符串。LEN()函数测试字符串的长度，所以返回值为 5，选项 D 为正确答案。

14．答案：C。解析：在 Visual FoxPro 中，使用“菜单设计器”所定义的菜单保存在.MNX 文件中，系统会根据菜单定义文件，生成可执行的菜单程序文件，其扩展名为.MPR，因此答案 C 正确；选项 B 为程序文件；选项 D 为程序文件。

15．答案：A。解析：Set Century On 表示日期按照世纪格式显示，也就是日期型或日期时间型数据中的年份使用 4 位数字显示，故选项 A 正确，选项 B 是关闭世纪格式显示的命令，选项 C 与选项 D 均为错误命令。

16．答案：A。解析：索引是根据指定的索引关键字表达式建立的，使用命令方式创建索引的格式如下：

INDEX ON <索引关键字表达式> TO <单索引文件> |TAG <标识名> [OF<独立复合索引文件名>][FOR <逻辑表达式>][COMPACT][ASCENDING|DESCENDING][UNIQUE][ADDITIVE]，

其中关键字表达式，可以是单一字段名，也可以是多个字段组成的字符型表达式，表达式中各字段的类型只能是数值型、字符型、日期型和逻辑型。在此题中的各个选项中，选项 A 正确，表示首先按照职称进行排序，如果职称相同时，再按照性别排序。选项 B 则正好相反，首先按照性别排序。选项 C 与选项 D 均为错误命令，考生一定不要将其与 SQL 语句中的排序方法相混淆。

17．答案：A。解析：在 Visual FoxPro 中，UnLoad 事件是从内存中释放表单或表单集时发生的事件，所以选项 A 正确。

18．答案：A。解析：在 Visual FoxPro 中，命令 SELECT 0 的功能是选择一个编号最小且没有使用的空闲工作区。所以选项 A 正确。

19．答案：B。解析：在 Visual FoxPro 中的表可以是与数据库相关联的数据库表，也可以是与数据库不关联的自由表。二者的绝大多数操作相同（都可以使用表设计器来建立）且可以相互转换（数据库表可以移出数据库成为自由表，自由表也可以加入到数据库中成为数据库表）。而数据库表还具有下面自由表所不具备的特性，如：

- 长表名和表中的长字段名
- 表中字段的标题和注释
- 默认值、输入掩码和表中字段格式化
- 表字段的默认控件类
- 字段级规则和记录级规则
- 支持参照完整性的主关键字索引和表间关系
- INSERT、UPDATE 或 DELETE 事件的触发器

所以，自由表支持表间联系和参照完整性，所以选项 B 为正确答案。

20．答案：C。解析：ZAP 命令的作用是将当前打开的表文件中的所有记录完全删除。执行该命令之后，将只保留表文件的结构，而不再有任何数据存在。这种删除无法恢复。所以，选项 C 为正确答案。

21．答案：B。解析：在查询设计器中共有 6 个选项卡，为“字段”、“联接”、“筛选”、“排序依据”、“分组依据”和“杂项”。而在视图设计器中有“字段”、“联接”、“筛选”、“排序依据”、“分组依据”、“更新条件”及“杂项”7 个选项卡。由此可以看出，视图设计器所特有的选项卡为“更新条件”选项卡，所以选项 B 正确。

22．答案：D。解析：在查询设计器中 6 个选项卡分别对应的 SQL 语句短语如下：

“字段”选项卡与 SQL 语句的 SELECT 短语对应。

“连接”选项卡与 SQL 语句的 JOIN 短语对应。

“筛选”选项卡与 SQL 语句的 WHERE 短语对应。

“排序依据”选项卡与 SQL 语句的 ORDER BY 短语对应。

“分组依据”选项卡与 SQL 语句的 GROUP BY 短语对应。

“杂项”选项卡中包含有“无重复记录”选项，此选项与 DISTINCT 对应。

选项 D 为正确答案。

23．答案：C。解析：在 Visual FoxPro 中，过程的定义格式如下：

定义过程：

```
PROCEDURE|FUNCTION <过程名>
<命名序列>
[RETURN[<表达式>]]
[ENDPROC|ENDFUNC]
```

当过程执行到 RETURN，将返回到调用程序，返回表达式的值。如果没有 RETURN 命令，则在过程结束处自动执行一条隐含的 RETURN 命令。如果 RETURN 命令不带<表达式>，则返回逻辑值.T.，所以正确答案为选项 C。

24．答案：A。解析：字段有效性规则，是用来指定该字段的值必须满足的条件，限制该字段数据的有效范围。为逻辑表达式。故选项 A 正确。

25．答案：B。解析：由日期型或日期时间型常量和日期运算符组成。运算符有两个：+和-。对于本题来说，两个日期型常量相减，所得出的结果为两个日期之间所相差的天数，为一个数值型结果，所以选项 B 为正确答案。

26．答案：B。解析：在 SQL 语句中，使用短语 INTO CURSOR CursorName 把查询结果存放到临时的数据库文件中（CursorName 是临时的文件名），此短语产生的临时文件是一个只读的 dbf 文件，当关闭文件时，该文件将会被自动删除。所以选项 B 为正确答案。

查询结果的存储还有一些其他选项，如：

使用 INTO ARRAY ArrayName 短语把查询结果存放到数组中，ArrayName 是任意的数组变量名。

使用短语 INTO DBF|TABLE TableName，把查询结果存放到永久表中（选项 C 及选项 D）。

使用短语 TO FILE FileName[ADDITIVE]把查询结果存放到文本文件当中（选项 A）。

27．答案：C。解析：在本题列出的选项中：

This：表示对当前对象的引用。

ThisForm：表示对当前表单的引用。

Caption：为对象的标题文本属性。

Click：为单击对象时所引发的事件。

所以选项 C 为正确答案。

28．答案：A。解析：此程序运行步骤如下：

首先等待用户屏幕输入一个数字，由变量 x 保存该数字：将 0 赋值给变最 s，此变量用于计算各位数字之和；使用一个 Do While 循环语句，首先判断 x 是否等于 0，如果等于 0，退出循环；如果不等于零，则使用 MOD()（取余）函数求出 x 除以 10 的余数（数字的个位数），并累加到变量 s 中。接下来，程序应当将变量 x 除以 10 并取整，使之缩小 10 倍，以便将 x 的 10 位数字变为个位数字，所以在此应当选择 A。其余选项均为错误选项。

29．答案：D。解析：SQL 的 ALTER TABLE 增加表字段的语句格式为：

ALTER TABLE 表名 ADD 字段名 数据类型标识[(字段长度[，小数位数])]

根据题意，应当使用 ADD 短语，选项 D 为正确答案。

30．答案：A。解析：题目要求查询所有 l982 年 3 月 20 日以后（含）出生，并且性别为“男”的记录，题目所给出的选项意义如下：

选项 A 查询所有 1982 年 3 月 20 日以后（含）出生并且性别为“男”的记录，为正确答案。

选项 B 查询所有 l982 年 3 月 20 日以前（含）出生并且性别为“男”的记录，错误。

选项 C 查询所有 1982 年 3 月 20 日以后（含）出生或者性别为“男”的记录，错误。

选项 D 查询所有 1982 年 3 月 20 日以前（含）出生或者性别为“男”的记录，错误。

选项 A 为正确答案。

31．答案：D。解析：此题中各个选项解释如下：

选项 A 错误，此查询只选择了“选课”表，但在“选课”表中并没有“姓名”字段。

选项 B 与选项 C 错误，此查询进行了两个表的联合查询，但没有根据关键字将两个表连接起来。选项 D 正确。

32．答案：B。解析：本题中所给出的 4 个选项中，选项 A 与选项 C 的错误很明显，因为分组短语 GROUP BY 后面所跟的“专业”字段，在查询的结果中并不存在，所以这两个选项不予考虑。而选项 D 则有一定的迷惑性，但仔细观察题目可以看出，其 Select 短语后面所跟随的“专业”字段列表在“选课”表中不存在，所以为错误选项。故选项 B 为正确答案。

33．答案：D。解析：本题所给出的 4 个选项中：

选项 A 中的子查询并没有限定选择“课程号”为“101”，则此命令选择出来的结果是“101”课程得分大于等于所有科目成绩的记录，如果其余科目的成绩有记录大于“101”科目的最高成绩，则此查询无结果，此选项错误。

选项 B 中的查询并没有限定选择“课程号”为“101”，则此命令选择出来的结果是所有课程得分大于等于所有“101”科目成绩的记录，如果其余科目的成绩有记录大于“101”科目的最高成绩，则此查询将查询出错误结果，此选项错误。

选项 C 中的查询并没有限定选择“课程号”为“101”，则此命令选择出来的结果是所有课程得分大于等于任意“101”科目成绩的记录，此查询将查询出错误结果，此选项错误。

选项 D 符合题意，将查询出正确结果，故为正确答案。

34．答案：A。解析：使用 SQL 插入表记录的命令 INSERT INTO 向表中插入记录的格式如下：

INSERT INTO 表名[(字段名 1[,字段名 2, …]) VALUES(表达式 1[,表达式 2,...])

由此命令格式可以看出，选项 A 为正确答案。

35．答案：B。解析：SQL 中的 UPDATE 语句可以更新表中数据，格式如下：

UPDATE<表名> SET<列名 l>=<表达式 l> [,列名 2>=<表达式 2...][WHERE<条件表达式 1>[AND|OR<条件表达式 2>...]

由此命令格式可以看出，选项 B 为正确答案。选项 A 错误地使用了 With 短语，而选项 C 及选项 D 均使用了错误的 FROM 短语。

二、填空题

1．答案：【1】无歧义性。解析：软件需求规格说明书是需求分析阶段的最后成果，是软件开发中的重要文档之一。包括正确性、无歧义性、完整性、可验证性、一致性、可理解性、可修改性和可追踪性等。其中最重要的特性是无歧义性，需求说明书越精确，则以后出现错误、混淆、反复的可能性越小。

2．答案：【2】白盒。解析：白盒测试的基本原则是：保证所测模块中每一分支至少执行一次；保证所测模块每一循环都在边界条件和一般条件下至少各执行一次；验证所有内部数据结构的有效性。按照白盒测试的基本原则，“白盒”法是穷举路径测试。

3．答案：【3】链式。解析：数据结构包括数据的逻辑结构和存储（物理）结构，其中逻辑结构分为线性结构和非线性结构，存储结构包括顺序结构和链式结构。在循环队列中，队尾的指针指向队首元素，是队列的链式存储结构。

4．答案：【4】ACBDFEHGP。解析：二叉树中序遍历的含义是：首先按中序遍历根结点的左子树，然后访问根结点。最后按中序遍历跟结点的右字树，中序遍历二叉树的过程是一个递归的过程。根据题目中给出的二叉树的结构可知，中序遍历的结果是：ACBDFEHGP。

5．答案：【5】 实体集。解析：E-R 模型中，有 3 个基本的抽象概念：实体、联系和属性。E-R 图是 E-R 模型的图形表示法，在 E-R 图中，用矩形框表示实体，菱形框表示联系，椭圆形框表示属性。因此，划线处应填入“实体集”。

6．答案：【6】IS NULL。解析：此题考生容易犯错误，需要注意的是，空值是一个特殊的值，测试一个属性值是否为空时，不能用“属性=NULL”或者“属性=!NULL”，应该使用“属性 IS NULL”（属性为空）或者“属性 IS NOT NULL”（属性不为空），本题要查询不为空的记录，所以答案为“IS NULL”。

7．答案：【7】GROUP BY。解析：在 SQL 语句中，利用 HAVING 子句，可以设置当分组满足某个条件时才检索。HAVING 子句总是跟在 GROUP BY 子句之后，不可以单独使用。

在查询中，首先利用 WHERE 子句限定元组，然后进行分组，最后再用 HAVING 子句限定分组。而 GROUP BY 子句一般在 WHERE 语句之后，没有 WHERE 语句时，跟在 FROM 子句之后。另外，也可以根据多个属性进行分组。综上所述，答案为 GROUP BY。

8．答案：【8】DIST。解析：在 SQL 查询语句中，DISTINCT 短语的作用是去掉查询结果中的重复值。所以答案为 DISTINCT。

9．答案：【9】MODIFY STRUCTURE。解析：在 Visual FoxPro 的命令窗口中，使用 MODIFY STRUCTURE 命令可以将当前已打开的表文件的表设计器打开，在表设计器中可以对表修改，如进行增加、插入、删除及移动字段等操作。正确答案为 MODIFY STRUCTURE。

10．答案：【10】Load。解析：在运行表单时，率先引发的表单事件有 Load 和 Init 事件，而 Load 在表单对象建立之前引发，也就是在运行表单时，先引发表单的 Load 事件，再引发表单的 Init 事件。所以正确答案为 Load。

11．答案：【11】.T.。解析：LOCATE 命令在表指定范围中查找满足条件的第一条记录。格式为：

LOCATE FOR<逻辑表达式 1>[<范围>][WHILE <逻辑表达 2>]:

<逻辑表达式 1>：表示所需满足的条件。

<范围>：指定查找范围，缺省时为 ALL，即在整个表文件中查找。

如果找不到记录，则记录指针指向文件结束标志，而函数 EOF()则是判断当前打开的表中记录指针是否指向文件尾，如果指向文件尾，则返回值为 T.。所以答案为“.T.”。

12．答案：【12】Click。解析：当用鼠标单击一个对象时执行该对象的 Click 事件，所以正确答案为 Click。

13．答案：【13】1。解析：选项组又称为选项按钮组，是包含选项按钮的一种容器。一个选项组中往往包含若干个选项按钮，但用户只能从中选择一个按钮。当用户单击某个选项按钮时，该按钮即成为被选中状态，而选项组中的其他选项按钮，不管原来是什么状态，都变为未选中状态。选项组的 Value 属性用于指定选项组中哪个选项按钮被选中。当初始值设为 0 时，表示在表单上的选项组中没有选中任何选项按钮，而选定第一个选项按钮后，该属性值就被赋值为 1，如果选定第二个选项组按钮，则该属性值被赋值为 2... 依此类推。所以，本题的答案为 1。

14．答案：【14】Value。解析：复选框用于标识一个两值状态，如真（.t.）或假（.f.）。当处于“真”状态时，复选框内显示一个对勾，当处于“假”状态时复选框内为空白。复选框的属性 Value 用来指明复选框的当前状态，其状态如表。

属性值	说明
0 或.F.	（默认值），未被选中
1 或.T.	被选中
>=2 或 null	不确定，只在代码中有效

所以本题中正确答案为 Value。

15．答案：【15】UPDATE。解析：在 SQL 中，插入、删除、更新命令依次是 INSERT、DELETE 和 UPDATE。所以答案为 UPDATE。

2007 年 4 月全国计算机等级考试二级 Visual FoxPro 笔试试卷

一、选择题（每小题 2 分，共 70 分）

下列各题 A、B、C、D 四个选项中，只有一个选项是正确的。请将正确选项涂写在答题卡相应位置上，答在试卷上不得分。

1．下列叙述中，正确的是（　　）。

A．算法的效率只与问题的规模有关，而与数据的存储结构无关

B．算法的时间复杂度是指执行算法所需要的计算工作量

C．数据的逻辑结构与存储结构是一一对应的

D．算法的时间复杂度与空间复杂度一定相关

2．在结构化程序设计中，模块划分的原则是（　　）。

A．各模块应包括尽量多的功能

B．各模块的规模应尽量大

C．各模块之间的联系应尽量紧密

D．模块内具有高内聚度、模块间具有低耦合度

3．下列叙述中，正确的是（　　）。

A．软件测试的主要目的是发现程序中的错误

B．软件测试的主要目的是确定程序中错误的位置

C．为了提高软件测试的效率，最好由程序编制者自己来完成软件测试的工作

D．软件测试是证明软件没有错误

4．下面选项中不属于面向对象程序设计特征的是（　　）。

A．继承性　　B．多态性　　C．类比性　　D．封装性

5．下列对队列的叙述，正确的是（　　）。

A．队列属于非线性表

B．队列按“先进后出”原则组织数据

C．队列在队尾删除数据

D．队列按“先进先出”原则组织数据

6．对下列二叉树进行前序遍历的结果为（　　）。

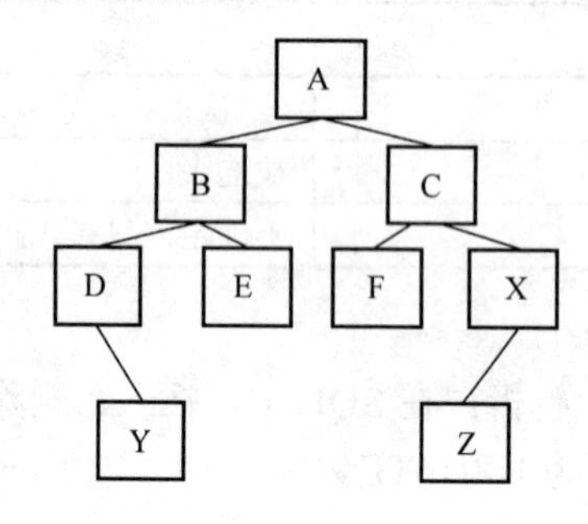

A．DYBEAFCZX　　B．YDEBFZXCA
C．ABDYECFXZ　　D．ABCDEFXYZ

7．某二叉树中有 n 个度为 2 的结点，则该二叉树中的叶子结点数为（　）。
A．n+1　　B．n-1　　C．2n　　D．n/2

8．在下列关系运算中，不改变关系表中的属性个数，但能减少元组个数的是（　）。
A．并　　B．交　　C．投影　　D．笛卡儿乘积

9．在 E-R 图中，用来表示实体之间联系的图形是（　）。
A．矩形　　B．椭圆形　　C．菱形　　D．平行四边形

10．下列叙述中，错误的是（　）。
A．在数据库系统中，数据的物理结构必须与逻辑结构一致
B．数据库技术的根本目标是要解决数据的共享问题
C．数据库设计是指在已有数据库管理系统的基础上建立数据库
D．数据库系统需要操作系统的支持

11．以下不属于 SQL 数据操作命令的是（　）。
A．MODIFY　　B．INSERT　　C．UPDATE　　D．DELETE

12．在关系模型中，每个关系模式中的关键字（　）。
A．可由多个任意大属性组成
B．最多由一个属性组成
C．可由一个或多个其值能唯一标识关系中任何元组的属性组成
D．以上说法都不对

13．Visual FoxPro 是一种（　）。
A．数据库系统　　B．数据库管理系统
C．数据库　　D．数据库应用系统

14．在 Visual FoxPro 中调用表单文件 mfl 的正确命令是（　）。
A．DOmfl　　B．DO FROM mfl
C．DO FORM mfl　　D．RUN mfl

15．SQL 的 SELCT 语句中，HAVING<条件表达式>用来筛选满足条件的（　）。
A．列　　B．行　　C．关系　　D．分组

16．设有关系 SC(SNO,CNO,GRADE)，其中 SNO、CNO 分别表示学号和课程号（两者均为字符型），GRADE 表示成绩（数值型），若要把学号为“S101”的同学，选修课程号为“C11”,成绩为 98 分的记录插入到表 SC 中，正确的语句是（　）。
A．INSERT INTO SC(SNO,CNO,GRADE)VALUES('S101', 'C11', '98')
B．INSERT INTO SC(SNO,CNO,GRADE)VALUES(S101,C11,98)
C．INSERT('S101', 'C11', '98')INTOSC
D．INSERT INTO SC VALUES('S104', 'C11',98)

17．以下有关 SELECT 短语的叙述中，错误的是（　）。
A．SELECT 短语中可以使用别名
B．SELECT 短语中只能包含表中的列及其构成的表达式
C．SELECT 短语规定了结果集中的列顺序

D．如果 FROM 短语引用两个表有同名的列，则 SELECT 短语引用它们时必须使用表名前缀加以限定

18．在 SQL 语句中，与表达式“年龄 BETWEEN 12 AND 16”功能相同的表达式是（　　）。

A．年龄>=12 OR<=46　　B．年龄>=12 AND<=46

C．年龄>=12 OR 年龄<=46　　D．年龄>=12 AND 年龄<=46

19．在 SELECT 语句中，以下有关 HAVING 短语的正确叙述是（　　）。

A．HAVING 短语必须与 GROUP BY 短语同时使用

B．使用 HAVING 短语同时不能使用 WHERE 短语

C．HAVING 短语可以在任意的一个位置出现

D．HAVING 短语与 WHERE 短语功能相同

20．在 SQL 的 SELECT 查询的结果中，消除重复记录的方法是（　　）。

A．通过指定主索引实现　　B．通过指定唯一索引实现

C．使用 DISTINCT 短语实现　　D．使用 WHERE 短语实现

21．在 Visaul FoxPro 中，假定数据库表 S(学号,姓名,性别,年龄)和 SC(学号,课程号,成绩)之间使用学号建立了表之间的永久联系，在参照完整性的更新规则、删除规则和插入规则中选择了设置“限制”，如果表 S 所有的记录在表 SC 中都有相关联系的记录，则（　　）。

A．允许修改表 S 中的学号字段值　　B．允许删除表 S 中的记录

C．不允许修改表 S 中的学号字段值　D．不允许在表 S 中增加新的记录

22．在 Visual Foxpro 中，对于字段值为空值（NULL），叙述正确的是（　　）。

A．空值等同于空字符串　　B．空值表示字段还没有确定值

C．不支持字段值为空值　　D．空值等同于数值 0

23．在 Visual FoxPro 中，如果希望内存变量只能在本模块（过程）中使用，不能在上层或下层模块中使用，说明该种内存变量的命令是（　　）。

A．PRIVATE　　B．LOCAL

C．PUBLIC　　D．A 不用说明，在程序中直接使用

24．在 Visual FoxPro 中，下面关于索引的正确描述是（　　）。

A．当数据库表建立索引以后，表中记录的物理顺序将被改变

B．索引的数据将与表的数据存储在一个物理文件中

C．建立索引是创建一个索引文件，该文件包含着有指向表记录的指针

D．使用索引可以加快对表的更新操作

25．在 Visual FoxPro 中，在数据库中创建表的 CREATE TABLE 命令中定义主索引，实现实体完整性规则的短语是（　　）。

A．FOREIGwww.100ksw.comE KEY　B．DEFAULT

C．PRIMARY KEY　　D．CHECK

26．在 Visual FoxPro 中，以下关于查询的描述，正确的是（　　）。

A．不能用自由表建立查询　　B．只能用自由表建立查询

C．不能用数据库表建立查询　　D．可以用数据表和自由表建立查询

27．在 Visual FoxPro 中，数据库表的字段或记录的有效性规则的设置可以在（　　）。

A．项目管理器中进行　　B．数据库设计器中进行

C．表设计器中进行　　　　　　　　D．表单设计器中进行

28．在 Visual FoxPro 中，如果要将学生表 S(学号,姓名,性别,年龄)中“年龄”属性删除，正确的 SQL 命令是（　）。

A．ALTER TABLE S DROP COLUMN 年龄

B．DELETE 年龄 FROM S

D．ALTER TABLE S DELETE COLUMN 年龄

D．ALTER TABLE S DELETE 年龄

29．在 Visual FoxPro 的数据库表中，只能有一个（　）。

A．候选索引　　B．普通索引　　C．主索引　　D．唯一索引

30．设有学生表 S(学号,姓名,性别,年龄)，查询所有年龄小于等于 18 岁的女同学，并按年龄进行降序生成新的表 WS，正确的 SQL 命令是（　）。

A．SELECT*FROMS WHERE 性别="女" AND 年龄<=18ORDER BY 4 DBSC INTO TABLE WS

B．SELECT*FROMS WHERE 性别="女" AND 年龄<=18ORDER BY 年龄 INTO TABLE WS

C．SELECT*FROMS WHERE 性别="女" AND 年龄<=18ORDER BY 年龄 DESC INTO TABLE WS

D．SELECT*FROMS WHERE 性别="女" OR 年龄 <=18ORDER BY 年龄 ASC INTO TABLE WS

31．设有学生选课表 SC(学号,课程号,成绩)，用 SQL 检索同时选修课程号为“C1”“C5”的学生的学号的正确命令是（　）。

A．SELECT 学号 FROM SC WHERE 课程号="C1" AND 课程号="C5"

B．SELECT 学号 FROM SC WHERE 课程号="C1" AND 课程号=（SELECT 课程号 FROM SC WHERE 课程号="C5"）

C．SELECT 学号 FROM SC WHERE 课程号="C1" AND 学号=(SELECT 学号 FROM SC WHERE 课程号="C5"）

D．SELECT 学号 FROM SC WHERE 课程号="C1" AND 学号 IN （SELECT 学号 FROM SC WHERE 课程号="C5"）

32．设有学生表 S(学号,姓名,性别,年龄)、课程表 C(课程名,学分)和学生选课表 SC(学号,课程号,成绩)，检索学号、姓名和学生所选课程的课程名和成绩，正确的 SQL 命令是（　）。

A．SELECT 学号，姓名，课程名，成绩 FROM S，SC，C WHERE S.学号=SC.学号 AND SC .学号=C.学号

B．SELECT 学号，姓名，课程名，成绩 FROM（S JOIN SC ON S.学号=SC.学号）JOIN C ON SC.课程号 =C.课程号

C．SELECT 学号，姓名，课程名，成绩 FROM S JOIN SC JOIN C ON S.学号=SC.学号 ON SC .课程号=C.课程号

D．SELECT 学号，姓名，课程名，成绩 FROM S JOIN SC JOIN C ON SC.课程号=C.课程号 ONS，学号=SC.学号

33．在 Visual FoxPro 中，以下叙述正确的是（　　）。

A．表也被称作表单

B．数据库文件不存储用户数据

C．数据库文件的扩展名是.DBF

D．一个数据库中的所有表文件存储在一个物理文件中

34．在 Visual FoxPro 中，释放表单时会引发的事件是（　　）。

A．UnLoad 事件　　B．Init 事件

C．Load 事件　　D．Release 事件

35．在 Visual FoxPro 中，在屏幕上预览报表的命令是（　　）。

A．PREVIEW REPORT　　B．REPORT FORM…PREVIEW

C．DO REPORT…PREVIEW　　D．RUN REPORT…PREVIEW

二、填空题(每空 2 分，共 30 分)

请将每一个空的正确答案写在答题卡【1】～【15】序号的横线上，答在试卷上不得分。

注意：以命令关键字填空的必须拼写完整。

1．在深度为 7 的满二叉树中，度为 2 的结点个数为【1】。

2．软件测试分为白箱（盒）测试和黑箱（盒）测试。等价类划分法属于【2】测试。

3．在数据库系统中，实现各种数据管理功能的核心软件称为【3】。

4．软件生命周期可分为多个阶段，一般分为定义阶段、开发阶段和维护阶段，编码和测试属于【4】阶段。

5．在结构化分析使用的数据流图（DFD）中，利用【5】对其中的图形元素进行确切解释。

6．为使表单运行时在主窗口中居中显示。应设置表单的 AutoCenter 属性值为【6】。

7．?AT("EN",RIGHT("STUDENT",4))的执行结果是【7】。

8．数据库表上字段有效性规则是一个【8】表达式。

9．在 Visual FoxPro 中，通过建立数据库表的主索引，可以实现数据的【9】完整性。

10．执行下列程序，显示的结果是【10】。

```
one="WORK"
two=""
a=LEN(one)
i =a
DO WHILE i >1
Two=two+SUBSTR(one,i , 1 )
i =i –1
ENDDO
two
```

11．“歌手”表中有“歌手号”、“姓名”和“最后得分”3 个字段，“最后得分”越高名次越靠前，查询前 10 名歌手的 SQL 语句是：

SELECT*【11】FROM 歌手 ORDER BY 最后得分【12】

12．已有“歌手”表，将该表中的“歌手号”字段定义为候选索引，索引名是 temp，正

确的 SQL 语句是

__【13】__ TABLE 歌手 ADD UNIQUE 歌手号 TAG temp

13．连编应用程序时，如果选择连编生成可执行程序，则生成的文件的扩展名是__【14】__。

14．为修改已建立的报表文件打开报表设计器的命令是__【15】__ REPORT。

试题答案及解析

一、选择题

1．答案：B。解析：根据时间复杂度和空间复杂度的定义可知，算法的时间复杂度和空间复杂度并不相关。数据的逻辑结构就是数据元素之间的逻辑关系，它是从逻辑上描述数据元素关系的，是独立于计算机中的，数据的存储结构是研究数据元素和数据元素之间的关系如何在计算机中表示，它们并非一一对应。算法的执行效率不仅与问题的规模有关，还与数据的存储结构有关。

2．答案：D。解析：在结构化程序设计中，一般较优秀的软件设计尽量做到高内聚、低耦合，这样有利于提高软件模块的独立性，这也是模块划分的原则。

3．答案：A。解析：软件测试是为了发现错误而执行程序的过程，且为了达到好的测试效果，应该由独立的第三方来构造测试，程序员应尽量避免检查自己的程序。

4．答案：C。解析：面向程序设计的 3 个主要特征是：封装性、继承性和多态性。

5．答案：D。解析：队列是一种操作受限的线性表。它只允许在线性表的一端进行插入操作，另一端进行删除操作。其中，允许插入的一端称为队尾，允许删除的一端称为队首。队列具有先进先出的特点，它是按“先进先出”的原则组织数据的。

6．答案：C。解析：二叉树前序遍历的含义是：首先访问根结点，然后按前序遍历根结点的左子树，最后按前序遍历根结点的右子树，前序遍历二叉树的过程是一个递归的过程。根据题目中给出的二叉树的结构可知，前序遍历的结果是：ABDYECFXZ。

7．答案：A。解析：对于任何一棵二叉树 T，如果其终端结点（叶子）数为 n_1，度为 2 的结点数为 n_2，则 $n_1=n_2+1$。所以该二叉树的叶子结点数等于 n+1。

8．答案：B。解析：在关系运算中，“交”的定义如下：设 R_1 和 R_2 为参加运算的两个关系，它们具有相同的度 n，且相对应的属性值取自同一个域，则 $R_1 \cap R_2$ 为交运算，结果仍为度等于 n 的关系，其中的元组既属于 R_1 又属于 R_2。根据定义可知，不改变关系表的属性个数但能减少元组个数的是交运算，故本题答案为 B。

9．答案：C。解析：E-R 模型可用 E-R 图来表示，它具有 3 个要素。①实体（型）用矩形框表示，框内为实体名称。②属性可用椭圆形来表示，并用线与实体连接。属性较多时也可以将实体及其属性单独列表。③实体间的联系用菱形框表示。用线将菱形框与实体相连，并在线上标注联系的类型。

10．答案：A。解析：数据库设计是指根据用户的需求，在某一具体的数据库管理系统上设计数据库的结构并建立数据库的过程；数据库技术的根本目标是要解决数据共享的问题；数据库需要操作系统的支持；数据的物理结构又称数据的存储结构，就是数据元素在计算机存储器中的表示及其配置。数据的逻辑结构是指数据元素之间的逻辑关系，它是数据在用户或程序员面前呈现的方式，在数据库系统中，数据的物理结构不一定与逻辑结构一致。

11．答案：A。解析：SQL 的操作功能是指对数据库中数据的操作功能，主要包括插入、更新和删除 3 个方面的内容，分别用命令 INSERT、UPDATE 和 DELETE 来实现。

12．答案：C。解析：在关系数据模型中的关键字可以是一个或多个属性组合，其值能够唯一地标识一个元组。

13．答案：B。解析：Visual FoxPro 是一种数据库管理系统，可以对数据库的建立、使用和维护进行管理。

14．答案：C。解析：调用表单的命令格式为：DO FORM<表单文件名>

15．答案：D。解析：在 SQL 的 SELECT 语句中 HAVING 短语要结合 GROUP BY 使用，用来进一步限定满足分组条件的元组。

16．答案：D。解析：插入命令：INSERT INTO<表名>[(<属性列 1>,<属性列 2>...)]VALUES（eExpres-sion1[,eExpression2,...]），若插入的是完整的记录时，可以省略<属性列 1>，<属性列 2>...；另外，SNO、CNO 为字符型，故其属性值需要加引号，数值型数据不需要加引号。

17．答案：B。解析：SELECT 短语中除了包含表中的列及其构成的表达式外，还可以包括常量等其他元素，SELECT 短语中可以使用别名，并规定了结果集中的列顺序，如果 FROM 短语中引用的两个表有同名的列，则 SELECT 短语引用它们时必须使用表名前缀加以限定。

18．答案：D。解析：BETWEEN<数值表达式 1>AND<数值表达式 2>的意思是取两个数值表达式之间的数据，且包括两个数值表达式在内。

19．答案：A。解析：在 SELECT 短语中 HAVIHG 短语必须与 GROUP BY 短语同时使用，并且出现在 GROUP BY 短语之后。

20．答案：C。解析：在 SQL 的 SELECT 查询结果中，可以通过 DISTINCT 短语消除重复记录。

21．答案：C。解析：数据库表之间的参照完整性规则包括级联、限制和忽略，如果将两个表之间的更新规则、插入规则和删除规则中都设置了“限制”，则不允许修改两表之间的公共字段。

22．答案：B。解析：在 Visual FoxPro 中字段值为空值（NULL）表示字段还没有确定值，例如一个商品的价格的值为空值，表示这件商品的价格还没有确定，不等同于数值 0。

23．答案：B。解析：Visual FoxPro 中的内存变量分为公共变量、私有变量和局部变量，其中局部变量只能在建立它的模块中使用，不能在上层和下层模块中使用，用命令 LOCAL 说明。

24．答案：C。解析：Visual FoxPro 中建立索引可以加快对数据的查询速度，索引文件作为一个独立的文件进行存储，文件中包含指向表记录的指针，建立索引后，表中记录的物理顺序不变。

25．答案：C。解析：Visual FoxPro 中通过 SQL 命令建立表时，用 PRIMARY KEY 来定义主索引、实现完整性，用 FOREIGN KEY 来定义外键，DEFAULT 来定义默认值，CHECK 来定义有效性规则。

26．答案：D。解析：查询是一种为了提高数据处理速度而引用的一种数据库对象，可以认为是一个事先定义好的 SQL SELECT 语句，可以用数据库表和自由表来建立查询。

27．答案：C。解析：数据库表可以设置字段或记录的有效性规则，在表设计器中进行设置。

28．答案：A。解析：删除表中属性用命令 DROP，而 DELETE 用于删除表中的记录。

29．答案：C。解析：数据库表中只能有一个主索引，可以有多个选择索引和普通索引，唯一索引是指字段的个数唯一，而不是索引的个数。

30．答案：A。解析：按年龄的降序排列，所以要用短语 DESC，排序的字段有两种表示方式，分别是按列号和字段名排序，因为字段名是变量，固不能加引号。

31．答案：D。解析：这个查询不能用简单的查询实现，所以要用到嵌套查询，在嵌套查询中内外层的嵌套用 IN 而不用“=”。

32．答案：D。解析：SQL 是顺序执行命令语句，在多表联接查询时，各条件短语的执行顺序会影响到最终的查询结果。

33．答案：B。解析：数据库文件的作用是把相互关联的属于同一数据库的数据库表组织在一起，并不存储用户数据，数据库中的每个表文件都分别存储在不同的物理文件中。

34．答案：A。解析：在表单的常用事件中，Init 事件在表单建立时引发，Load 事件在表单建立之前引发，Unload 事件在表单释放时引发，Release 属于释放表单时要引用的方法而不属于事件。

35．答案：B。解析：在屏幕上预览报表的命令是 RE-PORT FORM...PREVIEW。

二、填空题

1．答案：【1】63。解析：根据二叉树的性质，一棵深度为 k 的满二叉树有 2k－1 个结点，所以深度为 7 的满二叉树有 2 的 7 次方减 1，127 个结点；又因为在任意一棵二叉树中，若终端结点的个数为 n_0，度为 2 的结点数为年，则 $n_e=n_2+1$，即所有的总结点数为 $n_0+n_2=2n_2+1=127$，所以 $n_2=63$，即度为 2 的结点个数为 63。

2．答案：【2】黑箱或黑盒。解析：黑箱测试是根据程序规格的功能来设计测试用例，它不考虑程序的内部结构和处理过程。常用的黑箱测试技术分为等价划分、边界分析、错误猜测及因果图等。

3．答案：【3】数据库管理系统（DBMS）。解析：数据库管理系统简称 DBMS，对数据库进行统一的管理和控制，以保证数据库的安全性和完整性。它是数据库系统的核心软件。

4．答案：【4】开发。解析：软件生命周期是软件的产生直到报废的生命周期，周期内有问题定义、可行性分析、总体描述、系统设计、编码、调试和测试、验收与运行、维护升级到废弃等阶段，其中的编码和测试属于开发阶段。

5．答案：【5】数据字典。解析：数据字典就是用来定义数据流图中的各个成分的具体含义。数据字典的任务是对于数据流图中出现的所有被命名的图形元素在数据字典中作为一个词条加以定义，使得每一个图形元素的名字都有一个确切的解释。

6．答案：【6】.T.。解析：AutoCenter 属于用于设置表单是否在主窗口中居中显示，当其值为.t.时，表单居中。

7．答案：【7】2。解析：RIGHT("STUDENT",4)表示从字符串“STUDENT”的右边到 4 个字符，结果为“DENT”，而 AT()函数用于判断第一个字符串表达式，在第二个字符串表达式的位置。

8．答案：【8】逻辑。解析：字段的有效性规则是为了对输入数据库表中的数据进行限定而设置的，只有符合和不符合规则两种可能性，故为逻辑型。

9．答案:【9】实体。解析：数据库中的数据完整性是指保证数据正确的特性，数据完整性包括实体完整性、域完整性和参照完整性，可以通过建立数据库表的主索引来实现。

10．答案:【10】KROW。解析：该程序段的作用是从字符串“WORK”的最后一个字符开始，依次从后向前读取并连接第一个字符。

11．答案:【11】TOP 10。解析：TOP<数值表达式>表示在表中取指定的前几条记录。【12】DESC。解析：在对记录进行排序时，ASC 表示升序，DESC 表示降序。

12．答案:【13】ALTER。解析：用 SQL 建立索引属于对表结构的修改要用 ALTER 短语。

13．答案:【14】.EXE。解析：连编生成可执行程序的目的是为了在 Windows 下运行该程序，其扩展名为.EXE。

14．答案:【15】MODIFY。解析：打开报表设计器修改已经建立的报表要用 MODIFY REPORT 命令。

附录C　上机操作题

第一套

一、基本操作题（共4小题，第1、2题是7分、第3、4题是8分）

在考生文件夹下，打开Ecommerce数据库，完成以下操作：

1．打开Ecommerce数据库，并将考生文件夹下的自由表OrderItem添加到该数据库。

2．为OrderItem表创建一个主索引，索引名为PK，索引表达式为“会员号+商品号”；再为OrderItem创建两个普通索引（升序），一个的索引名和索引表达式均是“会员号”；另一个的索引名和索引表达式均是“商品名”。

3．通过“会员号”字段建立客户表Customer和订单表OrderItem之间的永久联系（注意不要建立多余的联系）。

4．为以上建立的联系设置参照完整性约束：更新规则为“级联”；删除规则为“限制”；插入规则为“限制”。

二、简单应用（2小题，每题20分，计40分）

在考生文件夹下完成以下简单应用：

1．建立查询qq，查询会员的会员号（来自Customer表）、姓名（来自Customer表）、会员所购买的商品名（来自Article表）、单价（来自OrderItem表）、数量（来自OrderItem表）和金额（OrderItem.单价*OrderItem.数量），结果不要进行排序，查询去向是表ss。查询保存为qq.qpr，并运行该查询。

2．使用SQL命令查询小于30岁（含30岁）的会员信息（来自表Customer），列出会员号、姓名和年龄，查询结果按年龄降序排序，存入文本文件夹cut_ab.txt中，SQL命令存入命令文件cmd_ab.prg。

三、综合应用（1小题，计30分）

在考生文件夹下，打开Ecommerce数据库，完成以下综合应用（所有控件的属性必须在表单设计器的属性窗口中设置）：

1．设计一个名称为myforma的表单（文件名和表单名均为myforma），表单的标题为“客户商品订单基本信息浏览”。表单上设计一个包含3个选项卡的页框（pageframel）和一个“退出”命令按钮（commandl）。要求如下：

2．为表单建立数据环境，按顺序向数据环境添加Article表、Customer表和OrderItem表。

按从左到右的顺序3个选项卡的标签（标题）的名称分别为“客户表”、“商品表”和“订单表”，每个选项卡上均有一个表格控件，分别显示对应表的内容（从数据环境拖拽，客户表为 Customer、商品表为 Article、订单表为 OrderItem）。

3．单击“退出”按钮关闭表单。

第二套

一、基本操作题（共 4 小题，第 1、2 题是 7 分、第 3、4 题是 8 分）

在考生目录下完成以下操作：

1．打开“订货管理”数据库，并将表 order_detail 添加到该数据库中。

2．为表 order_detail 的“单价”字段定义默认值为 NULL。

3．为表 order_detail 的“单价”字段定义约束规则，单价>0，违背规则时的提示信息是：“单价必须大于零”。

4．关闭“订货管理”数据库，然后建立自由表 Customer，表的结构如下：

客户号	字符型(6)
客户名	字符型(16)
地址	字符型(20)
电话	字符型(14)

二、简单应用（2 小题，每题 20 分，计 40 分）

在考生目录下完成以下简单应用：

1．列出总金额大于所有订购单总金额平均值的订购单（order_list）清单（按客户号升序排列），并将结果存储到 results 表中（表结构与 order_list 表结构相同）。

2．利用 Visual FoxPro 的“快速报表”功能建立一个满足以下要求的简单报表：

（1）报表的内容是 order_detail 表的记录（全部记录，横向）

（2）增加“标题带区”，然后在该带区中放置一个标签控件，该标签控件显示报表的标题“器件清单”。

（3）将页注脚区默认显示的当前日期该为显示当前的时间。

（4）最后将建立的报表保存为 reportl.frx。

三、综合应用（1 小题，计 30 分）

首先将 order_detail 表全部内容复制到 od_bak 表，然后对 od_bak 表编写完成以下功能的程序：

1．把“订单号”尾部字母并且订货相同（“器件号”相同）的订单合并为一张订单，新的“订单号”就取原来的尾部字母，“单价”取最低价，“数量”取合计。

2．结果先按新的“订单号”升序排列，再按“器件号”升序排列。

3．最终记录的处理结果保存在 od_new 表中。

4．最后将程序保存为 progl.prg，并执行该程序。

第三套

一、基本操作题（共4小题，第1和2题是7分、第3和4题是8分）

在考生文件夹下，完成以下操作：

1．将student表中学号为99035001的学生的院系字段值修改为“经济”。

2．将score表的“成绩”字段的名称修改为“考试成绩”。

3．使用SQL命令（ALTER TABLE）为student表建立一个候选索引。索引名和索引表达式都是“学号”，并将相应的SQL命令保存在three.prg文件中。

4．使用非SQL命令为course表建立一个候选索引，索引名和索引表达式都是“课程编号”，并将相应的命令保存在four.prg文件中（只保存建立索引的命令）。

二、简单应用（2小题，每题20分，计40分）

在考生文件夹下完成以下简单应用：

1．建立一个满足以下要求的表单文件tab

（1）表单中包含一个页框控件Pageframel，该页框含有3个页面，页面的标题依次为“学生”（Page1）、“课程”（Page2）和“成绩”（Page3）。

（2）依次将表student（学生）、course（课程）和score（成绩）添加到表单的数据环境中。

（3）直接用拖拽的方法使得在页框控件的相应页面上依次分别显示表student（学生）、course（课程）和score（成绩）的内容。

（4）表单中包含一个命令按钮“退出”（Commandl），单击该按钮关闭并释放表单。

2．给该程序（表单）modi2.scx，其功能是请用户输入一个正整数，然后计算从1到该数字之间有几个偶数、几个奇数、几个被3整除的数，并分别显示出来，最后给出数目。请修改并调试该程序，使之正确运行。

改错要求：在“计算”按钮的单击事件的程序中共有3处错误，请修改*****found****下面的错误，必须在原来位置修改，不得增加或删减程序行（其中第一行的赋值语句不许减少或改变变量名）。

在“退出”按钮下有一处错误，该按钮的功能是关闭并释放表单。

三、综合应用（1小题，计30分）

打开考生文件夹下的表单文件zonghe，并完成以下操作：

1．修改“添加>”命令按钮Click事件下的语句，使得当单击该命令按钮时，将左边列表框所选项添加到右边的列表框。

2．修改“<移去”命令按钮Click事件下的语句，使得当单击该命令按钮时，将右边列表框所选项移去（删除）。

3．“确定”命令按钮Click事件下程序的功能时，查询右边列表框所列课程的学生考试成绩（依次包含姓名、课程名称和考试成绩3个字段），并先按课程名称升序、再按考试成绩降序排列并存储到表zonghe.dbf中。

注意：程序完成后必须运行，要求将“计算机基础”和“高等数学”从左边的列表框添加到右边的列表框，并单击“确定”按钮完成查询和存储。

参考答案

第一套参考答案

[基本操作题]

1 小题：

可以有两种方法：一是命令方法；二是菜单方法。

命令方法：

```
OPEN DATABASE Ecommerce
ADD TABLE OrderItem
```

菜单方法：

（1）选择“文件”→“打开”命令，选择“文件类型”为“数据库”，打开“Ecommerce”并显示“数据库设计器-Ecommerce”的对话框。

（2）在对话框中单击鼠标右键，显示右击菜单，选择“添加表”命令，并选择相应的表文件即可（OrderItem）。

2 小题：

（1）打开并修改数据库

```
MODIFY DATABASE Ecommerce
```

（2）在“数据库设计器-Ecommerce”中，选择表“OrderItem”并单击鼠标右键，在弹出的快捷菜单中选择“修改”命令，在屏幕上显示“表设计器-OrderItem.dbf”窗口，单击“索引”选项卡，然后输入索引名“PK”，选择类型为“主索引”，表达式为“会员号+商品号”；移到下一项，输入索引名“会员号”，选择类型为“普通索引”，表达式为“会员号”；移到下一项，输入索引名“商品号”，选择类型为“普通索引”，表达式为“商品号”，最后单击“确定”按钮。

3 小题：

在“数据库设计器-Ecommerce”中，选择“Customer”表中主索引键“会员号”并按住不放，然后移动鼠标拖到“OrderItem”表中的索引键为“会员号”处，松开鼠标即可。

4 小题：

（1）在已建立的永久性联系后，双击关系线，并显示“编辑关系”对话框。

（2）在“编辑关系”对话框中，单击“参照完整性”按钮，并显示“参照完整性生成器”对话框。

（3）在“参照完整性生成器”对话框中，单击“更新规则”选项卡，并选择“级联”单选按钮，单击“删除规则”选项卡，并选择“限制”单选按钮，单击“插入规则”选项卡，并选择“限制”单选按钮，接着单击“确定”按钮，并显示“是否保存改变，生成参照完整性代码并退出？”，最后单击“是”按钮，这样就生成了指定参照完整性。

注意：可能会出现要求整理数据库，那么请整理后重新操作。

[简单应用题]

1 小题：

（1）在命令窗口中输入建立查询命令：

```
CREATE QUERY chaxun
```

（2）在"打开"对话框中，选择表"Customer"再单击"确定"按钮，在"添加表或视图"对话框中，选择表"OrderItem"，单击"添加"按钮，选择表"article"，单击"添加"按钮，在"联接条件"对话框中，直接单击"确定"按钮。在"添加表或视图"中，再单击"关闭"按钮。

（3）单击"字段"选项卡，选择试题要求的字段添加到"选定字段"列表框中，在"函数和表达式"的文本框输入"Orderitem.单价*Orderitem.数量 AS 金额"，再单击"添加"按钮。

（4）选择"查询"→"输出去向"命令，在"查询去向"对话框中，单击"表"按钮，在"表名"处输入"ss"，再单击"确定"按钮。

（5）按 Ctrl+W 组合键保存该查询，最后运行该查询"do qq.qpr"。

2 小题：

```
SELECT 会员号,姓名,年龄 FROM Customer WHERE 年龄<=30 ORDER BY 年龄 DESC TO FILE cut_ab
```

[综合应用题]

1．在命令窗口中输入建立表单命令：

```
CREATE FORM myforma
```

2．在"表单设计器"中，在"属性"的 Caption 处输入"客户商品订单基本信息浏览"，在 Name 处输入"myforma"。

3．在"表单设计器"中，单击鼠标右键，在弹出的快捷菜单中选择"数据环境"命令项，在"打开"对话框中，选择表"Article"并单击"确定"按钮。在"添加表或视图"对话框中，选择表"Customer"并按单击"添加"按钮，选择表"OrderItem"并单击"添加"按钮，最后单击"关闭"按钮关闭"添加表或视图"对话框。

第二套参考答案

[基本操作题]

1 小题：

可以有两种方法：一是命令方法；二是菜单方法。

命令方法：

```
OPEN DATABASE 订货管理
ADD TABLE order_detail
```

菜单方法：

（1）选择“文件”→“打开”命令，选择“文件类型”为“数据库”，打开“订货管理”。

（2）在“数据库设计器-订货管理”中单击鼠标右键，显示弹出菜单，选择“添加表”命令，并选择相应的表文件即可（order_detail）。

2 小题：

（1）在“数据库设计器-订货管理”中，选择表“order_detail”并单击鼠标右键，在弹出的快捷菜单中选择“修改”命令。

（2）在“表设计器-order_detail.dbf”中，选择字段名为“单价”，在 NULL 处进行打勾（允许空值），最后单击“确定”按钮即可。

3 小题：

（1）在“数据库设计器-订货管理”中，选择表“order_detail”并单击鼠标右键，在弹出的快捷菜单中选择“修改”命令。

（2）在“表设计器-order_detail.dbf”中，选择“单价”字段，在“字段有效性”标签的“规则”处输入“单价>0”，在“信息”处输入“"单价必须大于零"”，最后单击“确定”按钮即可。

4 小题：

方法一：

（1）打开数据库文件“订货管理”：

```
OPEN DATABASE 订货管理
```

（2）选择“文件”→“新建”命令，在“新建”对话框中选择“表”单选按钮，再单击“新建文件”按钮，在“创建”对话框中输入表名“customer”，接着单击“保存”按钮。

（3）在“表设计器-customer.dbf”中，依次按要求输入对应的字段名、类型和宽度，输入完成后单击“保存”按钮。

方法二：

使用命令建立表文件。

如果数据库没有关闭，那么关闭数据库。

```
CLOSE DATABASE
CREATE TABLE customer (客户号 C(6), 客户名 C(16), 地址 C(20), 电话 C(14))
```

[简单应用题]

1 小题：

SELECT * FROM order_list WHERE 总金额>(SELECT AVG(总金额) FROM order_list) ORDER BY 客户号 INTO TABLE results

2 小题：

（1）在命令窗口输入建立报表命令：

```
CREATE REPORT report1
```

（2）选择“报表”→“快速报表”命令，在“打开”对话框中选择表“order_detail”并单击“确定”按钮。

（3）在“快速报表”对话框中，单击“确定”按钮，在“报表设计器-report1.frx”窗口中，选择菜单“报表”→“标题/总结”命令，接着显示“标题/总结”对话框，在对话框的“报表标题”处选中“标题带区”，单击“确定”按钮。

（4）在“标题”带区增加一个标签“器件清单”。

（5）在“页注脚”带区选定中“DATE()”并单击鼠标右键，在弹出的快捷菜单中选择“属性”命令，弹出“报表表达式”对话框，然后单击“表达式”文本框右边的“...”按钮，从“日期”列表框中选择“TIME()”，单击“确定”按钮，返回到“报表表达式”对话框中，再单击“确定”按钮即可。

（6）关闭保存该报表。

[综合应用题]

```
SET SAFETY OFF
SELECT * FROM order_detail INTO DBF od_bak
SELECT od_bak
REPLACE ALL 订单号 WITH RIGHT(ALLTRIM(订单号),1)
SELECT 订单号,器件号,器件名,MIN(单价) AS 单价,SUM(数量) AS 数量 FROM od_bak GROUP BY 订单号,器件号,器件名 ORDER BY 订单号,器件号 INTO DBF od_new
BROWSE
CLOSE DATABASE
```

第三套参考答案

[基本操作题]

1 小题：

```
UPDATE student SET 院系 = "经济" WHERE 学号 = "99035001"
```

2 小题：

```
ALTER TABLE score RENAME COLUMN 成绩 TO 考试成绩
```

3 小题：

```
ALTER TABLE student ADD UNIQUE 学号 TAG 学号
```

4 小题：

（1）打开表文件

```
USE course
```

（2）建立索引

```
INDEX ON 课程编号 TAG 课程编号 CANDIDATE
```

[简单应用题]

1 小题：

（1）在命令窗口中输入建立表单命令：

```
CREATE FORM tab
```

（2）在“表单设计器”中右击，在弹出的快捷菜单中选择“数据环境”命令，在“打开”

对话框中，选择表“student”并单击“确定”按钮。在“添加表或视图”对话框中，单击“其他”按钮，选择表“course”并单击“确定”按钮，单击“其他”按钮，选择表“score”并单击“确定”按钮，最后单击“关闭”按钮关闭“添加表或视图”对话框。

（3）在“表单控件”中选定“页框”控件，在“表单设计器”中建立这个“页框”，在“属性”的 PageCount 处输入“3”，接着选中这个“页框”并单击鼠标右键，在弹出的快捷菜单中选择“编辑”命令，再单击“Page1”，在其“属性”的 Caption 处输入“学生”，接着在“数据环境”中选中“student”表按住不放，再移动鼠标到“页框”内，最后松开鼠标。单击“Page2”，在其“属性”的 Caption 处输入“课程”，接着在“数据环境”中选中“course”表按住不放，再移动鼠标到“页框”内处，最后松开鼠标。单击“Page3”，在其“属性”的 Caption 处输入“成绩”，接着在“数据环境”中选中“score”表按住不放，再移动鼠标到“页框”内处，最后松开鼠标。

（4）在“表单设计器”的下方，添加一个命令按钮，在“属性”窗口的 Caption 处输入“退出”，双击“退出”按钮，在“Command1.Click”编辑窗口中输入“Release Thisform”，接着关闭编辑窗口。

2 小题：

（1）打开并修改表单：

```
MODIFY FORM modi2
```

（2）双击“计算”按钮，在“Command1.Click”编辑窗口中进行修改。

第 1 处：多个变量进行初始化，所以应改为：store 0 to x,s1,s2,s3

第 2 处：变量赋值，所以应改为：x=val(thisform.text1.value)

第 3 处：条件判断被 3 整除，所以应改为：if mod(x,3)=0

修改完以后，按 Ctrl+W 组合键进行保存。

（3）双击“退出”按钮，在“Command2.Click”编辑窗口中进行修改。

```
ThisForm.Release
```

修改完以后，按 Ctrl+W 组合键进行保存。

[综合应用题]

1．打开并修改表单：

```
MODIFY FORM zonghe
```

双击“添加>”按钮，在“Command1.Click”编辑窗口中进行修改。

```
thisform.list2.additem(thisform.list1.value)
```

2．双击“<移去”按钮，在“Command2.Click”编辑窗口中进行修改。

```
thisform.list2.removeitem(thisform.list2.listindex)
```

3．双击“确定”按钮，在“Command3.Click”编辑窗口中进行修改。

```
cn=""
cc=thisform.list2.ListCount
FOR i=1 TO cc
  x=allt(thisform.list2.listitem(i))
  cn=cn+"课程名称='"+x+"'"+" or "
ENDFOR
```

```
cn=substr(cn,1,len(cn)-4)
*****上面的程序在 Command3.Click 中已有，考生只要添加下面的语句：
select  姓名,课程名称,考试成绩  from student;
   join course join score ;
   on course.课程编号=score.课程编号;
   on student.学号=score.学号  where &cn ;
   order by  课程名称,考试成绩  desc into table zonghe
```

参考文献

[1] 王凤领．Visual FoxPro 数据库程序设计习题解答与实验指导．北京：中国水利水电出版社，2008．

[2] 王凤领．Visual FoxPro 6.0 程序设计习题及解答．北京：中国铁道出版社，2006．

[3] 康萍，王晓奇，张天雨．Visual FoxPro 程序设计实用教程．北京：中国经济出版社，2006．

[4] 李正凡．Visual FoxPro 程序设计基础教程（第二版）．北京：中国水利水电出版社，2007．

[5] 王学平．Visual FoxPro 数据库程序设计教程．北京：科学出版社，2007．

[6] 范立南，张宇等．Visual FoxPro 程序设计与应用教程．北京：科学出版社，2007．

[7] 教育部考试中心．全国计算机等级考试二级教程——Visual FoxPro 程序设计．北京：高等教育出版社，2008．

[8] 孙淑霞，丁照宇，肖阳春．Visual FoxPro 6.0 程序设计教程．北京：电子工业出版社，2005．

[9] 卢湘鸿．Visual FoxPro 6.0 程序设计基础．北京：清华大学出版社，2003．

[10] 段兴．Visual FoxPro 实用程序 100 例．北京：人民邮电出版社，2003．

[11] 应继儒．Visual FoxPro 语言程序设计．北京：中国水利水电出版社，2003．

[12] 李雁翎，王洪革，高婷．Visual FoxPro 实验指导与习题集．北京：清华大学出版社，2005．

[13] 魏茂林，周美娟．数据库应用技术 Visual FoxPro 6.0 上机指导与练习．北京：电子工业出版社，2003．

[14] 孙立明，刘琳等．Visual FoxPro 7.0 高级编程．北京：清华大学出版社，2003．

[15] 史济民，汤观全．Visual FoxPro 及其应用系统开发．北京：清华大学出版社，2002．

[16] 谢维成．Visual FoxPro 8.0 实用教程．北京：清华大学出版社，2005．

[17] 邓洪涛．数据库系统及应用（Visual FoxPro）．北京：清华大学出版社，2004．

[18] 丁爱萍．Visual FoxPro 6.0 程序设计教程．西安：电子科技大学出版社，2003．